城市生态园林设计与技术丛书

# Chengshi Yuanlin 城市园林施工常用材料

鲍丽华◎主编

中国电力出版社
CHINA ELECTRIC POWER PRESS

## 内 容 提 要

本书内容包括造园常用材料种类、性质，石材及陶瓷材料，砖、砌块及板类材料，金属材料，木材，石灰与石膏、水玻璃，水泥、砂浆及混凝土，防水类材料，玻璃、绝热高分子材料、糯米，园林工程施工材料分类，彩画材料等。书中从材料的性质，用途及园林应用等方面进行阐述，是园林施工必备材料用书。

本书旨在为园林规划设计，施工，管理技术人员，园林植物相关研究人员，园林专业在校师生等提供有益的帮助，可用于园林行业培训教材使用，同时也是解决园林养护管理中有关技术，技巧和技能方面的参考资料。

**图书在版编目（CIP）数据**

城市园林施工常用材料/鲍丽华主编. —北京：中国电力出版社，2017.3
（城市生态园林设计与技术丛书）
ISBN 978-7-5198-0173-1

Ⅰ.①城… Ⅱ.①鲍… Ⅲ.①园林-工程施工-建筑材料 Ⅳ.①TU986.3

中国版本图书馆 CIP 数据核字（2016）第 313961 号

中国电力出版社出版发行
北京市东城区北京站西街 19 号 100005 http://www.cepp.sgcc.com.cn
责任编辑：王晓蕾 联系电话：010-63412610
责任印制：郭华清 责任校对：王晓鹏
北京市同江印刷厂印刷 · 各地新华书店经售
2017 年 3 月第 1 版 · 第 1 次印刷
787mm×1092mm 1/16 · 14.75 印张 · 346 千字
定价：48.00 元

# 编委会成员

# 前　言

园林能够有效地改善环境质量，它借助于景观环境、绿地构造、园林植物等多方面的因素合理地改善着人们的生活环境，从而为大家提供良好的生活环境，创造优越的游览、休息和活动平台，也为旅游业的发展提供了十分有利的条件。

优秀的风景园林工程，不但可以持续地使用，还能提高环境效益、社会效益和经济效益。随着社会经济的不断进步和发展，园林工程建设越来越受到国家的重视。园林工程通过在城市中建造具有一定规模的绿色生态系统，以缓减人们对大自然的破坏，改善生活环境的质量，促进环境和社会经济的可持续发展。

改善生态环境、提高人居质量，成为我国目前建设的主旋律。为解决空气污染、噪声污染、热岛效应等不利于人们身体健康的“城市病”，我国许多地区正致力于发展城乡一体的绿化，竞相为人们营造一道绿色的“生态屏障”。据专家预测，园林产业的发展路途久远，前景深广，距离引领世界园林趋势潮流还有相当的距离。

现阶段园林行业从业者，特别是技术人员水平良莠不齐，兼职和跨行业技术人员所占比例很大，而园林行业复合型技术人才所占比例很小，并且处在供不应求的状态，特别是园林科研、设计、养护、绿化、工程管理及预算的技术人才更为急需。园林相关图书近几年已有一定的市场占有率，但是真正将生态理念融合到园林设计、施工、养护，包括材料选用的书还很少，市场已有的图书大多是传统的园林设计施工方式叙述，单独的案例罗列。因此，能将生态绿化从材料选用到园林修缮，甚至与其他建筑、人、动物和谐为一体的园林图书应是迎合专业读者和市场需求的。

本系列丛书系统地阐述了当前社会所提倡的可持续、生态、海绵等园林设计、施工领域新的发展观及应用技术，注重客观实际及与相关建筑、文化等的跨界、融合。内容有城市园林景观设计、城市园林绿植养护、城市园林工程施工技术（主要指栽植）、城市园林施工常用材料等，其中园林景观设计主要讲园林绿化及景观建筑的选址、布置等；绿化施工主要讲园林树木栽植方法和栽植要点；园林绿植养护主要讲花卉及植物的调理、灌溉施肥及修剪方法；城市园林施工常用材料主要是配合当今绿色及环保的主题而选用生态材料来做园林的各种新型材料。

本书讲究“知识与技能”的有序性，以“市场需求和行业发展趋势”为导向，以“理论与技能”并重为宗旨，以“培养高技能实用型人才”为目标进行编写。

本书的具体特色如下：

1. 选择在园林领域具有经验的人员编写。

2. 在选材方面，选用典型、具有生态园林需求的案例或材料。

3. 在写法上力求简明扼要、重点突出、范例实用、图文并茂，注重直观，体现可操作性。

4. 本书从专业及从业人员实际需求的角度加以阐述，将专业知识与应用技能交汇编写，内容充实全面。

5. 本书的内容及阐述方式均采用大众风格和语言编写，以达到普及和迎合更多群体的目的。

6. 从内容组成上来说，本书兼顾生态绿化理论性与技术实用性，力求做到理论精简、技术实践问题突出，从而满足读者的需要。

本书在编写过程中，得到了其他有丰富理论及经验的优秀园林设计人员的指引及建议，也参考了行业内很多文献资料，在此深表感谢。

限于作者水平，加之时间仓促，书中不妥不足之处在所难免，敬请读者朋友们提出宝贵的意见，我们将在本书再版时加以完善，在此不胜感激！

编　者

# 目　录

# 第一章

# 造园常用材料种类、性质

## 第一节　常用造园材料的使用背景

### 一、造园材料

历史上的园林建设所采用的材料比较单一，以木材和天然石材两大材料为主，这是由古代生产力水平低下所造成的，材料的选择和利用仅依靠简单加工和就地取材方式。

随着技术的进步和发展，现代仿古园林虽然某种程度上依然保留了传统材料的使用，但越来越多的园林建筑的结构工程材料被现代工程材料取代。结构工程材料更多地选择钢筋混凝土材料，石材和木材的应用逐步减少。

人工材料的开发和运用为现代园林建设提供了丰富的材料选择，包括形形色色的饰面和铺地的陶瓷砖及非烧结的混凝土铺装材料。

结合天然材料的朴实，通过人工材料的靓丽和色彩，不仅实现了园林建筑的功能，同时大大提高了景观表现效果。例如现代园林中，玻璃和金属被广泛应用，有的作为结构材料，有的制成园林小品；由于这些现代材料独特的质地、变化的形态、丰富的色彩等因素，在古代园林中极少看到，因此给人以焕然一新的感受。

在现代材料取代传统材料的进程中，绿色、生态和环境保护概念应始终贯彻其中，因此要注重园林建筑的环保性，要重点扶持和研发绿色园林建筑材料。

绿色园林建筑材料是指采用清洁生产技术，少用天然资源和能源，大量使用工业或城市固态废弃物生产出的无毒、无污染、无放射性、有利于环境保护和人体健康的建筑材料。当前，绿色、环保混凝土研发成功，这些新型混凝土可能包括利用工业废料、建筑垃圾生产的混凝土，高性能、自密实混凝土等。

### 二、园林建筑材料

现代园林建筑材料与建筑材料相通用，某种程度上高度重合。

园林建筑材料品种丰富、种类繁多，其分类方法各异，如按化学成分和工程使用功能分类。

（1）按化学成分分类。可分为无机材料、有机材料和复合材料。

1）无机材料可分为两类：金属材料和非金属材料。金属材料包括黑色金属和有色金属。普通钢材、非合金钢、低合金钢、合金钢等均属于黑色金属范畴，有色金属包括铝材、铝合金、铜材和铜合金等。非金属材料包括天然石材、烧土制品、玻璃及熔融制品、胶凝材料和混凝土类，其中，天然石材主要由岩性为岩浆岩、沉积岩和变质岩的岩石构成，烧土制品包括烧结砖、陶器、瓷器等。

2）有机材料包括植物材料、高分子材料和沥青材料。其中，植物材料包括木材、竹板、植物纤维制品等；高分子材料包括塑料、橡胶、胶粘剂等；沥青材料包括石油沥青、沥青制品。

3）复合材料包括金属—非金属复合材料、非金属—有机材料复合。其中，金属—非金属复合材料包括钢筋混凝土、预应力混凝土、钢纤维混凝土；非金属—有机材料复合包括沥青混凝土、聚合物混凝土、玻璃纤维增强塑料等。

（2）按工程使用功能分类。可分为建筑结构材料、墙体材料、建筑功能材料和建筑器材四个类别。

1）建筑结构材料是指构成基础、柱、梁、框架、屋架、板等承重系统的材料，如砖、石材、钢材、钢筋、混凝土、木材等。

2）墙体材料是指构成建筑物内、外承重墙体及内分隔墙体材料，如石材、砖、空心砖、加气混凝土、各种砌块、混凝土墙板、石膏板、复合墙板等。

3）建筑功能材料是指不承受荷载且具有某种特殊功能的材料，包括保温材料、吸声材料、采光材料、防水材料、防腐材料、装饰材料等。

4）建筑器材是指为了满足使用功能要求与建筑配套的各种设备，如电工器材及工具、水暖及空调设备、环保材料、五金配件等。

## 第二节　园林造园材料的基本性质

### 一、与热有关的性质

**1. 热容量**

（1）材料在受热时吸收热量，冷却时放出热量的性质称为材料的热容量。单位质量材料温度升高或降低 1K 所吸收或放出的热量称为热容量系数或比热容。比热容的计算式如下：

$$c=\frac{Q}{m(t_2-t_1)}$$

式中　$c$——材料的比热容，J/（kg·K）；

$Q$——材料吸收或放出的热量，J；

$t_2-t_1$——材料吸热式放热后温度变化值，K；

$m$——材料的质量，kg。

（2）材料的热容量为比热容与材料质量的乘积。使用热容量较大的材料，对于保持室内温度稳定具有很重要的意义。例如，墙体、屋面等围护结构的热容量越大，其保温隔热性能就越好。在夏季户外温度很高，如果建筑材料的热容量大，升高温度所需吸收的热量就多，因此室内温度升高较慢。在冬季，房屋采暖后，热容量较大的建筑物，材料本身储存的热量较多，停止采暖后短时间内室内温度降低不会很快。

（3）几种常用材料导热系数和比热容见表 1-1。

表 1-1　几种常用材料导热系数和比热容

| 材料 | 导热系数 $\lambda$ [W/（m·K）] | 比热容 $c$ [J/（kg·K）] | 材料 | 导热系数 $\lambda$ [W/（m·K）] | 比热容 $c$ [J/（kg·K）] |
|---|---|---|---|---|---|
| 水 | 0.58 | $4.19\times10^3$ | 混凝土 | 1.8 | $0.88\times10^3$ |
| 铁、钢 | 58.15 | $0.48\times10^3$ | 木材 | 0.15 | $1.63\times10^3$ |
| 砖 | 0.55 | $0.84\times10^3$ | 密闭空气 | 0.0023 | $1\times10^3$ |

**2. 材料的导热性**

（1）当材料两面存在温差时，热量从材料的一面通过材料传导到材料的另一面的性质，叫作导热性。

（2）导热性用导热系数 $\lambda$ 表示。导热系数的定义和计算式如下：

$$\lambda=\frac{Qd}{FZ\ (t_2-t_1)}$$

式中　$\lambda$——导热系数，W/（m·K）；

$Q$——传导的热量，J；

$F$——热传导面积，$m^2$；

$Z$——热传导的时间，s；

$d$——材料厚度，m；

$t_2-t_1$——材料两侧温度差，K。

（3）在物理意义上，导热系数为单位厚度（1m）的材料、两面温度差为 1K 时、在单位时间（1s）内通过单位面积（$1m^2$）的热量。

（4）导热系数是评定材料保温隔热性能的重要指标，导热系数小，其保温隔热性能好。一般来说，金属材料的导热系数大，无机非金属材料适中，有机材料最小。例如，铁的导热系数比石灰石大，大理石的导热系数比塑料大，水晶的导热系数比玻璃大。这说明材料的导热系数主要取决于材料的组成与结构。孔隙率大且为闭口微孔的材料导热系数小。此外，材料的导热系数还与其含水率有关，含水率增大，其导热系数将明显增大。

**3. 耐燃性**

耐燃性是指材料在火焰或高温作用下可否燃烧的性质。按照遇火时的反应，将材料分为非燃烧材料、难燃烧材料和燃烧材料三类。

（1）燃烧材料。在空气中受到火焰或高温作用时，立即起火或燃烧，离开火源后继续燃烧或微燃的材料，称为燃烧材料，如胶合板、纤维板、木材、织物等。

（2）难燃烧材料。在空气中受到火焰或高温作用时，难起火、难炭化，离开火源后燃烧或微烧立即停止的材料，称为难燃烧材料，如石膏板、水泥石棉板、水泥刨花板等。

（3）非燃烧材料。在空气中受到火焰或高温作用时，不起火、不炭化、不微烧的材料，称为非燃烧材料，如砖、混凝土、砂浆、金属材料和天然或人工的无机矿物材料等。

**4. 耐火性**

耐火性是指材料在火焰或高温作用下，保持其不破坏、性能不明显下降的能力，用其耐火时间（h）来表示，称为耐火极限。通常耐燃的材料不一定耐火，如钢筋，而耐火的材料一般耐燃。

## 二、与水有关的性质

**1. 润湿角**

润湿角（即接触角 $\theta$）是气、固、液三相的交点沿液面切线与液相和固相相接触的方向所成的角。材料与水有关的性质见表1-2。

**表1-2　　材料与水有关的性质**

| 润湿角 | 与水有关性质 | 润湿示意图 | 材料润湿实例 |
|---|---|---|---|
| $\theta \leqslant 90°$ | 材料表现为亲水性，该材料称为亲水性材料 | $\theta$ | 木材、砖、混凝土、石材等 |
| $\theta > 90°$ | 材料表现为憎水性，该材料称为憎水性材料 | $\theta$ | 沥青、石蜡、塑料等 |

**2. 吸水性和吸湿性**

（1）吸水性。

1）材料与水接触吸收水分的性质，用吸水率表示。

2）质量吸水率：材料在水中吸水达到饱和时，吸入水的质量占材料干质量的百分率。

$$W_m = \frac{m_b - m_g}{m_g} \times 100\%$$

式中　$W_m$——材料的质量吸水率,%；

$m_b$——材料在吸水饱和状态下的质量，g或kg；

$m_g$——材料在干燥状态下的质量，g或kg。

3）体积吸水率：材料在水中吸水达到饱和时，吸入水的质量占材料自然状态下质量的百分率。

$$W_v = \frac{m_b - m_g}{V_0} \times \frac{1}{\rho_w} \times 100\%$$

式中　$W_v$——材料体积吸水率,%；

$m_b$——材料吸水饱和状态下的质量，g或kg；

$m_g$——材料干燥状态下的质量，g或kg；

$V_0$——材料在自然状态下的体积，$cm^3$ 或 $m^3$；

$\rho_w$——水的密度，$g/cm^3$ 或 $kg/m^3$，常温下取 $\rho_w = 0.1g/cm^3$。

4）质量吸水率与体积吸水率存在以下关系：

$$W_v = W_m \times \rho_0$$

式中　$\rho_0$——材料干燥时的表观密度，$g/cm^3$ 或 $kg/m^3$。

5）材料的吸水率和孔隙特征决定孔隙率大小。材料的水分通过开口孔吸入，并经过连通孔渗入材料内部。材料连接外界的细微孔隙越多，吸水性就越强。水分不易进入闭口孔隙，而开口的粗大孔隙，水分容易进入，但不能存留，故吸水性较小。

6）园林建筑材料的吸水率差别很大，例如，花岗石由于结构致密，其质量吸水率为0.2%~0.7%，混凝土的质量吸水率为2%~3%，烧结普通砖的质量吸水率为8%~20%，木材或其他轻质材料的质量吸水率常大于100%。

（2）吸湿性。

1）材料在潮湿空气中吸收水分的性质，用含水率表示。当较潮湿的材料处在较干燥的空气中时，水分向空气中放出，是材料的干燥过程；反之，为材料的吸湿过程。由此可见，在空气中，材料的含水率是随空气的湿度而变化的。其含水率计算公式为

$$W_b=\frac{m_s-m_g}{m_g}\times100\%$$

式中　$W_b$——材料的含水率，%；

$m_s$——材料在吸湿状态下的质量，g或kg；

$m_g$——材料在干燥状态下的质量，g或kg。

2）当空气中湿度在较长时间内稳定时，材料的吸湿和干燥过程处于平衡状态，此时材料的含水率保持不变，此时的含水率叫作材料的平衡含水率。

**3. 材料的耐水性**

（1）耐水性是指材料长期在饱和水作用下而不被破坏，其强度也不显著降低的性质。材料的耐水性用软化系数表示，按下式计算：

$$K_{软}=\frac{f_{饱}}{f_{干}}$$

式中　$K_{软}$——材料软化系数；

$f_{饱}$——材料在吸水饱和状态下的抗压强度，MPa；

$f_{干}$——材料在干燥状态下的抗压强度，MPa。

（2）软化系数的范围在0~1波动，当软化系数大于0.80时，认为是耐水性的材料。受水浸泡或处于潮湿环境的建筑物，必须选用软化系数不低于0.85的材料建造。

**4. 材料的抗渗性**

（1）材料的抗渗性是指材料抵抗压力水渗透的性质。抗渗性用渗透系数来表示，可通过下式计算：

$$K=\frac{Qd}{AtH}$$

式中　$K$——渗透系数，cm/h；

$Q$——渗水量，$cm^3$；

$A$——渗水面积，$cm^2$；

$H$——材料两侧的水压差，cm；

$d$——试件厚度，cm；

$t$——渗水时间，h。

（2）园林建筑材料中势必存在孔隙、孔洞及其他缺陷，所以当材料两侧水压差较高时，水可能透过孔隙或缺陷由高压侧向低压侧渗透，即发生压力水渗透，造成材料不能正常使用，产生材料腐蚀，造成材料破坏。

（3）材料的抗渗性可以用抗渗等级来表示。抗渗等级是以标准试件在标准试验方法

下，材料不透水时所能承受的最大水压力来确定。抗渗等级越高，材料的抗渗性能就越好。

（4）材料抗渗性的高低与材料的孔隙率和孔隙特征有关。密实度大且具有较多封闭孔或极小孔隙的材料不易被水渗透。

**5. 材料的抗冻性**

（1）材料的抗冻性是指材料在水饱和状态下，能经反复冻融而不被破坏的能力。用冻融循环次数表示。

（2）材料吸水后，在负温条件下，材料毛细孔内的水冻结成冰、体积膨胀所产生的冻胀压力造成材料的内应力，导致材料遭到局部破坏。当反复冻融循环时，破坏作用会逐步加剧，这种破坏称为冻融破坏。材料受冻融破坏表现在表面剥落、裂纹、质量损失和强度降低等方面。材料的抗冻性与其内孔隙构造特征、材料强度、耐水性和吸水饱和程度等因数有关。

（3）材料抗冻性用抗冻等级表示，根据试件在冻融后的质量损失、外形变化或强度降低不超过一定限度时所能经受的冻融循环次数来标定。

（4）材料的抗冻等级可分为 F15、F25、F50、F100、F200 等，分别表示此材料可承受 15 次、25 次、50 次、100 次、200 次的冻融循环，抗冻性良好的材料，对于抵抗温度变化、干湿交替等破坏作用的能力也较强。因此，抗冻性常作为评价材料耐久性的一个指标。

## 三、材料的密度、表观密度、堆积密度

（1）材料的密度：材料在绝对密实状态下单位体积的干质量。按下列公式计算：

$$\rho=\frac{m}{V}$$

式中 $\rho$——密度，kg/m$^3$；

$m$——材料的质量，kg；

$V$——材料在绝对密实状态下的体积，m$^3$。

（2）材料的表观密度：块体材料在自然状态下，单位体积的干质量。按下列公式计算：

$$\rho_0=\frac{m}{V_0}$$

式中 $\rho_0$——表观密度，kg/m$^3$；

$m$——材料的质量，kg；

$V_0$——材料在自然状态下的体积，m$^3$。

（3）材料的堆积密度：散粒状材料在堆积状态下，单位体积的干质量。按下列公式计算：

$$\rho'_0=\frac{m}{V'_0}$$

式中 $\rho'_0$——堆积密度，kg/m$^3$；

$m$——材料的质量，kg；

$V'_0$——材料在堆积状态下的体积，m$^3$。

## 四、材料密实度、孔隙度

（1）密实度（$D$）：是指材料体积内被固体物质充实的程度。按下列公式计算：

$$D=\frac{V}{V_0}\times 100\%=\frac{\rho_0}{\rho}\times 100\%$$

（2）孔隙率（$P$）：是指材料体积内孔隙体积所占的比例。按下列公式计算：

$$P=\frac{V_0-V}{V_0}\times 100\%=\left(1-\frac{\rho_0}{\rho}\right)\times 100\%$$

密实度与孔隙率的关系为

$$D+P=1$$

## 五、填充率、空隙率

（1）填充率（$D'$）：是指散粒材料在某堆积体积中被其颗粒填充的程度。按下列公式计算：

$$D'=\frac{V'_0}{V_0}\times 100\%=\frac{\rho'_0}{\rho_0}\times 100\%$$

（2）空隙率（$P'$）：是指散粒材料在某堆积体积中颗粒间的空隙体积所占的比例。按下列公式计算：

$$P'=\frac{V'_0-V_0}{V'_0}\times 100\%=\left(1-\frac{\rho'_0}{\rho_0}\right)\times 100\%$$

（3）同样，填充率与空隙率的关系为

$$D'+P'=1$$

## 六、材料的耐久性

（1）材料的耐久性是指材料在长期使用过程中，抵抗其自身及环境因素、有害介质的破坏，能长久地保持其原有性能不变质、不破坏的性质。材料在使用过程中会受到多种因素的作用，除了受各种外力的作用外，还受到各种环境因素的作用，通常可分为物理作用、化学作用和生物作用三个方面。

（2）物理作用是指材料在使用环境中的受冻融循环、风力、湿度变化、温度变化等破坏，导致材料体积收缩和膨胀，并使材料产生裂缝，最终使材料发生破坏。

（3）化学作用是指材料受到酸、碱、盐等物质的水溶液或有害气体的侵蚀，使材料的组成成分发生质的变化而致破坏。

（4）生物作用是指生物对材料的破坏，如昆虫或菌类对材料的腐蚀作用。

（5）材料可同时受到多种不利因素的联合破坏，所以，材料在使用中受到的破坏作用可以不止一种。材料的耐久性直接影响建筑物的安全性和经济性，正确地设计、合理选择材料，正确施工、使用、维护，可以提高材料的耐久性，延长建筑物的寿命，降低使用过程中的运行费用和维修费用，从而获得较佳的社会效益和经济效益。

## 七、脆性和韧性

脆性：当外力达到一定限度后，材料突然破坏，而破坏时并无明显的塑性变形的性质。韧性（冲击韧性）：在冲击、振动载荷作用下，材料能够吸收较大的能量，同时也能产生一定的变形而不致破坏的性质。

## 八、弹性和塑性

（1）弹性：材料在外力作用下产生变形，当外力取消后能够完全恢复原来形状，这种完全恢复的变形称为弹性变形（或瞬时变形）。

（2）塑性：材料在外力作用下产生变形，如果外力取消后，仍能保持变形后的形状和尺寸，并且不产生裂缝，这种不能恢复的变形称为塑性变形（或永久变形）。

## 九、材料的强度

材料强度是指材料受外力作用直至破坏时，单位面积上所承受的最大载荷。有抗压强度、抗拉强度、抗剪强度和抗弯强度，见表1-3。

**表1-3　　材料试验强度分类**

| 强度类别 | 公式 | 材料受力试验 |
|---|---|---|
| 抗压强度 | $f_y=\dfrac{p}{A}$ | 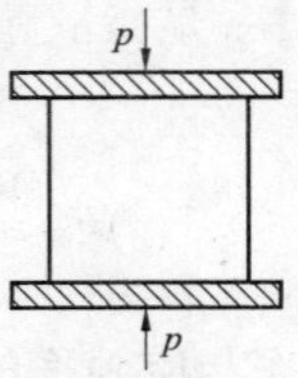 p<br>p |
| 抗拉强度 | $f_1=\dfrac{p}{A}$ | 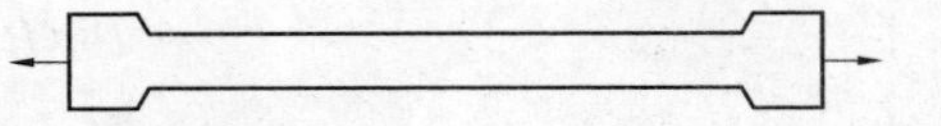 |
| 抗剪强度 | $f_j=\dfrac{p}{A}$ | 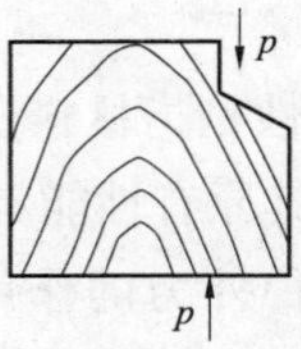 p<br>p |
| 抗弯强度 | $f_w=\dfrac{3}{2}\cdot\dfrac{pL}{bd^2}$ | 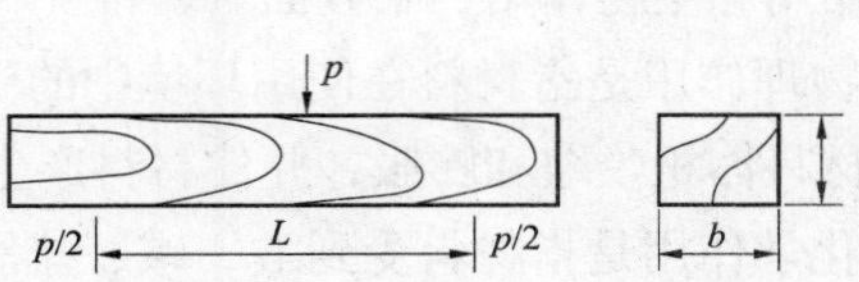 p<br>p/2　L　p/2　b |

注　1. $p$——破坏载荷（N）；$A$——受荷面积（$mm^2$）；$L$——试验标距（mm）；$b$——断面宽度（mm）；$d$——断面高度（mm）。

2. 影响因素：① 内因：指组成、结构的影响；② 外因：包括试件尺寸和形状、加荷速度、环境温湿度等。

## 十、园林建筑材料美感

“如果在探索或创造园林美的时候，我们忽略了事物的材料，而仅仅注意它们的形式，

我们就坐失提高效果的良机。因为不论形式可以带来什么愉悦，材料也许早已提供了。材料效果是形式效果的基础，它把形式效果的力量提高得更高了”。材料的性能、质感、肌理和色彩是构成环境的物质因素。人们在长期的生活实践中，发现了自然中所存在的物质美的因素。我国春秋时期著名的《考工记》中的“审曲面势，以饬五材，以辨民器”就是强调先要审度多种材料的曲直势态，根据它们固存的物质特性来进行加工，方能制成自己所需之物。《考工记》提出了生产劳动的四个条件：天时、地利、材美、工巧，认为优良的材料是人们制作、生产的前提。

园林建筑材料的美与材料本身的组成、性质、表面结构及使用状态有关系，它通过材料本身的表面特征，即色彩、光泽、肌理、质地、形态等特点表现出来。

**1. 园林建筑材料的光泽美感**

光泽是材料的表面特性之一，也是材料的重要装饰性能。高光泽的材料具有很高的观赏性，在灯光的配合下，能对空间环境的装饰效果起到强化、点缀和烘托的作用。材料的光泽美感主要通过视觉感受而获得在心理、生理方面的反应，引起某种情感，产生某种联想，从而形成审美体验。

（1）反光材料。

1）漫反光是指光线在反射时反射光呈360°方向扩散。漫反光材料通常不透明，表面粗糙且表面颗粒组织无规律，受光后明暗转折层次丰富，高光反光微弱，为无光或亚光，如毛石面、木质面、混凝土面、橡胶和一般塑料面等，这类材料以反映自身材料特性为主，给人以质朴、柔和、含蓄、安静、平稳的感觉。

反光材料的反光特征可用光洁度来表示。光洁度主要指材料表面的光洁程度。材料的表面光洁度可以从树皮的粗糙表面一直到光洁的镜面，利用光洁度的变化可创造出丰富的视觉、触觉及心理感受。光滑表面给人以洁净、清凉、人造、轻盈等印象，而粗糙表面给人以温暖、人性、可靠、凝重、天然、较脏的印象。

2）定向反光是指光线在反射时带有某种明显的规律性。定向反光材料一般表面光滑、不透明，受光后明暗对比强烈，高光反光明显，如抛光大理石面、金属抛光面、塑料光洁面、釉面砖等。这类材料因反射周围景物，自身的材料特性一般较难全面反映，给人以生动、活泼的感觉。

（2）透光材料。透光材料受光后能被光线直接透射，呈透明或半透明状。这类材料常以反映身后的景物来削弱自身的特性，给人以轻盈、明快、开阔的感觉。

透光材料的动人之处在于它的晶莹，在于它的可见性与阻隔性的心理不平衡状态，以一定数量叠加时，其透光性减弱，但形成一种层层叠叠像水一样的朦胧美。

许多材料都有透明特性，对于这些材料可通过工艺手段实现半透明或不透明，利用材料不同程度的透明效果呈现出丰富的表现力。同时，透明材料一般都具有光折射现象，因此，利用这一特性可对透明材料进行雕琢，从而获得变幻的效果。

**2. 园林建筑材料的色彩美感**

材料的色彩主要是指以其色相、明度、纯度的不同变化和对比在人的审美活动中产生了种种心理效应。色彩的统一和变化是其艺术表现的主要特点。充分、合理运用建筑材料的色彩，对创造符合当地人文的、优美而动人且具有特定艺术特色的园林建筑至关重要。

园林建筑材料色彩的影响因素主要涵盖两个方面，首先是其客观的光影，另一方面则是人类认知的主观识别。即物质色彩其实是融合主客观多方面的因素的产物，其呈现的颜色也最终体现出其在自然光下的本色，即固有色彩，以及在人工照明下所呈现出的更加丰富的色彩。

从这个意义上来讲，园林建筑材料自身的属性、外在光线的影响以及人类视觉系统的主观感受这三者紧密结合，将会在根本上影响使用者对于园林建筑色彩的感知。光线对于建筑材料色彩的不同效果如图 1–1 所示。

图 1–1　光线对于建筑材料色彩的不同效果

（资料来源：于澎 . 传统建筑材料在当代环境艺术设计中的运用与研究 . 硕士学位论文，2013）

园林建筑材料的色彩可分为下面三类。

（1）环境色。园林建筑材质的颜色会受到光线环境的影响，人们所看到的建筑色彩除了建筑材料自身，也包括其所处的环境。也就是说，我们很难将某一建筑的自身属性与其所处环境严格区分。

正如建筑学家鲁道夫 · 阿恩海姆所言，同一种色彩会在不同的背景之下呈现出完全不同的状态。从这个意义上来讲，一种颜色所呈现出的状态，一方面受制于其自身属性，另一方面也会受到周围环境的影响。

图 1–2　木材的自然色彩

（资料来源：江湘云 . 设计材料与工艺，2008）

（2）材料的固有色彩或材料的自然色彩。材料的固有色彩或材料的自然色彩是园林建筑设计中的重要因素，设计中必须充分发挥材料固有色彩的美感属性，而不能削弱和影响材料色彩美感功能的发挥，应运用对比、点缀等手法加强材料固有色彩的美感，丰富其表现力。木材的自然色彩如图 1–2 所示。

（3）材料的人为色彩。根据园林建筑设计的需要，对材料进行造色处理，以调节材料本色，强化和烘托材料的色彩美感。在造色中，色彩的明度、纯度、色相可随需要任意推定：但材料的自然肌理美感不能受影响，否则就失去了材料的肌理美感作用，是得不偿失的做法。

孤立的材料色彩是不能产生强烈的美感作用的，只有运用色彩规律将材料色彩进行组合和协调，才会产生明度对比、色相对比和面积效应以及冷暖效应等作用，突出和丰富材料的色彩表现力。

**3. 园林建筑材料的质地美感**

材质是光和色呈现的基体，它某些表面特征，如色彩、肌理等，可以直接作用于人的感官，成为环境的形式因素，也通常影响到色光的冷暖感和深浅变化，由视觉引发的联觉是普遍的。

如大理石光洁的表面会感到坚硬，不易接近却很有力度感，应用在银行、保险公司、市政厅等建筑的厅堂里，使人易产生稳定感、安定感及信任感，是一个充满对比的空间：虚实、曲直、明暗。选用材料包括型钢、木材、黑色花岗岩等，都是通过材料的视觉效果表现出来的。

草麻、棉织品和编织品等则使人引起温暖、舒适和柔软的联想，设计中适当运用联觉现象加强效果是一种行之有效的方法。

在室外，材料的质地感觉也能够引发联觉效应，如博物馆、纪念馆之类的建筑，在外观选材上就会根据建筑的性质而决定材料的质感，使其与建筑本身特点相符，并以此材料的观感传递特定的信息。借助材料本身质地的表现力，有利于调节室内的空间感和实物的体量感，材料表面的肌理组织、形状变化、疏密和自然的风韵，也颇富装饰效果的情趣。

园林建筑材料的美感除在色彩、肌理、光泽上体现出来外，材料的质地也是材料美感体现的一个方面，并且是一个重要的方面。材料的质地美是材料本身的固有特征所引起的一种赏心悦目的心理综合感受，具有较强的感情色彩。例如：在徽派建筑中，室内结构构件多采用木材，木材给人一种温暖而富有人情味的感觉，可以让人感到轻松、舒适。木材的表面刷一层清漆，增加其耐久性，同时起到了美化的效果。

石材花岗岩就会给人一种坚硬、冰冷的感觉，体会到的是一种坚固、庄重、深沉的情感。有的花岗岩经过打磨处理会富有光泽，用在需要的地方。而徽派建筑使用的青砖，给人一种质地细腻、亲切的感受。青砖和青瓦都是亚光的，给人一种古朴、典雅的感觉。

园林建筑材料质地美还可以通过不同质地的建筑材料的不同组合来体现。一方面可以突出材料自身的质地特性，另一方面通过质地变化和明暗程度来最终体现出建筑自身的显著特性。

在具体的建筑材料选择过程中，可以形成多样化的组合，进而使得不同的设计者得以透过对于园林建筑的差异理解和对美的不同倾向，在具体的操作过程中体现出自身的设计理念。

（1）不同材质的组合。在这种设计理念的组合之下，由于不同材质的强烈反差，使得整体的建筑设计呈现出更加突出的视觉冲击力。如石材与金属板的混搭，就体现出自然与人工要素的巨大差异，进而通过较为厚重的传统材质与相对轻盈的现代建筑材料的对比来表现全新的设计理念。

在园林建筑材料组合模式中，设计者可以从多角度入手来体现出不同材料之间的相互作用。并由此发现，在具体的园林建筑设计理念中，多种材质的相互混合使用常常能形成较为鲜明的艺术特色，进一步展现出园林建筑材料的质地美。

园林建筑材料带给人们不同的美学感受。材料颜色的不同给人们心灵感觉也不相同，其中主要表现在冰冷、温暖、黑暗和光明等方面。

材料的搭配与材料个性之间也有着密切的关系，科学、合理的搭配不仅表达出材料本身的美观色彩，而且给人以舒心、温馨的感受。在从事园林建筑设计过程中，需要根据不同的情况、不同的环境、不同的习俗选择适合的材料，从而营造出满足居民需求的园林建筑。

（2）相同材质的组合。这种组合模式通常是缘于相同质地的材料。如木材与石材、皮毛和丝绸等天然材料的协调统一，体现出更加环保和亲近自然的特性，还可以在其设计过程中通过材料的同质感凸显出整体的协调统一。

一些并非天然的建筑材料由于其设计理念蕴含着较强的科技含量，进而也可以在相互配合当中体现出现代社会的特质。比如玻璃和钢的组合，就会充分突显出工业社会的发展特性，进而形成一种现代科技的深层次美感。与此同时，在一些材料轻重、冷暖和触感的层面，也可以充分挖掘出同质材料之间的协调统一。

**4. 园林建筑材料的肌理美感**

肌理是天然材料自身的组织结构或人工材料的人为组织设计而形成的，在视觉或触觉上可感受到的一种表面材质效果。

在界定材料肌理形态的时候，通常将其自身形态和纹理涵盖其中，而纹理的界定模式一般情况下是基于粗糙和光滑进行。

传统模式下，对于肌理的判定往往与外部光线密不可分，即当表面材质越好的材料其反射程度就会越高，进而使观者觉得其表面肌理光洁；而表面材质相对粗糙，就会使其整体的反射状态分散，进而让观者感觉到亲切与原始，渗透出较为浓郁的历史底蕴。很多传统园林建筑材料往往都具有这种特性。

任何材料表面都有其特定的肌理形态，不同的肌理具有不同的审美品格和个性，会对心理反应产生不同的影响。有的肌理粗犷、坚实、厚重、刚劲，有的肌理细腻、轻盈、柔和、通透。即使是同一类型的材料，不同品种也有微妙的肌理变化，不同树种的木材具有细肌、粗肌、直木理、角木理、波纹木理、螺旋木理、交替木理和不规则木理等千变万化的肌理特征。因而，园林建筑材料的肌理美感，是园林建筑设计过程中的重要因素，在园林建筑中具有极强的艺术表现力。

（1）肌理分类。

1）自然肌理。材料自身所固有的肌理特征，这一肌理通常是建筑材料的第一层肌肤，并由于受大自然的影响，形成形态各异的外部纹理。它包括天然材料的自然形态肌理（如天然木、石材等）。

这种不相同的纹理组织，能够创造出一种极具视觉冲击力的自然之美，特别是在能够将其有效运用于较为适合的建筑空间时，再配合与之相吻合的外部光线与环境，就会呈现出建筑材料自身最大的美感。传统园林建筑中使用的石、砖、木等都有自身独特肌理形式。如木材的木纹、石材的纹理、砖的质感纹理等。这些纹理本身就是美丽的图案，具有一定的艺术效果。

自然肌理突出材料的材质美，价值性强，以“自然”为贵。木材的自然肌理如图1-3所示。

2）人工肌理。材料自身非固有的肌理形式，这种肌理主要是缘于后天的人工设计，通常运用喷、涂、镀、贴面等手段，改变材料原有的表面材质特征，形成一种新的表面材质特征，以满足设计的多样性和经济性，在园林建筑设计中被广泛应用。再造肌理突出材料的工艺美，技巧性强，以“新”为贵。

图 1-3　木材的自然肌理

材料肌理还带给人以知觉方面的某种感受，可以通过视觉得到的肌理感受，无须用手摸就能感受到的肌理，如木材、石材表面的纹理。

（2）影响材料肌理视觉效果的因素。

1）光影的影响。这一作用通常会对园林建筑材料表面形成强烈的影响作用。例如，在光线较为充足的条件下，材质的纹理就会相对清晰地体现出来，进而给予人良好的外部感受。特别是纹理的宽度、深度和圆滑度等方面，都能够对最终的视觉效果深刻作用并有效凸显。这种作用越强烈，就会使其表面的整体性逐步减弱，甚至被分割为若干色块。而与之相反，当这种作用并不明显时，就会使得其纹理效果较为含蓄，最终突显出更加完整的整体色块。

不同粒度元素混合程度也会影响到材质的观感，这主要是由于外部光线会在粒度大小的均匀程度上突显出来，而其自身颜色的光影混合作用就影响到最终的视觉效果。不同颗粒大小的感觉在根本上是均衡的，颗粒大小越不均匀，就越会反映出更加自然的粗糙感，进而形成较为丰富的色彩对比。

2）色彩的影响。这种影响通常是缘于其基本质感，部分情况下可以增强色彩效果，而在特殊情况下也有可能会产生反作用。与此同时，由于传统建筑材料通常较为粗糙，进而使其更多地呈现出漫反射状态，并最终造成材料的颜色较其他更加浓重。

3）观察距离的远近。在科学试验中，如将表面肌理均匀的材料放在显微镜下，其最终的纹理变化却呈现出巨大的差异，这就好比在高空俯瞰城市，整体的建筑就会变成不同的节点，进而形成不同的地表肌理。

在建筑学理念的研究过程中，只有结合观察距离的变化，才能对材料肌理形成有效的处理模式，即必须预先设定好观察距离，才能够使最终的材质选择达到良好的表现效果。

## 第三节　新生态园林造园材料简介

本节中主要介绍仿生类塑木材料。

简单地说，仿木是一种技术工艺，用这种工艺技术可以生产制作出外观似实木的各种产品，也可以当作施工方案进行现场施工，比如房屋外墙要仿木装，就得进行现场施工。

塑木是一种产品，是用废旧塑料、植物纤维、专用助剂经特殊加工而成的一种新材料，符合国家目前提出的环保、低碳、循环经济等主题。如奥运场馆建设用的塑木地板、建筑用的塑木门窗、公园用的景观等。

塑木材料是新型的环保节能复合材料，可作为木材的替代品，用于园林景观、内外墙装饰、地板、护栏、花池、凉亭等。本产品不需要二次加工（如贴皮、转印、油漆等），具有天然的木质纹理。铺板：包括平台、路板、站台垫板。除铺板外，还有护墙板、天花板、装饰板、踏脚板、壁板、高速公路噪声隔板、海边铺地板、建筑模板、防潮板，均可使用塑木复合板材。此外，还可用于装饰边框、栅栏和庭园扶手、包装用垫板和组合托盘，以及家具（包括室外露天桌椅）、船舶坐舱隔板、办公室隔板、储存箱、花箱、活动架、百叶窗等。

塑木复合材料（WPC）是用木纤维或植物纤维填充、增强的改性热塑性材料，兼有木材性能和塑料成本的优点，经挤出或压制成型的型材、板材或其他制品，可替代木材和塑料。开发塑木复合材料的推动力来自于合理利用地球有限资源的要求，减少原始木材用量，保护有限的森林资源，回收再利用旧木粉和塑料。木纤维和植物纤维来源丰富、价廉、质轻、对设备磨损小，尺寸稳定性良好，电绝缘性优良，无毒，可反复加工，能生物降解。木纤维有废木粉、刨花、锯木，植物纤维可用粉碎处理过的稻杆、花生壳、椰子壳、甘蔗、亚麻、泽麻、黄麻、大麻等。热塑性塑料主要为聚乙烯（PE）、聚丙烯（PP）、聚苯乙烯（PS）等聚烯烃和聚氯乙烯（PVC），包括新料、回收料以及两者的混合料。

（1）材料性能。

1）产品具有与原木相同的加工性能，可钉、可钻、可切割、可粘接，也可用钉子或螺栓连接固定，表面光滑细腻、无须砂光和油漆，其油漆附着性好，也可根据个人喜好上漆。

2）产品具有比原木更优良的物理性能，比木材尺寸稳定性好，不会产生裂缝、翘曲，无木材节疤、斜纹，加入着色剂、覆膜或复合表层可制成色彩绚丽的各种制品，因此无须定时保养。

3）能够形成多种规格、尺寸、形状、厚度等需求，这也包括提供多种设计、颜色及木纹的成品，给顾客更多的选择。

4）产品具有防火、防水、防腐蚀、耐潮湿、不被虫蛀、不长真菌、耐酸碱、无毒害、无污染等优良性能，维护费用低。

5）产品使用有类似木质外观，比塑料硬度高，寿命长，可热塑成型，强度高，节约能源。

6）产品质坚、质量轻、保温、表面光滑平整，不含甲醛及其他有害物质，无毒害、无污染。

（2）产品十大优点。

1）防水、防潮。从根本上解决了木质产品在潮湿和多水环境中吸水受潮后容易腐烂、膨胀变形的问题，可以应用到传统木制品不能应用的环境中。

2）防虫、防白蚁，有效杜绝虫类骚扰，延长使用寿命。

3）多姿多彩，可供选择的颜色众多。既具有天然木质感和木质纹理，又可以根据自己的个性来定制需要的颜色。

4）可塑性强，能非常简单地实现个性化造型，充分体现个性风格。

5）高环保性、无污染、无公害、可循环利用。产品不含苯类物质，甲醛含量为 0.2，低于 $E_0$ 级标准，为欧洲定级环保标准，可循环利用大大节约了木材使用量，适合可持续

发展的国策，造福社会。

6）高防火性。能有效阻燃，防火等级达到B1级，遇火自熄，不产生任何有毒气体。

7）可加工性好，可钉、可刨、可锯、可钻，表面可上漆。

8）安装简单，施工便捷，不需要繁杂的施工工艺，节省安装时间和费用。

9）不龟裂，不膨胀，不变形，无须维修与养护，便于清洁，节省后期维修和保养费用。

10）吸声效果好，节能性好，使室内节能高达30%以上。

（3）产品应用。

塑木园林景观系列：塑木护栏、塑钢凉亭、园林护栏、阳台护栏、休闲长椅、花架、空调架、百叶窗、外墙挂板、装饰挂板、挂挂板等。

SGS（通标）广州建材服务部朱恒舒工程师介绍说："国外木塑产业以北美地区为代表，该地区目前是全球木塑复合材料发展最快和用量最大的市场。近10多年来，美国木塑材料市场的增长率均保持在10%以上。

在中国，木塑材料是一个非常年轻的新兴环保产业，从2005年起就一直处于高速发展中。随着国内木塑生产研发的技术日益完善，在未来10年内，木塑复合材料除了在建筑装饰与园林景观行业以外，还将在交通轨道、汽车内饰件和包装材料等领域有大量的应用。"

据悉，SGS目前已为国内众多木塑企业提供测试认证服务和技术咨询服务，客户覆盖珠三角、长三角、安徽、山东等主要木塑生产区域。

据欧洲相关机构的统计，截至2009年底，全球木塑复合材料年产量超过150万吨，其中北美产量超过100万吨，其次为中国20万吨，欧洲17万吨，日本10万吨，在中国生产的木塑制品多数出口欧美地区。目前国内木塑制品企业约150家，主要集中在广东、江苏、北京、山东、浙江、安徽等地。根据目前的发展速度，预计未来5~10年后国内木塑企业将超过1000家。

专家指出，目前约有70%的木塑制品用于建筑与园林业，因此作为建材的一个重要部分，完善木塑复合材料的检测有着重要的意义。在标准规范方面，美国有较系统并完善的法规对木塑产品进行规范，而我国在2010年4月发布了两项有关木塑复合材料产品国家标准，分别是《木塑装饰板》（GB/T 24137—2009）和《木塑地板》（GB/T 24508—2009）。由于木塑材料使用领域广泛，很多实际使用领域还缺乏相应标准规范。

目前，国内木塑企业在SGS的测试主要包括防火性能测试、抗UV老化测试、抗冻融测试、弯曲性能和热膨胀系数等。环保性能检测主要是限用物质测试和欧盟REACH法规的SVHC测试。木塑产品目前应用较多的是在市政园林和社区园林景观，家居装修的使用率还有待提高。但随着对低碳和环保概念的日益重视，木塑产品会越来越多地出现在公众的视线中。

# 第二章

# 石材及陶瓷材料

## 第一节 石 材

### 一、天然石材

#### 1. 天然石材的种类

花岗岩属于深层火成岩，是火成岩中分别最广的岩石，其主要矿物组成为长石、石英和少量云母，为全晶质，有细粒、中粒、粗粒、斑状等多种构造，以细粒构造性质为好。通常有灰、白、黄、粉红、红、纯黑等多种颜色，具有很好的装饰性。

（1）天然花岗石的种类。天然花岗石荒料经锯切加工制成花岗石板材后，可采用不同的加工工序将花岗石板材制成多种品种，以满足不同的用途需要，其主要品种有：

1）剁斧板材：石材表面经手工剁斧加工，表面粗糙，呈有规则的条状斧纹。表面的质感粗犷大方，一般用于外墙、防滑地面、台阶等。

2）机刨板材：石材表面被机械刨成较为平整的表面，有相互平行的刨切纹，用于与剁斧板材类似的场合。

3）粗磨板材：石材表面经过粗磨，表面平滑、无光泽，主要用于需要柔光效果的墙面、柱面、台阶、基座、纪念碑等。

4）磨光板材：石材表面经磨细加工和抛光，表面光亮，花岗石的晶体纹理清晰，颜色绚丽多彩，多用于室内外地面、墙面、立柱、台阶等装饰。

（2）天然花岗石的特点。

1）天然花岗石密度一般为2700~2800kg/m$^3$；抗压强度高，为120~250MPa；吸水率低于0.2%；抗冻性高达100~200次；耐风化；使用年限为25~200年。

2）天然花岗石构造细密，质地坚硬，耐摩擦，耐酸碱，耐腐蚀，耐高温，耐光照好。

3）天然花岗石自重大，增加了建筑体的重量；硬度大，开采与加工不易，质脆、耐火性差，含有大量的石英，在573~870℃的高温下均会发生晶态转变，产生体积膨胀的现象，火灾时会造成花岗石爆裂。

（3）天然花岗石的使用范围。天然花岗石可制成高级饰面板，用于宾馆、饭店、纪念性建筑物等门厅、大堂的墙面、地面、墙裙、勒脚及柱面的饰面等。

（4）天然花岗石板材的分类、等级和命名标记。花岗石板材按形状分为普通型板材（N）和异形板材（S）。常用普通型板材厚度为20mm。花岗石板材按加工程度的不同，可

分为以下三种：

1）细面板材（RB）：是表面平整、光滑的板材。

2）镜面板材（PL）：是表面平整，具有镜面光泽的板材。

3）粗面板材（RU）：是表面平整、粗糙，具有较规则加工条纹的机刨板、剁斧板、锤击板等。

4）花岗石板材按其外观质量分为优等品（A）、一等品（B）、合格品（C）三个等级。命名顺序为：荒料产地地名、花纹色调特征名称、花岗石（G）。

标记顺序为：命名、分类、规格尺寸、等级、标准号。如：命名为济南青花岗石标记为：济南青（G）NPL 400mm×400mm×20mm AJC205。

5）花岗石材产地：北京西山，山东泰山、崂山，江苏金山，安徽黄山、大别山，陕西华山、秦岭，湖南衡山，浙江莫干山，广东云浮、丰顺县，河南太行山，四川峨眉山、横断山以及云南、广西、贵州等。

**2. 大理石**

大理石是一种变质岩，具有致密的隐晶结构，硬度中等，耐磨性次于花岗石。

大理石的主要化学成分是以 $MgCO_3$、$CaCO_3$ 为主的碳酸盐类，为碱性岩石，抗风化性能与耐酸性能较差，除少数杂质含量少、性能稳定的大理石（如汉白玉、艾叶青等）外，磨光大理石板材一般不宜用于建筑物的外立面、其他露天部位的室外装修，以及与酸有接触的地面装饰工程，否则易受酸侵蚀，导致表面失去光泽，甚至起粉出现斑点等，影响装饰效果。

大理石有纯色和花斑两大系列，其中的花斑系列为斑驳状纹理，品种多，色泽鲜艳，材质细腻。

（1）天然大理石的品种。天然大理石颜色、花纹各有不同，可根据其特点分为云灰、单色和彩色三大类：

1）云灰大理石：花纹如灰色的云彩，灰色的石面上或是像乌云，或是像浮云漫天，有些云灰大理石的花纹很像水的波纹，又称水花石。云灰大理石纹理美观大方，加工性能好，是较理想的饰面材料。

2）单色大理石：色泽洁白的汉白玉、象牙白等属于单色大理石，纯黑如墨的中国黑、墨玉等属于黑色大理石。这些单色的大理石是很好的雕刻和装饰材料。

3）彩花大理石：这种石材是层状结构的结晶或斑状条纹，经过抛光打磨后，显现出各种色彩斑斓的天然图案。经过精心挑选和研磨，可以制成由天然纹理构成的山水、花木等美丽的画面。

（2）天然大理石的特点。

1）天然大理石属于中硬石材，密度为 2500~2600kg/m$^3$，抗压强度高，为 47~140MPa。质地细密，抗压性强，吸水率小于 1.0%，耐磨，耐弱酸碱，不变形，花纹多样，色泽鲜艳。

2）大理石的抗风化性能较差，主要化学成分为碱性物质，大理石的化学稳定性不如花岗岩，不耐强酸，空气和雨水中所含酸性物质和盐类对大理石有腐蚀作用，故大理石不宜用于建筑物外墙和其他露天部位的装饰，适用于室内。

（3）天然大理石的使用范围。天然大理石可制成高级装饰工程的饰面板，用于宾馆、展览馆、影剧院、商场、图书馆、机场、车站等公共建筑工程的室内墙面、柱面、栏杆、地面、窗台板、服务台的饰面等。此外，还可用于制作大理石壁画、工艺品、生活用品等，使用年限达30~80年。

（4）天然大理石板材。

1）天然大理石板材按形状分为普通型板材（N）和异形板材（S）。普通型板材是指正方形或长方形的板材；异形板材是指其他形状的板材。常用普通型板材的厚度为20mm，长度300~1200mm不等，宽度150~900mm不等。

2）大理石板材按板材的规定尺寸允许偏差、平面度允许极限公差、角度允许极限公差，以及按其外观质量和镜面光泽度，分为优等品（A）、一等品（B）、合格品（C）三个等级。命名顺序：荒料产地地名、花纹色调特征名称、大理石（M）；标记顺序：命名、分类、规格尺寸、等级标准号。例如，命名为北京房山白色大理石标记为：房山汉白玉（M）N 600mm×400mm×20mm BJC79。

3）大理石板材的产地：云南大理，北京房山，湖北大冶、黄石，河北曲阳，山东平度、莱阳，广东云浮，江苏高资，安徽灵璧、怀宁，广西桂林，浙江杭州等地区。

**3. 板岩**

板岩是一种高品质、晶粒细腻的变质岩，其原岩是页岩。板岩的结构呈页片状，就是明显的水平劈裂节理，由此产生的薄而光滑的板岩片可用于很多景观，其中最恰当的用途是建造墙壁、顶盖和铺装，色彩包括黑、蓝、绿、灰、紫、红等，较高的密度和细腻的颗粒使板岩拥有极佳的防水性，天然的片状构造还能在一定程度上起到防滑作用。

板岩材质较软，容易风化，可采用简单工艺凿割成薄板或条形材，具有古朴韵味，是理想的建筑装饰材料。

**4. 砂岩**

砂岩属于沉积岩，是一种由石英颗粒和其他矿物质天然粘结并压实而成的砂质岩石，成分包括沙粒大小的晶粒（含量要大于50%），以及由黏土、二氧化硅、碳酸盐和氧化铁组成的胶结物。许多19世纪所谓的褐砂石住宅（当时有钱人居住的联排式多层公寓），都用砂岩装饰外立面，也是因石材而得名的。

（1）砂岩种类。

1）硅质砂岩：由氧化硅胶结而成，呈白、浅灰、浅黄、淡红色，强度可达300MPa，耐久性、耐磨性、耐酸性高，性能接近花岗岩。纯白色硅质砂岩又称白玉石。硅质砂岩可用于各种装饰及浮雕、踏步、地面及耐酸工程。

2）钙质砂岩：由碳酸钙胶结而成，为砂岩中最常见和最常用的，呈白、灰白色，强度较大，但不耐酸，可用于大多数工程。

3）镁质砂岩：由氧化铁胶结而成，常呈褐色，性能较差，密实者可用于一般工程。

4）黏土质砂岩：由黏土胶结而成，易风化、耐水性差，甚至会因水作用而溃散。一般不用于建筑工程。

此外，还有长石砂岩、硬砂岩，两者强度较高，均可用于建筑工程。

由于砂岩的性能相差较大，使用时需加以区别。

（2）色彩。砂岩的色彩范围是由银灰色或浅黄色至各种深浅的粉红和棕红色，按颜色分为黑砂岩、青砂岩、黄砂岩和红砂岩等，其中黑砂岩最硬，青砂岩次之，黄砂岩、

红砂岩最软。

（3）使用范围。由于砂岩具有良好的雕刻性，被广泛用于圆雕、浮雕壁画、雕刻花板、艺术花盆、雕塑喷泉等。目前，世界上已被开采利用的有澳洲砂岩、印度砂岩、西班牙砂岩、中国砂岩等，其中色彩、花纹最受园林建筑设计师所欢迎的是澳洲砂岩。

**5. 石灰岩**

石灰岩俗称青石，为海水或淡水中的生物残骸沉积而成，主要由方解石组成，常含有一定数量的白云石、菱镁矿（碳酸镁晶体）、石英、黏土矿物等，分布极广。有密实、多孔和散粒构造，密实构造的即为普通石灰岩。常呈灰、灰白、白、黄、浅红色、黑、褐红等颜色。

（1）特点。密实石灰岩的体积密度为2400~2600kg/$m^3$，抗压强度为20~120MPa，莫氏硬度为3~4，当含有的黏土矿物超过3%~4%时，抗冻性和耐水性显著降低；当含有较多的氧化硅时，强度、硬度和耐久性提高。石灰岩遇稀盐酸时强烈起泡，硅质和镁质石灰岩起泡不明显。

（2）使用范围。

1）石灰岩可以用于大多数基础、墙体、挡土墙等石砌体。破碎后可用于混凝土。石灰岩也是生产石灰和水泥等的原料。石灰岩不得用于酸性或二氧化碳含量多的水中，因方解石会被酸或碳酸溶蚀。

2）由于比较柔软，石灰石比较适宜用在细节和装饰部分。石灰岩是烧制石灰和水泥的主要材料，也是配置混凝土的骨料。石灰岩还可以用来砌筑基础、勒脚、墙体、挡土墙等。石灰岩中的湖石和英石是砌筑假山的主要材料。

（3）石灰华。石灰华又名孔石、洞石，是一种独特的沉积岩，是石灰石的“近亲”，由温泉的方解石沉积而成。因水流从沉积的废石灰渣堆中流出，溶解石灰渣中的钙，重新堆积而成。因为形成过程中很多气泡被困在岩石里，所以形成了明显的纹理和有麻坑的表面。石灰华有多种颜色，从米色、黄色、玫瑰红到正红色；它也是少数几个有白色颜色的天然石材之一。

**6. 砾石与卵石**

砾石是经流水冲击磨去棱角的岩石碎块。砾石的色彩从浅到米黄色、银色，深到黄褐色、棕褐色的范围内变化。一般用于连接各个景观、构筑物，或者是连接规则的整形与修剪植物之间，由它铺成的小路不仅干爽、稳固、坚实，而且还为植物提供了最理想的掩映效果。砾石具有极强的透水性，即使被水淋湿也不会太滑，所以就步行交通而言，砾石无疑是一种较好的选择。

卵石分为天然卵石和机制卵石两类，通常用来铺小路或小溪底面，与石板、砖块混合铺设，形成较好的艺术效果，也可作为树穴、下水道的覆盖物。天然卵石是指风化岩石经水流长期冲刷搬运而成的，粒径为60~200mm的无棱角的天然粒料；大于200mm的称作漂石。鹅卵石、雨花石都是天然卵石。机制卵石是指把石材碎料经过机器打磨边缘加工形成的卵石，海峡石、洗石米都是机制卵石。

砂砾，有白砂砾、灰砂砾、黄砂砾等，常被用在枯山水庭院中替代水。

**7. 其他天然石材**

（1）火山碎屑岩。岩浆被喷到空气中，急速冷却而形成的岩石称火山碎屑岩，又称火山碎屑。由于喷到空气中急速冷却而成，内部含有大量的气孔，并多呈玻璃质，有较高的化学活性。常用的有火山灰、火山渣、浮石等，主要用作轻骨料混凝土的骨料、水泥的混合材料等。

（2）辉长岩、闪长岩、辉绿岩。辉长岩、闪长岩、辉绿岩由长石、辉石和角闪石等组成。三者的体积密度均较大，为 2800～3000kg/m$^3$，抗压强度为 100～280MPa，耐久性及磨光性好。常呈深灰、浅灰、黑灰、灰绿、黑绿色和斑纹状。除用于基础等石砌体外，还可用作名贵的装饰材料。

（3）片麻石。片麻石由花岗岩变质而成，呈片状构造，各向异性。片麻石在冰冻作用下易成层剥落，体积密度为 2600～2700kg/m$^3$，抗压强度为 112～250MPa（垂直解理方向）。可用于一般建筑工程的基础、勒脚等石砌体，也作混凝土骨料。

（4）石英石。石英石由硅质砂岩变质而成，结构致密、均匀、坚硬，加工困难，非常耐久，耐酸性好，抗压强度为 250～400MPa。主要用于纪念性建筑等的饰面以及耐酸工程，使用寿命可达千年以上。

（5）玄武岩。玄武岩为岩浆冲破覆盖岩层喷出地表冷凝而成的岩石，由辉石和长石组成。体积密度为 2900～3300kg/m$^3$，抗压强度为 100～300MPa，脆性大、抗风化性较强。主要用于基础、桥梁等石砌体，破碎后可作为高强混凝土的骨料。

**8. 中国四大园林名石**

（1）黄蜡石。黄蜡石属于变质岩的一种，主要产于我国南方各地。黄蜡石有灰白、浅黄、深黄等色，有蜡状光泽，圆润、光滑，质感似蜡。石形圆浑如大卵石状，但并不为卵形、圆形或长圆形，而多为抹圆角有涡状凹陷的各种异形块状，也有呈长条状的。黄蜡石以石形变化大而无破损、无灰砂、表面滑若凝脂、石质晶莹润泽者为上品，即石形要“皱、透、溜、哞”。黄蜡石在园林中适宜与植物一起组成小景。

（2）灵璧石。灵璧石亦同属石灰岩，因主产于安徽省灵璧县一带而得名。灵璧石产于土中，被赤泥渍满，须刮洗方显本色。其石灰色而甚为清润，质地亦脆，用手弹也有共鸣声。石面有坳坎的变化，石形亦千变万化，但其很少有宛转回折之势。这种山石可掇山石小品，更多的情况下作为盆景石赏玩。

（3）太湖石。太湖石是一种石灰岩的石块，因主产于太湖而得名。太湖石纹理纵横，脉络起隐，石面上边多坳坎，称为“弹子窝”，扣之有微声，还很自然地形成沟、缝、穴、洞。有时窝洞相套，玲珑剔透，蔚为奇观，犹如天然的雕塑品，观赏价值比较高，常被用作特置石峰，以体现奇秀险怪之势，著名的如苏州留园的冠云峰。

（4）英德石。英德石同属石灰岩，因主产于广东省英德市一带而得名。英德石通常为青灰色，有的间有白色脉络，称灰英，也有白英、黑英、浅绿英等数种，但均罕见。英德石形状瘦骨铮铮，嶙峋剔透，多皱折的棱角，清奇俏丽。石体多皴皱，少窝洞，质稍润，坚而脆，扣之有声，在园林中多用于山石小景。

**9. 天然石材的表面加工处理**

（1）亚光。亚光是指将石材表面研磨，使其具有良好的光滑度，有细微光泽但反射光线较少。

（2）抛光。将从大块石料上锯切下的板材通过粗磨、细磨、抛光等工序使板材具有良好的光滑度及较高的反射光线能力。

（3）机刨纹理。机刨纹理是指通过专用刨石机器将板面加工成凹凸状纹理的方法。

（4）剁斧。现代剁斧石常指人工制造出的不规则状纹理的石材。剁斧石一般用手工工具加工，如花锤、斧子、錾子、凿子等，通过捶打、凿打、劈剁、整修、打磨等办法将毛坯加工出所需的特殊质感，其表面可以是网纹面、锤纹面、岩礁面、隆凸面等多种形式。

（5）烧毛。烧毛是指用火焰喷射器灼烧锯切下的板材表面，利用组成石材的不同矿物颗粒热膨胀系数的差异，使其表面一定厚度的表皮脱落，形成整体平整但局部轻微凹凸起伏的表面。烧毛石材反射光线少，视觉柔和。

（6）喷砂。喷砂是指用砂和水的高压射流将砂子喷到石材上，形成有光泽但不光滑的表面。

（7）其他特殊加工。除上述基本方法外，还有一些根据设计意图产生的特殊加工方法，如在抛光石材上局部烧毛做出光面毛面相接的效果，在石材上钻孔产生类似于穿孔铝板似透非透的特殊效果等。

对于砂岩及板岩，由于其表面的天然纹理，一般外露面为自然劈开或磨平，显示出自然本色而无须再加工，背面则可直接锯平，也可采用自然劈开状态；大理石具有优美的纹理，一般均采用抛光、亚光的表面处理以显示出其花纹，而不会采用烧毛工艺隐藏其优点；而花岗岩因为大部分品种均无美丽的花纹，则可采用上述所有方法。

## 二、人造石材

人造石材一般是指人造大理石和人造花岗石，属于水泥混凝土或聚酯混凝土的范畴。人造石材是以大理石碎料、石英砂、石粉等集料，拌和树脂、聚酯等聚合物或水泥胶粘剂，经过真空强力拌和和振动、加压成型、打磨抛光以及切割等工序制成的板材。

### 1. 人造石材的种类

（1）复合型人造石材。

1）复合型人造石材采用的胶粘剂中，既有无机材料，又有有机高分子材料。

2）复合型人造石材的制作工艺是先用水泥、石粉等制成水泥砂浆的坯体，然后将坯体浸于有机单体中，使其在一定条件下聚合而成。现以板材为例，底层用性能稳定而价廉的无机材料，面层用聚酯和大理石粉，无机胶结材料可用快硬水泥、普通硅酸盐水泥、粉煤灰水泥、铝酸盐水泥、矿渣水泥以及熟石膏等。

3）有机单体可用苯乙烯、甲基丙烯酸甲酯、脂酸乙烯、丙烯腈、丁二烯等。这些单体可单独使用，也可组合使用。复合型人造石材制品的造价较低，在受温差影响后聚酯面易产生剥落或开裂。

（2）树脂型人造石材。石材也称聚酯型人造石材。树脂型人造石材是以不饱和聚酯树脂为胶粘剂，配以天然的大理石碎石、石英砂、方解石、石粉等无机矿物填料，以及适量的阻燃剂、稳定剂、颜料等附加剂，经配料、混合、浇筑、振动、压缩、固化成型、脱模烘干、表面抛光等工序加工而成的一种人造石材。

树脂型人造石材的品种，按其表面图案的不同可分为人造大理石、人造花岗石、人造玛瑙石和人造玉石等几种：

1）人造大理石。有类似大理石的云朵状花纹和质感，填料可在0.5~1.0mm，可用石英砂、硅石粉和碳酸钙。

2）人造花岗石。有类似花岗石的星点花纹质感，如粉红底星点、白底黑点等品种，填充料配比是按其花色而特定的。

3）人造玛瑙石。有类似玛瑙的花纹和质感，所使用的填料有很高的细度和纯度；制品具有半透明性，填充料可使用氢氧化铝和合适的大理石粉料。

4）人造玉石。有类似玉石的色泽、半透明状，所使用的填料有很高的细度和纯度，有仿山田玉、仿芙蓉玉、仿紫晶等品种。

（3）树脂人造石材的性能及应用范围。

1）色彩花纹仿真性强，其质感和装饰效果完全可以与天然大理石和天然花岗石媲美。

2）强度高、不易碎，其板材厚度薄，重量轻，可直掺用聚酯砂浆或108胶水泥净浆进行粘贴施工。

3）具有良好的耐酸碱性、耐腐蚀性和抗污染性。

4）可加工性好，比天然石材易于锯切、钻孔。

5）会老化。树脂型人造石材在环境中长期受阳光、大气、热量、水分等的综合作用后，随时间的延长会逐渐老化，表面将失去光泽，颜色变暗，从而降低其装饰效果。

应用于室内外的地面装饰，卫生洁具，如洗面盆、浴缸、便器等产品，还可以作为楼梯面板、窗台板、服务台面、茶几面等。

（4）烧结型人造石材。烧结型人造石材的生产方法与陶瓷工艺相仿，将长石、石英、辉绿石、方解石等粉料和赤铁矿粉，以及一定量的高岭土共同混合，石粉占60%，黏土占40%，采用混浆法制备坯料，用半干压法成型，再在窑炉中以1000℃左右的高温焙烧而成。烧结型人造石材的装饰性好，性能稳定，由于需要高温焙烧，因而造价高。

（5）水泥型人造石材。水泥型人造石材是以各种水泥为胶结材料，砂、天然碎石粒为粗细集料，经配制、搅拌、加压蒸养、磨光和抛光后制成的人造石材。在配制过程中混入色料，可制成彩色水泥石。水泥型石材的生产取材方便，价格低廉；但其装饰性较差。水磨石和各类花阶砖即属此类。

水泥型人造石材的性能主要有：① 强度高，坚固耐用；② 表面光泽度高，花纹耐久，抗风化，耐久性好；③ 防潮性优于一般的人造大理石；④ 美观大方，物美价廉，施工方便等。

水泥型人造石材广泛应用于开间较大的地面、墙面及门厅的柱面、花台、窗台等部位。

（6）烧结型人造石材。烧结型人造石材的生产工艺是将斜长石、石英、辉石的石粉及赤铁矿粉和高岭土等混合，一般用40%的黏土和60%的矿粉制成泥浆后，采用泥浆法制备坯料，再用半干法成型，在窑炉中以1000℃左右的高温焙烧而成。烧结型人造石材需要高温烧成，能耗高、造价高；产品易破损，但它的装饰性好，性能稳定。

（7）复合型人造石材。复合型人造石材是指所用的胶粘剂既有无机材料，又有有机高分子材料，所以称为复合型人造石材。

复合型仿造石材是先将无机填料用无机胶粘剂胶结成型、养护后，再将坯体浸渍在有机单体中，使其在一定的条件下聚合。复合型人造石材一般为三层：底层要采用无机材

料，其性能稳定具有价格较低；面层可采用聚酯和大理石粉制作，以获得最佳的装饰效果。

复合型人造石材的性能及应用：复合型人造石材制品造价较低，但它受温差影响后，聚酯面易产生剥落或开裂。复合型人造石材应用在室内石面的装饰。

**2. 常用人造石材品种**

（1）聚酯型人造石材。聚酯型人造石材是以不饱和聚酯树脂为胶结料而生产的聚酯合成石，属于树脂型人造石材。聚酯合成石常可以制作成饰面用的人造大理石板材、人造花岗岩板材和人造玉石板材，人造玛瑙石卫生洁具（浴缸、洗脸盆、坐便器等）和墙地砖，还可用来制作人造大理石壁画等工艺品。

（2）仿花岗岩水磨石砖。仿花岗岩水磨石砖属于水泥型人造石材，是使用颗粒较小的碎石米，加入各种颜色的色料，采用压制、粗磨、打蜡、磨光等生产工艺制成。砖面的颜色、纹理和天然花岗岩十分相似，光泽度较高，装饰效果好，多用于宾馆、饭店、办公楼等的内外墙和地面装饰。

（3）仿黑色大理石。仿黑色大理石属于烧结型人造石材，主要是以钢渣和废玻璃为原料，加入水玻璃、外加剂、水混合成型，烧结而成。具有利用废料、节电降耗、工艺简单的特点，多用于内外墙、地面、台面装饰铺贴。

（4）透光大理石。透光大理石属于复合型人造石材，是将加工成5mm以下具有透光性的薄型石材和玻璃相复合。芯层为丁醛膜，在140~150℃条件下热压30min而成。具有可以使光线变柔和的作用，多用于制作采光天棚及外墙装饰。

## 三、园林造园石材常见问题

（1）色斑及水斑现象。色斑及水斑现象最容易发生在白色浅色石材上。由于这一类石材是中酸性岩浆岩，结晶程度较高，而且晶体之间的微裂隙丰富，吸水率较高，各种金属矿物含量也较高。在应用过程中，遇到水分子氧化就会产生此现象。

（2）白华斑。白华斑的成因是在铺砌时，水泥砂浆在同化过程中，透过石材毛细孔将砂浆中的色素排出石材表面，形成色斑。或者，水泥中的碱性物质被水分子带入石材内，与石材中的金属类矿物质发生化学反应，生成矾类、盐类或氢氧化钙的结晶体，主要存在于岩石的节理间与接缝间。

白华斑可用强力清洗剂清除。白华斑清除的关键措施是防止水分的再渗入，可以从石材表面做防护处理及加强填缝部分的防水功能着手。

（3）污染斑。

1）污染斑主要是因为包装、存放和运输不合理，遇到下雨或与外界水分接触，包装材料渗出物的污染所致。

2）加工过程中表面附有金属物质或在锯割过程中表面残留有铁屑，如果未冲洗干净，长期存放，金属物质或铁屑在空气中形成的铁锈就会附着于石材表面。

（4）锈斑与吐黄现象。

1）天然石材内部的铁被侵入石材内部的空气中的二氧化碳和水接触氧化，透过石材毛细孔排出，从而形成锈斑。这种情况可用强力清洗剂加以清除，而不能用双氧水或腐蚀性强酸。

2）防止锈斑再生最有效的方法，是除锈后即作防护处理，杜绝水分再渗入石材内部导致锈斑再生。

## 四、石材保护

石材防护中主要采用石材防护剂，即将一些防护剂采取刷、喷、涂、滚、淋和浸泡等方法，使其均匀分布在石材表面或渗透到石材内部形成一种保护，使石材具有防水、防污、耐酸碱、抗老化、抗冻融、抗生物侵蚀等功能，提高石材的使用寿命和装饰性能。

# 第二节　陶　瓷　材　料

## 一、陶瓷的原材料制成

陶瓷坯体的主要原料有可塑性原料、瘠性原料和熔剂原料三大类。

可塑性原料即黏土原料，它是陶瓷坯体的主体。瘠性原料可降低黏土的塑性，减少坯体的收缩，防止高温烧成时坯体变形。熔剂原料能够降低烧成温度，有些石英颗粒及高岭土的分解产物能被其溶解，常用的熔剂原料有长石、滑石等。

陶瓷制成原材料见表 2-1。

表 2-1　　陶瓷制成原材料

| 类别 | 内　容 |
|---|---|
| 黏土的形成 | （1）黏土是由天然岩石经过长期风化、沉积而成，它是多种微细矿物的混合体，是很复杂的一类矿物原料。它的化学组成、矿物成分、技术特性以及生成条件都是非常复杂的，也是不完全固定的。黏土的种类和性能好坏对陶瓷制品质量有重要影响。<br>（2）黏土的风化作用分为机械风化（温度变化、冰冻、水力等）和化学风化（空气中的二氧化碳与水作用）以及有机物风化（动植物遗骸腐蚀）等多种情况 |
| 黏土的分类 | （1）按地质构造分，黏土可分为残留黏土和沉积黏土。<br>（2）按构成黏土的主要矿物成分，可分为高岭石类、水云母类、蒙脱石类、叶蜡石类和水铝英石类。<br>（3）按其耐火度不同，可分为耐火黏土（耐火度 1580℃以上）、难熔黏土（耐火度 1350～1358℃）和易熔黏土（耐火度 1350℃以下）。<br>（4）按习惯分类法，可分为高岭土、黏性土、瘠性黏土和页岩。<br>（5）按黏土杂质含量的高低、耐火度和可制作陶瓷的类别等，将黏土分为瓷土、陶土、砖土和耐火黏土四类，其中陶土是制造建筑陶瓷的主要原料 |
| 黏土的工艺特性 | （1）可塑性。可塑性是黏土制品所必须具备的一项关键性技术指标。可塑性是指黏土加适量水搅拌之后，在外力作用下能获得任意形状而不发生裂纹和破裂，以及在外力作用停止后，仍能保持该形状的特殊性能。利用黏土的可塑性，可将其塑造成各种形状和尺寸的坯体，而不发生裂纹破损。<br>黏土可塑性的优劣受很多原因的影响，但主要取决于黏土组成的矿物成分及含量，颗粒形状、细度与级配，以及拌和加水量的多少等因素。 |

续表

| 类别 | 内　容 |
| --- | --- |
| 黏土的形成 | （2）收缩性。黏土在干燥过程中由于水分的减少，以及煅烧过程中的物理、化学变化都会产生收缩。黏土加水调和后，经过塑制成型获得坯体，坯体在干燥和焙烧过程中，通常会产生体积收缩。这种体积收缩可分为干燥收缩（称为干缩）和焙烧收缩（称为烧缩），其中干缩比烧缩大得多。收缩可用干燥收缩率、烧成收缩率和总收缩率来衡量。<br>（3）烧结性。黏土的烧结程度随焙烧温度的升高而增加；温度越高形成的熔融物越多、制品的强度越高、密实度越大、吸水率越小。当焙烧温度高至某一值时，使黏土中未熔化颗粒间的空隙基本上被熔融物充满时，即达到完全烧结，这时的温度称为烧结极限温度。<br>此外，黏土的稀释性能、耐火度都会影响其工艺性质 |
| 瘠性原料 | 瘠性原料主要包括石英、熟料和废砖粉。<br>（1）石英是自然界分布很广的矿物，其主要成分是二氧化硅。一般作瘠性原料的有脉石英、石英岩、石英砂岩和硅砂四种。石英在煅烧过程中会发生多次晶型转变，随着晶型转变，其体积会发生很大变化，因此在生产工艺上必须加以控制。一般来说，温度升高时，二氧化硅密度会变小，结构变松散，体积膨胀；温度降低时，其密度增大，体积收缩。<br>（2）晶型转化时的体积变化能形成相当大的应力，这种应力往往是陶瓷产品开裂的原因。在陶瓷加工原料内加入熟料和废砖粉的目的是减少坯体的收缩和烧成收缩。因此，在陶瓷产品烧成制度规范中，往往要求在石英晶型转化的温度范围内采用慢速升温，以避免产品发生过大的体积变化以致开裂 |
| 熔剂原料 | （1）长石是陶瓷制品中常用的熔剂，也是釉料的主要原料。釉面砖坯体中一般引入少量长石。长石的种类分为四种：钾长石、钠长石、钙长石和钾微斜长石。长石与石英一样都是瘠性原料，能够缩短坯体的干燥时间，还能够减少坯体干燥时的收缩和变形。<br>（2）长石也是熔剂原料，其主要作用是降低陶瓷坯体的烧成温度。在高温下长石会熔化为长石玻璃，填充于坯体颗粒间的空隙中，粘结颗粒使坯体致密，并有助于改善坯体的力学性能。<br>（3）硅灰石是硅酸钙类矿物，它的化学通式为 $CaO \cdot SiO_2$。硅灰石作为陶瓷墙地砖坯料，除降低烧成温度外，还具有减少收缩、容易压制成型、热稳定性好、烧成时间短、吸水膨胀率小等特点 |
| 釉料 | （1）釉是指附着于陶瓷坯体表面的连续玻璃质层。它与玻璃有很多相类似的物理与化学性质。釉具有均质玻璃体所具有的很多性质，如没有固定熔点而只有熔融范围、具有亮丽的光泽、透明感好等。<br>（2）施釉的主要目的在于提高陶瓷制品的力学强度和改善坯体的表面性能。通常疏松多孔的陶瓷坯体表面粗糙，即使坯体烧结后孔隙率接近于零，但由于它的玻璃相中含有晶体，所以坯体表面仍然粗糙无光，易于玷污和吸湿，影响美观、卫生、机械和电学性能。施釉后的制品在很多方面的性能都获得了很大的提高，其表面平整光滑、色泽亮丽、不吸湿、不透气。在釉下装饰中，釉层能够有效保护画面，防止彩料中有毒元素溶出的作用。作为装饰用产品，还能增加制品的装饰性，掩盖坯体的不良颜色和某些缺陷。<br>（3）釉料的性质。① 釉层质地必须较为坚硬，使之不易磕碰或磨损；② 釉料的组成要选择适当，使釉层不易发生破裂或剥离的现象；③ 釉料必须在坯体的烧成温度下成熟。为了让釉在坯体上铺展顺利，要求釉的成熟温度接近并略低于坯体的烧成温度；④ 釉料在高温熔化后，要具有适当的黏度和表面张力，以使其在冷却后能形成优质的釉面。 |

续表

| 类别 | 内　容 |
| --- | --- |
| 釉料 | （4）釉按化学组成种类可分为以下几种：① 混合釉。混合釉是在传统的釉料中加入多种助熔剂组成的釉料。现代釉料的发展，均趋向于多熔剂的组成。因为根据各种熔剂的不同特性进行配制，可以获得很多单一熔剂无法达到的良好效果；② 长石釉、石灰釉：长石釉、石灰釉是使用最广泛的两种釉料。它们具有强度高、透光性好、与坯体结合良好的特点；③ 滑石釉。滑石釉与上述两釉的区别是，在原有基础上加入了滑石粉；④ 土釉、铅釉、硼釉、铅硼釉等；⑤ 食盐釉。食盐釉在施釉方式上很有特点，它不是在陶瓷生坯上直接施釉，而是当制品焙烧至接近止火温度时，把食盐投入燃烧室中。在高温和烟气中水蒸气的作用下，被分解的食盐以气体状态均匀地分布在窑内，并作用于以黏土制作的坯体表面，形成一种薄薄的玻璃质层。食盐釉的特点是釉层厚度比喷涂的釉层要小很多，仅0.0025mm左右，但与坯体结合良好，并且坚固结实，不易脱落和开裂，还具有热稳定性好、耐酸性强的优点。<br>另外，釉按照烧成温度，可分为易熔釉（1100℃以下）、中温釉（1100～1250℃）和高温釉（1250℃以上）；釉按照制备方法分类，可分为生料釉、熔块釉；釉按照外表特征分类，可分为光亮釉、乳浊釉、沙金釉、碎纹釉、珠光釉、花釉、流动釉、有色釉、透明釉、无光釉、结晶釉等 |

## 二、陶瓷的种类

陶瓷是陶器、炻器和瓷器的总称。炻器是介于陶器与瓷器之间的一类产品，或称其为半瓷、石胎瓷等。三类陶瓷的原料和制品性能的变化是连续和相互交错的，很难有明确的区分界限。从陶器、炻器到瓷器，其原料是从粗到精，烧成温度由低到高，坯体结构由多孔到致密。

**1. 陶器**

陶器通常有一定的吸水率，为多孔结构，通常吸水率较大，断面粗糙无光，不透明，敲之声音喑哑，有的无釉，有的施釉。

陶质制品主要以陶土、沙土为原料配以少量的瓷土或熟料等，经1000℃左右的温度烧制而成。陶质制品可分为粗陶和精陶两种。

粗陶坯料一般由一种或多种含杂质较多的黏土组成，有时还需要掺瘠性原料或熟料以减少收缩。建筑上使用的砖、瓦、陶管、盆、罐等都属此类。精陶是指坯体呈白色或象牙色的多孔性陶制品，其制品的选料要比粗陶精细，多以可塑性黏土、高岭土、长石、石英为原料。

精陶的外表大多数都施釉，饰釉通常要经过素烧和釉烧两次烧成，其中素烧的温度在1250～1280℃。精陶的吸水率一般在9%～12%，最大不应超过17%。通常建筑上所用的各种釉面内墙砖均属此类。

**2. 瓷器**

瓷质制品是以粉碎的岩石粉（如瓷土粉、长石粉、石英粉等）为主要原料经1300～1400℃高温烧制而成。其结构致密、吸水率极小，色彩洁白，具有一定的半透明性，其表面施有釉层。瓷质制品按其原料的化学成分与加工工艺的不同，又分为粗瓷和细瓷两种。

**3. 炻器**

炻器结构比陶质致密、略低于瓷质，一般吸水率较小，其坯体多数带有颜色而且呈半

透明性。

炻器按其坯体的致密性、均匀性以及粗糙程度，分为粗炻器和细炻器两大类。园林建筑装饰上用的外墙砖、地砖以及耐酸化工陶瓷均属于粗炻器。日用炻器和工艺陈设品属于细炻器。中国的细炻器中不乏名品，享誉世界的江苏宜兴紫砂陶就是一种不施釉的有色细炻器。

细炻质制品与陶质、瓷质制品相比，在一些性能上具有一定的优势。它比陶器强度高、吸水率低，比瓷器热稳定性好、成本低。此外，炻器的生产原料较广泛，对原料杂质的控制不需要像瓷器那样严格，因此在建筑工程中得以广泛应用。

## 三、装饰后的陶瓷材料

陶瓷制品的装饰方法有很多种，较为常见的是施釉、彩绘和用贵金属装饰。

**1. 彩绘陶瓷**

(1) 釉上彩绘。

1) 釉上彩绘是在已经釉烧的陶瓷釉面上，使用低温彩料进行彩绘，再在600~900℃的温度下经彩烧而成。

2) 由于釉上彩的彩烧温度低，使陶瓷颜料的选择性大大提高，可以使用很多釉下彩绘不能使用的原料，这使彩绘色调十分丰富、绚烂多彩。由于彩绘是在强度相当高的陶瓷坯体上进行，因此可以采用机械化生产，大大提高了生产效率、降低了成本。

3) 釉上彩绘的陶瓷价格便宜，应用量远远超过釉下彩绘的制品。

4) 釉上彩绘由于没有釉层的保护，釉上彩绘的图案易被磨损，而且在使用过程中，因颜料中加入铅等重金属原料，会对人体产生有害影响。

园林造园中广泛采用釉上贴花、刷花、喷花和堆金等“新彩”方法，其中，“贴花”是釉上彩绘中应用最广泛的一种方法。使用先进的贴花技术，采用塑料薄膜贴花纸，用清水就可以把彩料转移至陶瓷制品的釉面上，操作十分简单。

(2) 釉下彩绘。釉下彩绘是在生坯上进行彩绘，然后喷涂上一层透明釉料，再经釉烧而成。釉下彩绘的特征是彩绘画面在釉层以下，受到釉层的保护，从而不易被磨损，使得画面效果能得到较长时间的保持。

釉下彩绘常常采用手工绘制，因而生产效率低、价格昂贵，所以应用不很广泛，但在大机器、流水线生产方式普及的今天，人们越来越重视手工制作的精致性、独特性以及手工产品中体现的匠人们的审美情趣和优秀的传统文化。我国传统韵青花瓷器、釉里红以及釉下五彩等，都是名贵的釉下彩制品，深受海内外人们的喜爱。

**2. 施釉**

施釉是对陶瓷制品进行表面装饰的主要方法之一，也是最常用的方法。烧结的坯体表面一般粗糙、无光，多孔结构的陶坯更是如此，这不仅影响产品装饰性和力学性能，而且也容易吸湿和被沾污。对坯体表面采用施釉工艺之后，其产品表面会变得平滑、光亮、不吸水、不透气，并能够大大地提高产品的机械强度和装饰效果。

陶瓷制品的表面釉层又称瓷釉，是指附着于陶瓷坯体表面的连续的玻璃质层。它是将釉料喷涂于坯体表面，经高温焙烧后产生的。在高温焙烧时釉料能与坯体表面之间发生相互反应，熔融后形成玻璃质层。使用不同的釉料，会形成不同颜色和装饰效果的画面。

**3. 贵金属装饰**

（1）高级贵重的陶瓷制品，常常采用金、铂、钯、银等贵金属对陶瓷进行装饰加工，这种陶瓷表面装饰方法被称为贵金属装饰。其中最为常见的是以黄金为原料进行表面装饰，如金边、图画描金装饰方法等。饰金方法所使用的材料有金水（液态金）与金粉两种。

（2）金材装饰陶瓷的方法有亮金、磨光金和腐蚀金等多种。亮金在饰金装饰中应用最为广泛。它采用金水为着色材料，在适当温度下彩烧后，直接获得光彩夺目的金属层。亮金所使用的金水的含金量必须严格控制在10%～12%，否则金层容易脱落，并造成耐热性的降低。

（3）贵金属装饰的瓷器，成本高，做工精细，制品雍容华贵、光泽闪闪动人，常常作为高档的室内陈设用品，营造室内高雅、华贵的空间氛围。

## 四、园林造园中常用陶瓷材料

园林造园中常用陶瓷材料见表2-2。

表2-2　园林造园中常用陶瓷材料

| 序号 | 类别 | | 内容 |
|---|---|---|---|
| 1 | 釉面砖 | 釉面砖的定义和规格 | 釉面砖是用于建筑物内墙面装饰的薄板精陶制品，又称内墙贴面砖、瓷砖、瓷片，只能用于室内，属精陶类制品。以黏土、长石、石英、颜料及助熔剂等为原料烧成。其表面的釉性质与玻璃相类似。它表面施釉，制品经烧成后表面平滑、光亮，颜色丰富多彩，图案五彩缤纷，是一种高级内墙装饰材料。釉面砖除装饰功能外，还具有防水、耐火、抗腐蚀、热稳定性良好、易清洗等特点。<br>釉面砖品种繁多，规格不一，过去常用的是108mm×108mm和152mm×152mm以及与之相配套的边角材料，现在已发展到200mm×150mm、250mm×150mm、300mm×150mm甚至更大的规格。颜色也由比较单一的白、红、黄、绿等色向彩色图案方向发展，彩色图案釉面砖的市场越来越广阔。由于装饰内墙面砖表面的釉层品种繁多、类型多样，几乎所有的陶瓷装饰方法都可应用，因此，釉面砖的种类也是极其丰富，主要包含单色、彩色、印花和图案砖等品种。<br>釉面内墙砖按釉面颜色分为单色（含白色）、花色和图案砖。形状分为正方形、矩形和异形配件砖。图2-1为异形配件砖形状。异形配件砖有阴角、阳角、压顶条、腰线砖、阴三角、阳三角、阴角座、阳角座等，起配合建筑物内墙阴、阳角等处镶贴釉面砖时使用 |
| | | 釉面砖的应用 | 因为釉面砖为多孔坯体，吸水率较大，会产生湿胀现象，而其表面釉层的吸水率和湿胀性又很小，再加上冻胀现象的影响，会在坯体和釉层之间产生应力。当坯体内产生的胀应力超过釉层本身的抗拉强度时，就会导致釉层开裂或脱落，严重影响饰面效果。因此釉面砖不能用在室外。<br>釉面砖耐污性好，便于清洗，外形美观、耐久性好，因此常被用在对卫生要求较高的室内环境中，如厨房、卫生间、浴室、试验室、精密仪器车间及医院等处。由于釉面砖具有花色品种很多、装饰性较好和易清洗等特点，现在一些室内台面、墙面的装饰也会使用一些花色品种好的高档釉面砖 |

续表

<table>
<tr><th>序号</th><th>类　别</th><th>内　容</th></tr>
<tr><td>2</td><td>陶瓷墙地砖</td><td>陶瓷墙地砖是外墙面砖和地面砖的统称。陶瓷墙地砖属炻质或瓷质陶瓷制品，是以优质陶土为主要原料，加入其他辅助材料配成生料，经半干压后在1100℃左右的温度环境中焙烧而成。<br>外墙砖和地砖虽然在外观形状、尺寸及使用部位上都有不同，但由于它们在技术性能上的相似性，使得部分产品可用既可用于墙面装饰，也可以用于地面装饰，成为墙地通用面砖。因此，我们通常把外墙面砖和地面砖统称为陶瓷墙地砖。而且，墙地两用也是其主要的发展方向之一。<br>墙地砖分无釉和有釉两种。有釉的墙地砖在已烧成的素坯上施釉，然后经釉烧而成。墙地砖的生产工艺与釉面内墙砖相似，但它增加了坯体的厚度和强度，降低了吸水率。墙地砖的表面质感丰富，通过改变配料和相应的制作工艺，可获得多种装饰效果。墙地砖的装饰日趋华丽高雅，某些产品已经具有一些天然高级材料的表面质感(特别是天然石材的表面质感)，使墙地砖应用更加广泛。<br>根据使用部位的不同，大体分为室内墙面砖、室内地砖、室外墙面砖、室外地砖四大类。<br>根据表面装饰方法的不同，分为单色砖（表面无釉外墙贴面砖）、彩釉砖（表面有釉外墙贴面砖）、立体彩釉砖（既有彩釉，表面又有突起的纹饰或图案）、仿花岗岩釉面砖（表面有花岗岩花纹的釉面砖）。<br>外墙砖是以陶土为原料焙烧而成的炻质制品，它装饰性强、坚固耐用、色彩鲜艳、防水、易清洗，且对建筑物有良好的保护作用。<br>按照质量的好坏，可分为优等品、一等品和合格品三个等级，其中质量顺序为优等品好于一等品，一等品要好于合格品。<br>地面砖一般比外墙面砖厚，并要求具有较高的抗压强度和抗冲击强度，耐磨陶瓷墙地砖应符合放射性元素场所释放标准。A类适用于一切场合；B类适用于空气流通的高大公共空间；C类只能用于室外。<br>设计方面：考虑与整体风格的协调性，不要太多的对比色调，另外要考虑使用场所的安全性，如防滑功能。<br>质量指标：吸水率平均值不大于0.4%，单个值不大于0.6%</td></tr>
<tr><td>3</td><td>陶瓷马赛克</td><td>陶瓷马赛克又称为陶瓷锦砖，是同各种颜色、多种几何形状的小块瓷片贴在牛皮纸上的装饰砖。<br>基本特点：质地坚实、色泽美观、图案多样，而且耐酸、耐碱、耐磨、耐水、耐高压、耐冲击。<br>质量标准：无釉锦砖吸水率不大于0.2%，有釉锦砖吸水率不大于0.1%，有釉锦砖耐急冷急热性能好。<br>一般规格：一般每联尺寸为305.5mm×305.5mm，每联的铺贴面积为0.093m$^2$。<br>马赛克按照材质可以分为陶瓷马赛克、石材马赛克、玻璃马赛克、金属马赛克等。陶瓷马赛克是最传统的一种马赛克，以小巧玲珑著称，但较为单调，档次较低。大理石马赛克是中期发展的一种马赛克品种，丰富多彩，但其耐酸碱性差，防水性能不好，所以市场反映并不是很好。玻璃的色彩斑斓给马赛克带来蓬勃生机，它依据玻璃的品种不同，又分为多种小品种。① 熔融玻璃马赛克是指以硅酸盐等为主要原料，在高温下熔化成型并呈乳浊或半乳浊状，内含少量气泡和未熔颗粒的玻璃马赛克。② 烧结玻璃马赛克是指以玻璃粉为主要原料，加入适量粘结剂等压制成一定规格尺寸的生坯，在一定温度下烧结而成的玻璃马赛克。③ 金属玻璃马赛克是指内含少量气泡和一定量的金属结晶颗粒，具有明显遇光闪烁的玻璃马赛克。</td></tr>
</table>

续表

| 序号 | 类　别 | 内　容 |
| --- | --- | --- |
| 3 | 陶瓷马赛克 | 陶瓷马赛克有挂釉和不挂釉两种，现在的主流产品大部分不挂釉。陶瓷马赛克的规格较小，直接粘贴很困难，故在产品出厂前按各种图案粘贴在牛皮纸上，（正面与纸相粘），每张牛皮纸制品为一“联”。联的边长有284.0、295.0、305.0、325.0mm四种。应用基本形状的马赛克小块，每联可拼贴成变化多端的拼画图案，具体使用时，联和联可连续铺粘形成连续的图案饰面，常用的几种基本拼花图案如图2-2所示。<br>陶瓷马赛克具有美观、不吸水、防滑、耐磨、耐酸、耐火以及抗冻性好等性能。陶瓷马赛克由于块小，不易踩碎，因此主要用于室内地面装饰，如浴室、厨房、卫生间等环境的地面工程。陶瓷马赛克也可用于内、外墙饰面，并可镶拼成有较高艺术价值的陶瓷壁画，提高其装饰效果并增强建筑物的耐久性。由于陶瓷马赛克在材质、颜色方面选择种类多样，可拼装图案相当丰富，为室内设计师提供了很好的发挥创造力的空间。<br>陶瓷马赛克在施工时反贴于砂浆基层上，把牛皮纸润湿，在水泥初凝前把纸撕下，经调整、嵌缝，即可得到连续美观的饰面。为保证在水泥初凝前将衬材撕掉，露出正面，要求正面贴纸陶瓷马赛克的脱纸时间不大于40min。陶瓷马赛克与铺贴衬材应粘结合格，将成联马赛克正面朝上两手捏住联一边的两角，垂直提起，然后放平反复3次，马赛克不掉为合格 |
| 4 | 彩胎砖 | 彩胎砖是一种本色无釉瓷质饰面砖，是采用花岗岩的彩色颗粒土原料混合配料，压制成多彩坯体后，经高温一次烧成的陶瓷制品。其表面花纹细腻柔和，质地坚硬，耐腐蚀，分为麻面砖、磨光彩胎砖、抛光砖、玻化砖等 |
| 5 | 卫生陶瓷 | 卫生陶瓷多用耐火黏土或难熔黏土上釉烧成 |

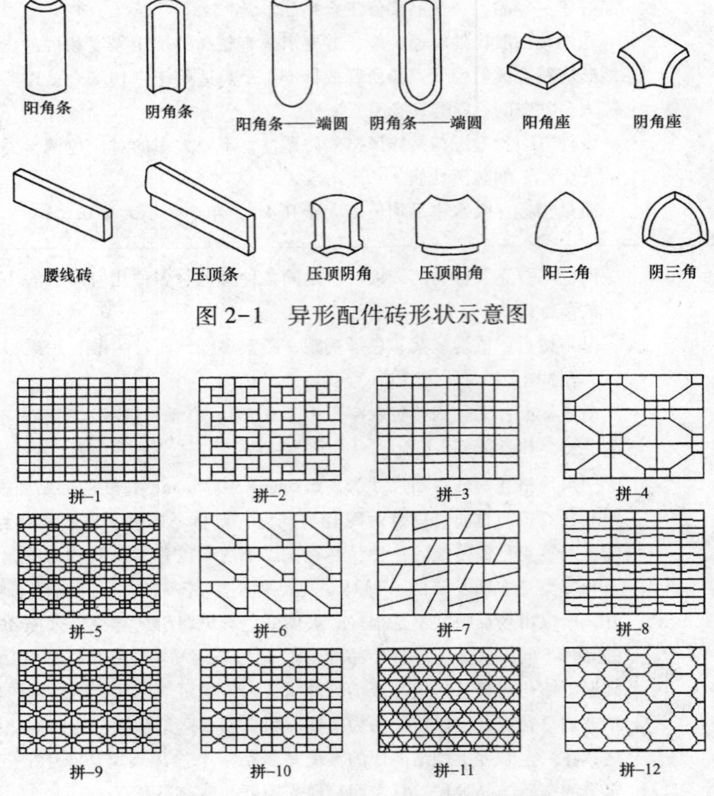


图2-1　异形配件砖形状示意图



图2-2　陶瓷马赛克几种基本拼花图案

## 五、园林造园用陶瓷制品

园林造园用新型陶瓷制品见表 2-3。

表 2-3　　园林造园用新型陶瓷制品

| 序号 | 类别 | 内　容 |
|---|---|---|
| 1 | 劈离砖 | （1）劈离砖是一种炻质墙地通用饰面砖，又称劈裂砖、劈开砖等。劈离砖是将一定配比的原料，经粉碎、炼泥、真空挤压成型、干燥、高温煅烧而成。劈离砖由于成形时为双砖背连坯体，烧成后再劈裂成两块砖，故称为劈离砖。<br>（2）劈离砖烧成阶段的坯体总表面积仅为成品坯体总表面积的一半，大大节约了窑内放置坯体的面积，提高了生产效率。与传统方法生产的墙地砖相比，它具有强度高、耐酸碱性强等优点。劈离砖的生产工艺简单、效率高、原料广泛、节能经济，且装饰效果优良，因此得到广泛应用。<br>（3）劈离砖的主要规格有 240mm×52mm×11mm、240mm×115mm×11mm、194mm×94mm×11mm、190mm×190mm×13mm、240mm×115mm×13mm、194mm×94mm×13mm 等。<br>（4）劈离砖制造工艺简单、能耗低、效率高，并且其色彩丰富、质感强。劈离砖具有吸水率低（不大于 6%）、强度高、耐水、耐磨、耐久、耐酸碱、防滑、抗冻等特性，适用于各类建筑物外墙装饰，也适合用作楼堂馆所、车站、候车室、餐厅等处室内地面铺设。较厚的砖适合于广场、公园、停车场、走廊、人行道等露天地面铺设，也可作游泳池、浴池池底和池沿的贴面材料 |
| 2 | 玻化砖 | （1）玻化砖也称为瓷质玻化砖、瓷质彩胎砖，是坯料在 1230℃以上的高温下，使砖中的熔融成分形成玻璃态，具有玻璃般亮丽质感的一种新型高级铺地砖。玻化砖的表面有平面、浮雕两种，又有无光与磨光、抛光之分。<br>（2）玻化砖的主要规格有边长 200、300、400、500、600mm 等正方形砖和部分长方形砖，最小尺寸为 95mm×95mm，最大尺寸为 600mm×900mm，厚度为 8～10mm。色彩多为浅色的红、黄、蓝、灰、绿、棕等颜色，纹理细腻，色彩柔和、莹润，质朴、高雅。<br>（3）玻化砖的吸水率小于 1%，抗折强度大于 27MPa，具有耐腐蚀、耐酸碱、耐冷热、抗冻等特性。广泛地用于各类建筑的地面及外墙装饰，是适用于各种位置的优质墙地砖 |
| 3 | 陶瓷麻面砖 | （1）麻面砖的表面酷似人工修凿过的天然岩石，它表面粗糙，纹理质朴、自然，有白、黄等多种颜色。它的抗折强度大于 20MPa，抗压强度大于 250MPa，吸水率小于 1%，防滑性能良好，坚硬、耐磨。薄型砖适用于外墙饰面，厚型砖适用于广场、停车场、人行道等地面铺设。<br>（2）麻面砖一般规格较小，有长方形和异形之分。异形麻面砖很多是广场砖，在铺设广场地面时，经常采用鱼鳞形铺砌或圆环形铺砌方法，如果加上不同色彩和花纹的搭配，铺砌的效果十分美观且富有韵律 |
| 4 | 陶瓷壁画、壁雕 | （1）陶瓷壁画、壁雕，是以凹凸的粗细线条、变幻的造型、丰富的色调，表现出浮雕式样的瓷砖。陶瓷壁雕砖可用于宾馆、会议厅等公共场合的墙壁，也可用于公园、广场、庭院等室外环境的墙壁。<br>（2）同一样式的壁画、壁雕砖可批量生产，使用时与配套的平板墙面砖组合拼贴，在光线的照射下，形成浮雕图案效果。当然，使用前应根据整体的艺术设计，选用合适的壁雕砖和平板陶瓷砖，进行合理的拼装和排列，来表现原有的艺术构思。<br>（3）由于壁画砖铺贴时需要按编号粘贴瓷砖，才能形成一幅完整的壁画，因此要求粘贴必须严密、均匀一致。每块壁画、壁雕在制作、运输、储存各个环节，均不得损坏；否则，造成画面缺损，将很难补救 |

续表

| 序号 | 类别 | 内容 |
| --- | --- | --- |
| 5 | 金属釉面砖 | （1）金属釉面砖是运用金属釉料等特种原料烧制而成的，是当今国内市场的领先产品。金属釉面砖具有光泽耐久、质地坚韧、网纹淳朴等优点，赋予墙面装饰动态的美，还具有良好的热稳定性、耐酸碱性、易于清洁和装饰效果好等性能。<br>（2）金属光泽釉面砖是采用钛的化合物，以真空离子溅射法将釉面砖表面呈现金黄、银白、蓝、黑等多种色彩，光泽灿烂辉煌，给人以坚固、豪华的感觉。这种砖耐腐蚀、抗风化能力强，耐久性好，适用于高级宾馆、饭店以及酒吧、咖啡厅等娱乐场所的墙面、柱面、门面的铺贴 |
| 6 | 黑瓷钒钛装饰板 | （1）黑瓷钒钛装饰板是以稀土矿物为原料研制成的一种高档墙地饰面板材。黑瓷钒钛装饰板是一种仿黑色花岗岩板材，具有比黑色花岗岩更黑、更硬、更亮的特点，其硬度、抗压强度、抗弯强度、吸水率均优于天然花岗岩，同时又避免了天然花岗岩由于黑云母脱落造成的表面凹坑的缺憾<br>（2）黑瓷钒钛装饰板规格有400mm×400mm和500mm×500mm，厚度为8mm，适用于宾馆饭店等大型建筑物的内、外墙面和地面装饰，也可用作台面、铭牌等 |

# 第三节　建　筑　玻　璃

玻璃是既能有效地利用透光性，又能调节、分隔空间的唯一材料。近代建筑越来越多地采用玻璃及其制品，玻璃及其制品由原来作为装饰及采光的功能构件，发展到用以控制光线、调节热量、改善环境，乃至跨进结构材料的行列。

## 一、玻璃组成

玻璃是以石英（$SiO_2$）、纯碱（$Na_2CO_3$）、长石、石灰石（$CaCO_3$）等主要原料经1500~1650℃高温熔融、成形并过冷而成的固体。它与其他陶瓷不同，是无定形非结晶体的均质同向性材料。玻璃的化学成分复杂，其主要成分有$SiO_2$（含72%左右）、$Na_2O$（含15%左右）和CaO（含9%左右）等。

## 二、玻璃材料的主要种类

玻璃材料的种类见表2-4。

表2-4　　玻璃材料的种类

| 序号 | 类别 | 内容 |
| --- | --- | --- |
| 1 | 普通平板玻璃 | 普通平板玻璃也称为单光玻璃、净片玻璃，简称玻璃，属于钠玻璃类，是未经研磨加工的平板玻璃。它主要装配于门窗，起透光、挡风和保温作用。使用中，要求其具有较好的透明度且表面平整无缺陷。普通平板玻璃是建筑玻璃中生产量最大、使用最多的一种，厚度有2、3、4、5、6、8、10、12、15、19mm共10种规格 |
| 2 | 装饰平板玻璃 | （1）磨光玻璃：磨光玻璃又称为镜面玻璃，是用平板玻璃经过机械研磨和抛光后的玻璃，分单面磨光和双面磨光两种。它具有表面平整、光滑且有光泽，物像透过玻璃不变形的优点，其透光率大于84%。双面磨光玻璃还要求两面平行，厚度一般为5~6mm。磨光玻璃常用来安装大型高级门窗、橱窗或制镜子。磨光玻璃加工费时、不经济，出现浮法玻璃后，磨光玻璃用量大为减少。 |

续表

| 序号 | 类别 | 内　容 |
|---|---|---|
| 2 | 装饰平板玻璃 | （2）磨砂玻璃：磨砂玻璃又称为毛玻璃。磨砂玻璃是用机械喷砂、手工研磨或氢氟酸溶蚀等方法将普通平板玻璃表面处理成均匀毛面。其表面粗糙，使光线产生漫反射，只有透光性而不能透视，并能使室内光线柔和而不刺目。<br>（3）镭射玻璃：镭射玻璃又称为光栅玻璃，是以玻璃为基材，经特殊工艺处理，玻璃表面出现全息或者其他光栅。镭射玻璃在光源的照射下能产生物理衍射的七彩光。镭射玻璃的各种花型产品宽度一般不超过500mm，长度一般不超过1800mm。所有图案产品宽度不超过1100mm，长度一般不超过1800mm。圆柱产品每块弧长不超过1500mm，长度不超过1700mm。镭射玻璃的主要特点是具有优良的抗老化性能，适用于酒店、宾馆及各种商业、文化、娱乐设施装饰。<br>（4）彩色玻璃：彩色玻璃又称为有色玻璃或颜色玻璃。它分透明和不透明两种。透明彩色玻璃是在原料中加入一定的金属氧化物使玻璃带色；不透明彩色玻璃是在一定形状的平板玻璃一面，喷以色釉，经过烘烤而成。它具有耐腐蚀、抗冲刷、易清洗并可拼成图案、花纹等优点，适用于门窗及对光有特殊要求的采光部位和外墙面装饰。<br>（5）花纹玻璃：花纹玻璃根据加工方法的不同，可分为压花玻璃和喷花玻璃两种。<br>1）压花玻璃又称为滚花玻璃，是在玻璃硬化前，经过刻有花纹的滚筒，在玻璃单面或双面压上深浅不同的各种花纹图案。由于花纹凹凸不平使光线产生漫反射而失去透视性，因而它透光不透视，可同时起到窗帘的作用。压花玻璃兼具使用功能和装饰效果，因而广泛应用于宾馆、大厦、办公楼等现代建筑的装修工程中。压花玻璃的厚度常为2~6mm。<br>2）喷花玻璃又称为胶花玻璃，是在平板玻璃表面上贴以花纹图案，抹以护面层，经喷砂处理而成。其适合门窗装饰、采光之用。<br>（6）玻璃马赛克：玻璃马赛克是指以玻璃为基料并含有未熔解的微小晶体（主要是石英）的乳浊制品，其颜色有红、黄、蓝、白、黑等几十种。玻璃马赛克是一种小规格的彩色釉面玻璃，一般尺寸为20mm×20mm、30mm×30mm、40mm×40mm，厚4~6mm。该类玻璃一般包括透明、半透明和不透明三类，还有带金色、银色斑点或条纹的。玻璃马赛克具有色调柔和、朴实典雅、美观大方、化学稳定性好、冷热稳定性好等特点。它一面光滑，另一面带有槽纹，与水泥砂浆粘结好，施工方便，适用于宾馆、医院、办公楼、礼堂、住宅等建筑的外墙饰面。<br>（7）冰花玻璃：冰花玻璃是将原片玻璃进行特殊处理，在玻璃表面形成酷似自然冰花的纹理。冰花玻璃的冰花纹理对光线有漫反射作用，因而冰花玻璃透光不透视，可避免强光引起的眩目，光线柔和，适用于建筑门窗、隔断、屏风等 |
| 3 | 安全玻璃 | 安全玻璃包括物理钢化玻璃、夹丝玻璃、夹层玻璃。其主要特点是力学强度较高，抗冲击能力较好。被击碎时，碎块不会飞溅伤人，并有防火的功能。<br>（1）夹层玻璃：夹层玻璃是两片或多片平板玻璃之间嵌夹透明塑料（聚乙烯醇缩丁醛）薄衬片，经加热、加压、黏合而成的平面或曲面的复合玻璃制品。夹层玻璃抗冲击性和抗穿透性好，玻璃破碎时不会裂成分离的碎片，只有辐射状的裂纹和少量玻璃碎屑，碎片仍粘贴在膜片上，不致伤人。夹层玻璃在建筑上主要用于有特殊安全要求的门窗、隔墙、工业厂房的天窗等。<br>（2）物理钢化玻璃：物理钢化玻璃是安全玻璃，它是将普通平板玻璃在加热炉中加热到接近软化点温度（650℃左右），使其通过本身的形变来消除内部应力，然后移出加热炉，立即用多用喷嘴向玻璃两面喷吹冷空气，使其迅速且均匀地冷却，当冷却到室温后，形成了高强度的钢化玻璃。钢化玻璃的特点为强度高，抗冲击性好，热稳定性高，安全性高。钢化玻璃的安全性主要是指整块玻璃具有很高的预应力，一旦破碎，呈现网状裂纹，碎片小且无尖锐棱角，不易伤人。钢化玻璃在建筑上主要用作高层的门窗、隔墙与幕墙。<br>（3）夹丝玻璃：夹丝玻璃是将预先编织好的钢丝网压入已软化的红热玻璃中制成的。其抗折强度高、防火性能好，破碎时即使有许多裂缝，其碎片仍能附着在钢丝上，不致四处飞溅而伤人。夹丝玻璃主要用于厂房天窗、各种采光屋顶和防火门窗等 |

续表

| 序号 | 类别 | 内　容 |
|---|---|---|
| 4 | 保温绝热玻璃 | 保温绝热玻璃包括吸热玻璃、放射玻璃、玻璃空心砖等。它们在建筑上主要起装饰作用，并具有良好的保温绝热功能。保温绝热玻璃除用于一般门窗外，常用作幕墙玻璃。<br>（1）中空玻璃：中空玻璃由两片或多片平板玻璃构成，用边框隔开，四周边缘部分用密封胶密封，玻璃层间充有干燥气体。构成中空玻璃的玻璃采用平板原片，有普通玻璃、吸热玻璃、热反射玻璃等。中空玻璃的特性是保温绝热，节能性好，隔声性优良，并能有效地防止结露。中空玻璃主要用于需要采暖、空调，防止噪声、结露及需求无直接光和特殊光线的建筑上，如住宅、饭店、宾馆、办公楼、学校、医院、商店等。<br>（2）吸热玻璃：吸热玻璃既能吸收大量红外线辐射，又能保持良好的透光率。根据玻璃生产的方法，分为本体着色法和表面喷涂法（镀膜法）两种。吸热玻璃有灰色、茶色、蓝色、绿色等颜色，主要用于建筑外墙的门窗、车船的风挡玻璃等。<br>（3）玻璃空心砖：玻璃空心砖一般是由两块压铸成凹形的玻璃经熔接或胶接成整块的空心砖。砖面可为光滑平面，也可在内外压铸多种花纹。砖内腔可为空气，也可填充玻璃棉等。玻璃空心砖绝热、隔声，光线柔和优美，可用来砌筑透光墙壁、隔断、门厅、通道等。<br>（4）热反射玻璃：热反射玻璃既具有较高的热反射能力，又能保持良好的透光性能，又被称为镀膜玻璃或镜面玻璃。热反射玻璃是在玻璃表面用热解、蒸发、化学处理等方法喷涂金、银、铜、镍、铬、铁等金属或金属氧化物薄膜而成。热反射玻璃热反射率高达30%以上，装饰性好，具有单向透像作用，被越来越多地用作高层建筑的幕墙 |

## 三、玻璃的性质

普通玻璃呈透明状，具有极高的透光性，普通的清洁玻璃的透光率在82%以上。其具有电绝缘性，化学稳定性好，抗盐和抗酸侵蚀能力强。但在冲击力作用下易破碎，其热稳定性差，急冷急热时易破碎。其表观密度大，为2450~2550kg/m$^3$；导热系数较大，为0.75W/（m·K）。

## 四、新型玻璃材料简介

微晶玻璃复合板材也称为微晶石，是将一层3~5mm的微晶玻璃复合在陶瓷玻化石的表面，经二次烧结后完全融为一体的产品。微晶玻璃陶瓷复合板厚度在13~18mm，光泽度大于95。它以晶莹剔透、雍容华贵、自然生长而又变化各异的仿石纹理、色彩鲜明的层次、鬼斧神工的外观装饰效果，以及不受污染、易于清洗、内在优良的物化性能，另外还具有比石材更强的耐风化性、耐气候性而受到国内外高端建材市场的青睐。

与天然石相比更具理化优势：微晶石是在与花岗岩形成条件相似的高温状态下，通过特殊的工艺烧结而成，质地均匀，密度大，硬度高，抗压、抗弯、耐冲击等性能优于天然石材，经久耐磨，不易受损，没有天然石材常见的细碎裂纹。

微晶石的制作工艺，可以根据使用需要生产出丰富多彩的色调系列（尤以水晶白、米黄、浅灰、白麻4个色系最为时尚、流行），同时又能弥补天然石材色差大的缺陷，产品广泛用于宾馆、写字楼、车站机场等室内外装饰，更适宜用作家庭的高级装修，如墙面、地面、饰板、家具、台盆面板等。

# 第三章

# 砖、砌块及板类材料

## 第一节　砖　材　料

### 一、砖的基本种类

（1）按照使用用途，分为砌筑用砖和铺装用砖。建筑物中直立的砖结构受到的影响主要是暴风雨天气中垂直表面短时间内被水流冲刷，道路平面的砖结构则会受到积水、积雪、结冰、冻融循环、除冰剂、车辆泄漏的化学物质、持续的交通载荷等不利因素的影响，所以铺装用砖必须强度大、紧密。

（2）按所用原材料，分为黏土砖、页岩砖、煤矸石砖、粉煤灰砖、炉渣砖和灰砂砖。由于烧结黏土砖主要以毁田取土烧制，加上其自重大、施工效率低及抗震性能差等缺点，已不能适应建筑发展的需要。建设部已做出禁止使用烧结黏土砖的相关规定。

（3）按照孔洞率的大小，分为实心砖（没有孔洞或孔洞率小于15%）、多孔砖（孔洞率不小于15%，孔洞的尺寸小而数量多）和空心砖（孔洞率大于35%，孔洞的尺寸大而数量少）。

（4）按照生产工艺，分为烧结砖和非烧结砖。经焙烧制成的砖为烧结砖，经碳化或蒸汽（压）养护硬化而成的砖为非烧结砖。

### 二、园林铺装用烧结普通砖

**1. 等级**

根据《烧结普通砖》（GB 5101—2003）规定，强度、抗风化性能和放射性物质合格的砖，根据尺寸偏差、外观质量、泛霜和石灰爆裂等情况分为优等品（A）、一等品（B）、合格品（C）三个质量等级。烧结普通砖优等品用于清水墙的砌筑，一等品、合格品可用于混水墙的砌筑。中等泛霜的砖不能用于潮湿部位。

**2. 强度等级**

烧结普通砖按抗压强度分为MU30、MU25、MU20、MU15、MU10五个强度等级。测定强度时，试样数量为10块，试验后计算10块砖的抗压强度平均值，并分别按下列公式计算强度标准差（$s$）、变异系数（$\delta$）和强度标准值。

$$s = \sqrt{\frac{1}{9}\sum_{i=1}^{10}(f_i - \bar{f})^2}$$

$$\delta=\frac{s}{\bar{f}}$$

$$f_k=\bar{f}-1.8s$$

式中 $s$——10 块砖试样的抗压强度标准差，MPa；

$\delta$——强度变异系数；

$\bar{f}$——10 块砖试样的抗压强度平均值，MPa；

$f_i$——单块砖试样的抗压强度测定值，MPa；

$f_k$——抗压强度标准值，MPa。

烧结普通砖各强度等级砖的强度值应符合表 3-1 的规定。

**表 3-1　　烧结普通砖强度等级**

| 强度等级 | 抗压强度平均值 $\bar{f}$≥（MPa） | 变异系数 $\delta$≤0.21 | 变异系数 $\delta$>0.21 |
|---|---|---|---|
| | | 强度标准值 $f_k$≥（MPa） | 单块最小抗压强度值 $f_{min}$≥（MPa） |
| MU30 | 30.0 | 22.0 | 25.0 |
| MU25 | 25.0 | 18.0 | 22.0 |
| MU20 | 20.0 | 14.0 | 16.0 |
| MU15 | 15.0 | 10.0 | 12.0 |
| MU10 | 10.0 | 6.5 | 7.5 |

抗风化性能是在干湿变化、温度变化、冻融变化等物理因素作用下，材料不被破坏并长期保持原有性质的能力。

抗风化性能是烧结普通砖的重要耐久性能之一，对砖的抗风化性要求应根据各地区风化程度的不同而定。

烧结普通砖的抗风化性能通常以其抗冻性、吸水率及饱和系数等指标判别。风化指数大于等于 12 700 时，为严重风化区；风化指数小于 12 700 时，为非严重风化区，部分属手严重风化区的砖必须进行冻融试验，其他地区砖的抗风化性能符合表 3-2 的规定时，可不做冻融试验。

**表 3-2　　抗风化性能**

| 砖种类 | 严重风化区 | | | | 非严重风化区 | | | |
|---|---|---|---|---|---|---|---|---|
| | 5h 沸煮吸水率（%）≤ | | 饱和系数≤ | | 5h 沸煮吸水率（%）≤ | | 饱和系数≤ | |
| | 平均值 | 单块最大值 | 平均值 | 单块最大值 | 平均值 | 单块最大值 | 平均值 | 单块最大值 |
| 黏土砖 | 18 | 20 | 0.85 | 0.87 | 19 | 20 | 0.88 | 0.90 |
| 粉煤灰砖 | 21 | 23 | | | 23 | 25 | | |
| 页岩砖 | 16 | 18 | 0.74 | 0.77 | 18 | 20 | 0.78 | 0.80 |
| 煤矸石砖 | | | | | | | | |

注　粉煤灰掺入量（体积比）小于 30% 时，按黏土砖规定判定。

**3. 尺寸偏差**

烧结普通砖为矩形块体材料，其标准尺寸为240mm×115mm×53mm。在砌筑时加上砌筑灰缝宽度10mm，则1m³砖砌体需用512块砖。每块砖240mm×115mm的面称为大面，240mm×53mm的面称为条面，115mm×53mm的面称为顶面。具体如图3-1所示。

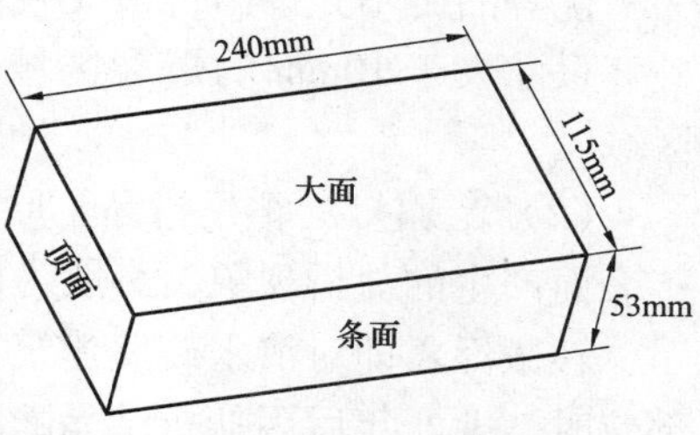


图3-1 砖的尺寸及平面名称

为保证砌筑质量，要求烧结普通砖的尺寸偏差必须符合《烧结普通砖》(GB 5101—2003)的规定，见表3-3。

表3-3 烧结普通砖尺寸允许偏差

单位：mm

| 公称尺寸 | 优等品 | | 一等品 | | 合格品 | |
|---|---|---|---|---|---|---|
| | 样本平均偏差 | 样本极差≤ | 样本平均偏差 | 样本极差≤ | 样本平均偏差 | 样本极差≤ |
| 240 | ±2.0 | 6 | ±2.5 | 7 | ±3.0 | 8 |
| 115 | ±1.5 | 5 | ±2.0 | 6 | ±2.5 | 7 |
| 53 | ±1.5 | 4 | ±1.6 | 5 | ±2.0 | 6 |

**4. 外观质量**

砖的外观质量包括两条面高度差、弯曲、杂质凸出高度、缺棱掉角、裂纹、完整面等内容，各项内容均应符合表3-4的规定。

表3-4 烧结普通砖的外观质量

单位：mm

| 项目 | | | 优等品 | 一等品 | 合格品 |
|---|---|---|---|---|---|
| 两条面高度差 | | ≤ | 2 | 3 | 4 |
| 弯曲 | | ≤ | 2 | 3 | 4 |
| 杂质凸出高度 | | ≤ | 2 | 3 | 4 |
| 缺棱掉角的三个破坏尺寸 | | 不得同时大于 | 5 | 20 | 30 |
| 裂纹长度≤ | a. 大面上宽度方向及其延伸至条面的长度 | | 30 | 60 | 80 |
| | b. 大面上长度方向及其延伸至顶面的长度或条顶面上水平裂纹的长度 | | 50 | 80 | 100 |
| 完整面 | | 不得少于 | 两条面和两顶面 | 一条面和一顶面 | — |
| 颜色 | | | 基本一致 | — | — |

注 为装饰而加的色差，凹凸纹、拉毛、压花等不算作缺陷。凡有下列缺陷之一者，不得称为完整面：

a. 缺损在条面或顶面上造成的破坏面尺寸同时大于10mm×10mm。

b. 条面或顶面上裂纹宽度大于1mm，其长度超过30mm。

c. 压陷、粘底、焦花在条面或顶面上的凹陷或凸出超过2mm，区域尺寸同时大于10mm×10mm。

**5. 性能和特点**

(1) 石灰爆裂。如果烧结砖原料中夹杂有石灰石成分，在烧砖时可被烧成生石灰，砖吸水后生石灰熟化体积膨胀，导致砖发生胀裂破坏，这种现象称为石灰爆裂。石灰爆裂严重影响烧结砖的质量，并降低砌体强度。

优等品砖不允许出现最大破坏尺寸大于 2mm 的爆裂区域，一等品砖不允许出现最大破坏尺寸大于 10mm 的爆裂区域，合格品砖不允许出现最大破坏尺寸大于 15mm 的爆裂区域。

（2）泛霜。泛霜是指黏土原料中含有硫、镁等可溶性盐类时，随着砖内水分蒸发而在砖表面产生的盐析现象，一般为白色粉末，常在砖表面形成絮团状斑点。

轻微泛霜即对清水砖墙建筑外观产生较大影响；中等程度泛霜的砖用于建筑中的潮湿部位时，七八年后因盐析结晶膨胀将使砖砌体表面产生粉化剥落，在干燥环境使用约经 10 年以后也将开始剥落；严重泛霜对建筑结构的破坏性则更大。要求优等品无泛霜，一等品不允许出现中等泛霜，合格品不允许出现严重泛霜现象。

**6. 烧结普通砖的应用**

（1）烧结普通砖具有较高的强度，又因多孔结构而具有良好的绝热性、透气性和稳定性，还具有较好的耐久性及隔热、保温等性能，加上原料广泛，工艺简单，是应用历史最长、应用范围最为广泛的砌体材料之一。烧结普通砖广泛用于砌筑建筑物的墙体、柱、拱、烟囱、窑身、沟道及基础等。

（2）烧结黏土砖主要以毁田取土烧制，加上其自重大、施工效率低及抗震性能差等缺点，已不能适应建筑发展的需要。随着墙体材料的发展和推广，烧结黏土砖必将被其他墙体材料所取代。

## 三、园林铺装用蒸压砖

蒸压砖属硅酸盐制品，是以石灰和含硅材料（砂子、粉煤灰、煤矸石、炉渣和页岩等）加水拌和、成型、蒸养或蒸压而制成的。目前使用的主要有粉煤灰砖、灰砂砖和炉渣砖，其规格尺寸与烧结普通砖相同。

**1. 蒸压灰砂砖**

（1）灰砂砖是用石灰和天然砂为主要原料，经混合搅拌、陈化、轮碾、加压成型、蒸压养护而制得的墙体材料。

（2）按抗压强度和抗折强度，分为 MU25、MU20、MU15、MU10 四个强度等级。根据尺寸偏差、外观质量、强度及抗冻性，分为优等品（A）、一等品（B）和合格品（C）三个等级。

（3）灰砂砖表面光滑、平整，使用时注意提高砖与砂浆之间的粘结力；其耐水性良好，但抗流水冲刷的能力较弱，可长期在潮湿、不受冲刷的环境使用；15 级以上的砖可用于基础及其他建筑部位，10 级砖只可用于防潮层以上的建筑部位；另外，不得使用于长期受高于 200℃ 温度作用、急冷急热和酸性介质侵蚀的建筑部位。

**2. 蒸压粉煤灰砖**

（1）粉煤灰砖是以粉煤灰和石灰为主要原料，加水混合拌成坯料，经陈化、轮碾、加压成型，再经常压或高压蒸汽养护而制成的一种墙体材料。

（2）根据抗压强度和抗折强度分为 MU20、MU15、MU10、MU7.5 四个强度等级，按尺寸偏差、外观质量、强度和干燥收缩率分为优等品（A）、一等品（B）和合格品（C）。在易受冻融和干湿交替作用的建筑部位，必须使用一等品以上等级的砖。

（3）粉煤灰砖出窑后，应存放一段时间后再用，以减少相对伸缩量。用于易受冻融作用的建筑部位时，要进行抗冻性检验并采取适当措施，以提高建筑耐久性；用于砌筑建筑物时，应适当增设圈梁及伸缩缝或采取其他措施，以避免或减少收缩裂缝的产生；不得使用于长期受高于200℃温度作用、急冷急热以及酸性介质侵蚀的建筑部位。

## 四、烧结空心砖

烧结空心砖是以黏土、页岩或粉煤灰为主要原料烧制成的主要用于非承重部位的空心砖，烧结空心砖自重较轻，强度较低，多用作非承重墙，如多层建筑内隔墙或框架结构的填充墙等。

**1. 密度等级**

按砖的体积密度不同，把空心砖分成800级、900级、1000级和1100级四个密度等级。

**2. 尺寸规格要求**

烧结空心砖的外形为直角六面体，有290mm×190mm×90mm和240mm×180mm×115mm两种规格。砖的壁厚应大于10mm，肋厚应大于7mm。空心砖顶面有孔，孔大而少，孔洞为矩形条孔或其他孔形，孔洞平行于大面和条面，孔洞率一般在35%以上。空心砖形状如图3-2所示。

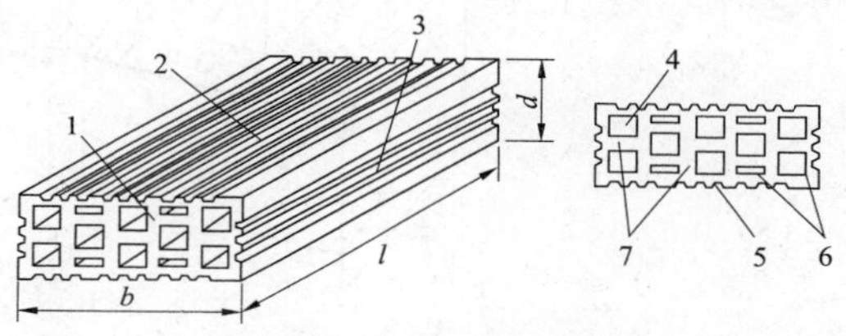


图3-2　烧结空心砖外形

$l$—长度；$b$—宽度；$d$—高度；1—顶面；2—大面；3—条面；4—壁孔；5—粉刷槽；6—外壁；7—肋

**3. 强度**

根据空心砖大面的抗压强度，将烧结空心砖分为MU10.0、MU7.5、MU5.0、MU3.5四个强度等级，各产品等级的强度应符合国家标准的规定，见表3-5。

表3-5　　烧结空心砖强度等级（GB 13545—2014）

| 强度等级 | 抗压强度（MPa） | | |
|---|---|---|---|
| | 抗压强度平均值 $\bar{f}$≥ | 变异系数 $\delta$≤0.21 | 变异系数 $\delta$>0.21 |
| | | 强度标准值 $f_k$ ≥ | 单块最小抗压强度值 $f_{min}$ ≥ |
| MU10.0 | 10.0 | 7.0 | 8.0 |
| MU7.5 | 7.5 | 5.0 | 5.8 |
| MU5.0 | 5.0 | 3.5 | 4.0 |
| MU3.5 | 3.5 | 2.5 | 2.8 |

## 五、烧结多孔砖

烧结多孔砖是以黏土、页岩或煤矸石为主要原料烧制的主要用于结构承重的多孔砖。

**1. 强度等级**

根据砖的抗压强度将烧结多孔砖分为MU30、MU25、MU20、MU15、MU10五个强度等级，各强度等级的强度值应符合国家标准的规定，见表3-6。

表 3-6　　烧结多孔砖强度等级（GB 13544—2011）　　单位：MPa

| 强度等级 | 抗压强度平均值 $\bar{f}$≥ | 强度标准值 $f_k$≥ |
|---|---|---|
| MU30 | 30.0 | 22.0 |
| MU25 | 25.0 | 18.0 |
| MU20 | 20.0 | 14.0 |
| MU15 | 15.0 | 10.0 |
| MU10 | 10.0 | 6.5 |

**2. 规格要求**

烧结多孔砖有 190mm×190mm×90mm（M 型）和 240mm×115mm×90mm（P 型）两种规格，如图 3-3 所示。多孔砖大面有孔，孔多而小，孔洞率在 15% 以上。其孔洞尺寸要求：圆孔直径小于 22mm，非圆孔内切圆直径小于 15mm，手抓孔为（30~40）mm×（75~85）mm。

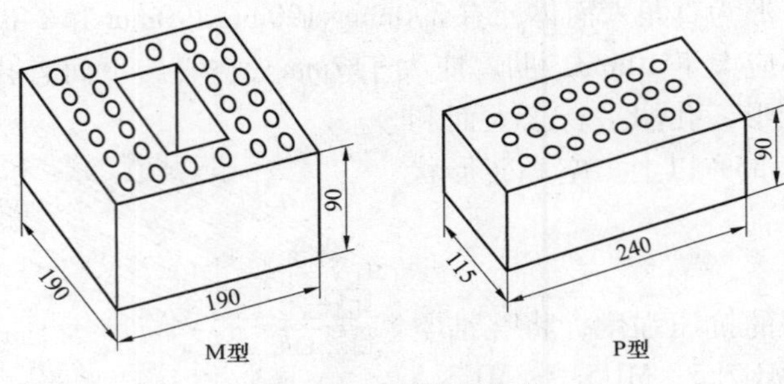


图 3-3　烧结多孔砖

**3. 使用范围**

烧结多孔砖强度较高，主要用于多层建筑物的承重墙体和高层框架建筑的填充墙和分隔墙。

## 六、新型铺装用砖

将烧结普通砖（红砖或青砖）条面朝上铺装的做法能够营造一种自然古朴的风格，适合在幽静的庭院环境中铺砌路面。但是由于受到积水、积雪、结冰、冻融循环、除冰剂、车辆泄漏的化学物质、持续的交通载荷等不利因素的影响，烧结普通砖强度会减弱。

因此，一种新型的环保材料——“透水砖”被大量应用于市政道路及居住区、公园、广场等人行道路上。

透水砖起源于荷兰，在荷兰人围海造城的过程中，为了使地面不再下沉，荷兰人制造了一种尺寸为 100mm×200mm×60mm 的小型路面砖铺设在街道路面上，并使砖与砖之间预留了 2mm 的缝隙。这样，下雨时雨水会从砖之间的缝隙中渗入地下，这就是后来很有名的荷兰砖。之后，美国舒布洛科公司发明了一种砖体本身具有很强吸水功能的路面砖。当砖体被吸满水时水分就会向地下排去，但是这种砖的排水速度很慢，在暴雨天气这种砖几乎起不了作用，这种砖也称为舒布洛科路面砖。

20 世纪 90 年代，中国出现了舒布洛科砖。北京市政部门的技术人员根据舒布洛科砖的原理发明了一种砖体本身布满透水孔洞、渗水性很好的路面砖，雨水会从砖体中的微小孔洞中流

向地下。后来，为了加强砖体的抗压和抗折强度，技术人员用碎石作为原料加入水泥和胶性外加剂使其透水速度和强度都能满足城市路面的需要，目前这种砖大量应用于市政路面上。

透水砖是以无机非金属材料为主要原料，经成型等工艺处理后制成，具有较强水渗透性能的铺地砖。根据透水砖生产工艺不同，分为烧结透水砖和免烧透水砖。原材料成型后经高温烧制而成的透水砖称为烧结透水砖，原材料成型后不经高温烧制而成的透水砖称为免烧透水砖。其基本尺寸见表 3-7。抗压强度等级分为 Cc30、Cc35、Cc40、Cc50、Cc60 五级。透水砖主要以工艺固体废料、生活垃圾和建筑垃圾为主要原料，节约资源，环保性能好，同时还具有强度高、耐磨性好、透水性好、表面质感好、颜色丰富和防滑功能强等特点。

表 3-7　　透水砖的规格尺寸　　单位：mm

| 边长 | 100，150，200，250，300，400，500 |
|---|---|
| 厚度 | 40，50，60，80，100，120 |

按照原材料的不同，透水砖可以分为普通透水砖、聚合物纤维混凝土透水砖、彩石复合混凝土透水砖、彩石环氧通体透水砖、混凝土透水砖等。

（1）普通透水砖：材质为普通碎石的多孔混凝土材料，经压制成形，用于一般街区人行步道、广场，造价低廉、透水性较差。其中，最常见的是一种尺寸为 250mm×250mm×50mm 的彩色水泥方砖。

（2）彩石复合混凝土透水砖：材质面层为天然彩色花岗岩、大理石与改性环氧树脂胶合，再与底层聚合物纤维多孔混凝土经压制复合成形。此产品面层华丽，色彩自然，有石材一般的质感，与混凝土复合后，强度高于石材且成本略高于混凝土透水砖，且价格是石材地砖的 1/2，是一种经济、高档的铺地产品，主要用于豪华商业区、大型广场、酒店停车场和高档别墅小区等场所。

（3）混凝土透水砖：材质为河沙、水泥、水，再添加一定比例的透水剂而制成。此产品与树脂透水砖、陶瓷透水砖、缝隙透水砖相比，生产成本低，制作流程简单、易操作，广泛用于高速路、飞机场跑道、车行道、人行道、广场及园林建筑等范围。

（4）聚合物纤维混凝土透水砖：材质为花岗石骨料、高强水泥和水泥聚合物增强剂，并掺和聚丙烯纤维，送料配比严密，搅拌后经压制成形，主要用于市政、重要工程和住宅小区的人行步道、广场、停车场等场地的铺装。

（5）彩石环氧通体透水砖：材质骨料为天然彩石与进口改性环氧树脂胶合，经特殊工艺加工成形，此产品可预制，还可以现场浇制，并可拼出各种艺术图形和色彩线条，给人们一种赏心悦目的感受，主要用于园林景观工程和高档别墅小区。

## 七、园林造园砖铺装方式

砖铺装分为 4 种，其名称取决于两个因素：是否有砂浆砌缝和基础层的类型。

（1）有砂浆砌缝的被称为刚性铺装系统，所有的刚性铺装系统都必须配套使用刚性混凝土基础。

（2）无砂浆砌缝的铺装被称为柔性铺装系统。

（3）在柔性铺装系统中，砖块之间是由手工拼合在一起的，所以水流可以渗透下去。柔性铺装系统可以与多种基础配套使用，基础类型取决于寿命、稳定性和强度要求。

（4）对于高密度交通条件下的交通设施，宜使用柔性铺装加上刚性（混凝土）基础；对于住宅区步行路面，柔性铺装加上骨料和砂建造的基础就能够满足要求；介于这两者之间的情况，一般使用半刚性（沥青混凝土）基础（图 3-4）。4 种砖铺装都必须在砖铺装层和基础层之间铺设找平层。刚性铺装不能与柔性或半刚性基础配套使用。

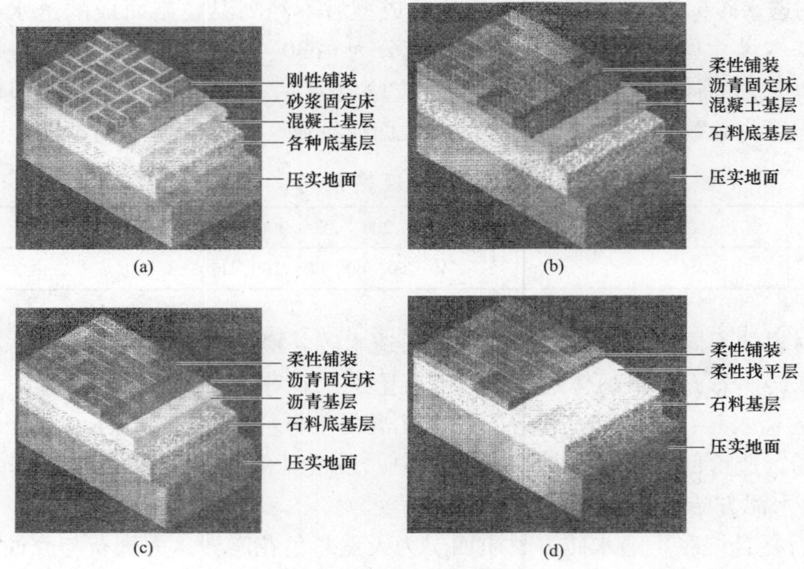


图 3-4　砖铺装的 4 种类型

（5）刚性铺装系统功能的前提是创造了防渗水的膜。其表面所有流水都由沟渠排走，或汇集到地形低洼的沼泽或盆地中。

（6）在砂浆砌缝破坏前，刚性系统可以很好地工作。而砂浆破坏之后，水会渗过面层并积蓄下来，其冻融变化会对整个铺装系统的整体性造成毁灭性的打击。

（7）使用在不当地点的，以及会存留积水的刚性铺装都同样容易被损坏。刚性路面是作为一个整体膨胀和收缩的，所以必须仔细计算并采取相应措施，以应对系统内部的胀缩变化，以及和其他刚性结构的相互影响，如建筑、墙或路缘石。

（8）柔性铺装的砖块之间没有砂浆或其他任何胶结材料，每块砖可以单独移动，柔性铺装路面上的水流能够渗透到铺装层下面并被排走。

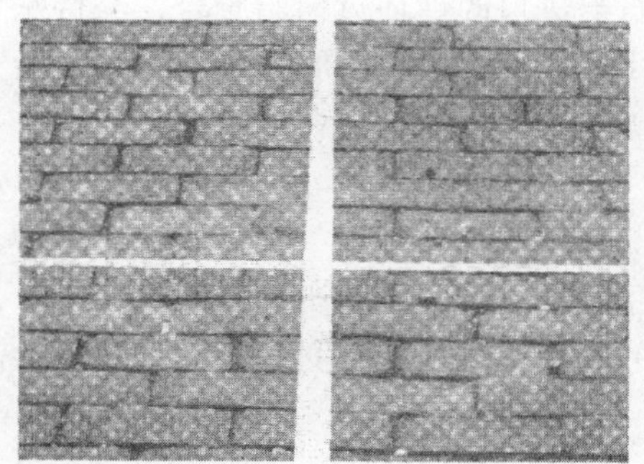

图 3-5　将车辆交通路段的砖铺装的最长接缝与交通方向垂直可以增强稳定性

（9）对于柔性铺装和不透水基础的组合，排水过程必须在地面和不透水基础层表面同时进行，从而最大限度地减少水的滞留。柔性铺装与柔性基础的组合有独特的优点，有利于水流直接穿过整个系统汇入地下。

（10）承载车型交通的柔性铺装很容易产生位移，尤其是沿着砖块长边方向的、连续的接缝，以及沿车行方向的接缝，所以应将连续的接缝垂直于交通方向（图 3-5）。

（11）对于露台、园路等只需承担人性交通

的铺装，接缝方向就不是主要影响因素了。脚踩产生的压力不足以引起砖块显著的位移，所以在这种情况下，影响选择的主要因素是视觉特性和美观程度。

（12）通常砖铺装的样式有直形、整齐排列型、人字形、芦席花形等，如图 3-6 所示。

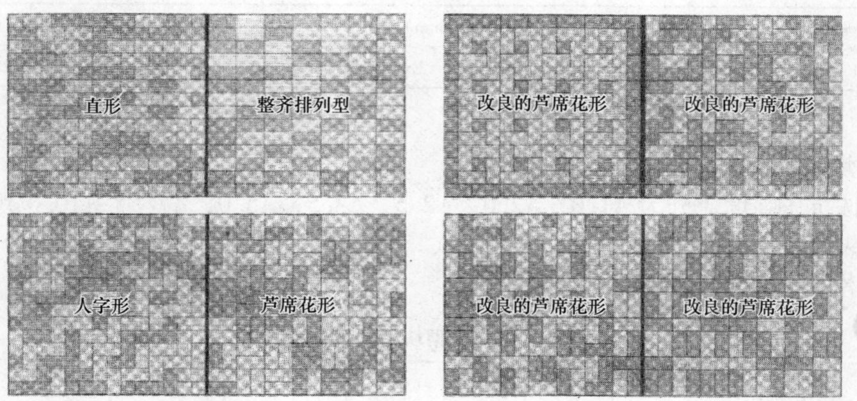


图 3-6　砖铺装形式

（13）人字形铺装中连续接缝的长度都没有超过一块砖的长度加上一块砖的宽度，砖块互相咬合得很紧，铺装的稳定性较好。整齐排列型铺装的稳定性最差，砖块之间的咬合度也最弱，因为两个方向上都是贯通的连续接缝。而芦席花形铺装只是整齐排列型的一个变种。

（14）在实际使用时，可以把各种样式旋转 45°，这样既可以增加视觉趣味，还能避免接缝方向与交通方向平行。但是，因为要对铺装四周的砖块进行切割，所以会增加工作量、浪费材料。

# 第二节　砌　　块

## 一、砌块的种类划分

（1）按照材质不同，分为混凝土砌块、轻集料混凝土砌块和硅酸盐砌块。

（2）按照外观形状，分为实心砌块（无孔洞或空心率小于 25%）和空心砌块（空心率大于 25%）。空心砌块有单排方孔、单排圆孔和多排扁孔 3 种形式，其中多排扁孔对保温较有利。

（3）按照尺寸和质量的大小不同，分为小型砌块、中型砌块和大型砌块。砌块系列中主规格的高度为 115～380mm 的称为小型砌块，高度为 380～980mm 的称为中型砌块，高度大于 980mm 的称为大型砌块。实际施工中，以中、小型砌块居多。

## 二、蒸压加气混凝土砌块

蒸压加气混凝土砌块是以钙质材料（水泥、石灰等）、硅质材料（砂、矿渣、粉煤灰等）以及加气剂（铝粉等），经配料、搅拌、浇筑、发气、切割和蒸压养护而形成的多孔轻质块体材料。

蒸压加气混凝土砌块的主要技术性质如下。

**1. 规格尺寸**

砌块的尺寸规格见表3-8。

表3-8　　砌块的尺寸规格

| 长度 $L$（mm） | 宽度 $B$（mm） | 高度 $H$（mm） |
|---|---|---|
| 600 | 100　120　125　150　180　200　240　250　300 | 200　240　250　300 |

注　如需要其他规格，可由供求双方协商解决。

**2. 砌块的强度**

砌块按抗压强度，分为A1.0，A2.0，A2.5，A3.5，A5.0，A7.5，A10.0共七个强度等级，见表3-9；按尺寸偏差、外观质量、干密度、抗压强度和抗冻性，分为优等品（A）、合格品（B）两个等级。

表3-9　　加气混凝土砌块的强度等级

| 强度级别 | 立方体抗压强度（MPa） | |
|---|---|---|
| | 平均值不小于 | 单组最小值不小于 |
| A1.0 | 1.0 | 0.8 |
| A2.0 | 2.0 | 1.6 |
| A2.5 | 2.5 | 2.0 |
| A3.5 | 3.5 | 2.8 |
| A5.0 | 5.0 | 4.0 |
| A7.5 | 7.5 | 6.0 |
| A10.0 | 10.0 | 8.0 |

**3. 特点**

蒸压加气混凝土砌块质量轻，具有保温、隔热、隔声性能好、抗震性强、热导率低、传热速度慢、耐火性好、易于加工、施工方便等优点，是应用较多的轻质墙体材料之一（图3-7），适用于低层建筑的承重墙、多层建筑的间隔墙和高层框架结构的填充墙，作为保温隔热材料也可用于复合墙板和屋面结构中。

在无可靠的防护措施时，蒸压加气混凝土砌块不得用于水中、高湿度、有碱化学物质侵蚀等环境中，也不得用于建筑物的基础和温度长期高于80℃的建筑部位。

**4. 使用范围**

加气混凝土砌块质量轻，具有保温、隔热、隔声性能好，抗震性强、热导率低、传热速度慢、耐火性好、易于加工、施工方便等特点，是应用较多的轻质墙体材料之一。适用于低层建筑的承重墙、多层建筑的间隔墙和高层框架结构的填充墙，作为保温隔热材料，也可用于复合墙板和屋面结构中。在无可靠的防护措施时，该类砌块不得用于处于水下、高湿度、有碱化学物质侵蚀等环境中，也不得用于建筑物的基础和温度长期高于80℃的建筑部位。

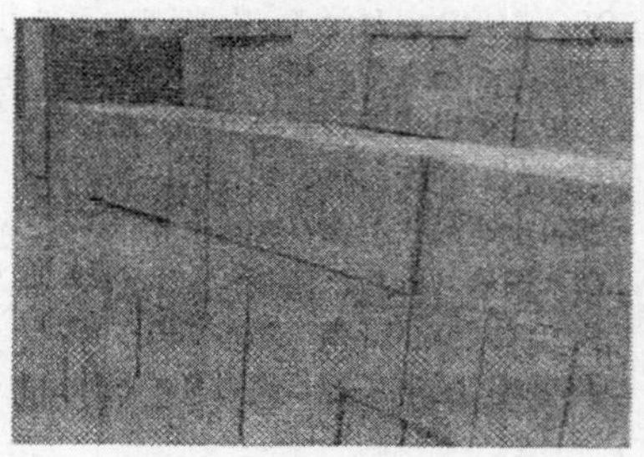

图3-7　蒸压加气混凝土砌块

## 三、混凝土空心砌块

混凝土空心砌块主要是以普通混凝土拌合物为原料，经成型、养护而成的空心块体墙材，其有承重砌块和非承重砌块两类。为减轻自重，非承重砌块可用炉渣或其他轻质骨料配制。常用混凝土砌块外形如图 3-8 所示。

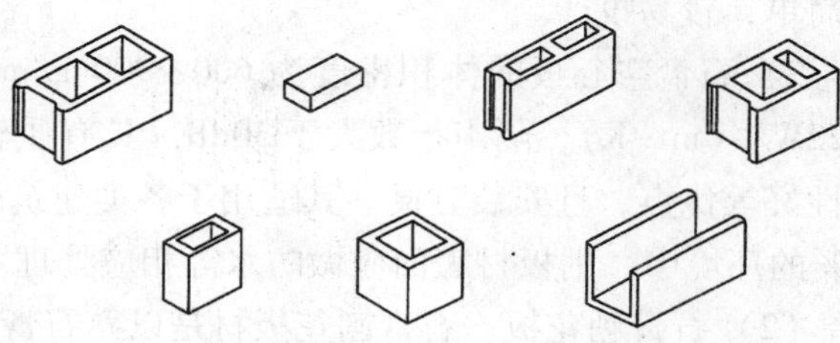
图 3-8　混凝土空心砌块外形

**1. 轻集料混凝土小型空心砌块**

轻集料混凝土小型空心砌块是以陶粒、膨胀珍珠岩、浮石、火山渣、煤渣、自燃煤矸石等各种轻粗细集料和水泥按一定比例配制，经搅拌、成型、养护而成的空心率大于 25%、体积密度小于 $1400kg/m^3$ 的轻质混凝土小砌块。

该砌块的主规格为 390mm×190mm×190mm，其他规格尺寸可由供需双方协商。强度等级为 MU2.5，MU3.5、MU5.0、MU7.5、MU10.0，其各项性能指标应符合国家标准的要求。

轻集料混凝土小型空心砌块是一种轻质高强、能取代普通黏土砖的很有发展前景的一种墙体材料，不仅可用于承重墙，还可以用于既承重又保温或专门保温的墙体，更适合于高层建筑的填充墙和内隔墙。

**2. 混凝土小型空心砌块**

（1）尺寸规格。混凝土小型空心砌块主规格尺寸为 390mm×190mm×190mm，一般为单排孔，也有双排孔，其空心率为 25%～50%。其他规格尺寸可由供需双方协商。

（2）强度。按砌块抗压强度分为 MU5.0、MU7.5、MU10.0、MU15.0、MU20.0、MU25 六个强度等级，具体指标见表 3-10。

**表 3-10　　混凝土小型空心砌块的抗压强度　　单位：MPa**

| 强度等级 | | MU5.0 | MU7.5 | MU10.0 | MU15.0 | MU20.0 | MU25.0 |
|---|---|---|---|---|---|---|---|
| 抗压强度 | 平均值≥ | 5.0 | 7.5 | 10.0 | 15.0 | 20.0 | 25.0 |
| | 单块最小值≥ | 4.0 | 6.0 | 8.0 | 12.0 | 16.0 | 20.0 |

（3）使用范围。混凝土空心小型砌块适用于地震设计烈度为 8 度及 8 度以下地区的一般民用与工业建筑物的墙体。出厂时的相对含水率必须满足标准要求；施工现场堆放时，必须采取防雨措施；砌筑前不允许浇水预湿。

# 第三节　板　类　材　料

## 一、石膏类墙板

**1. 种类**

（1）石膏空心板。

1）石膏空心板外形与生产方式类似于水泥混凝土空心板。它是以熟石膏为胶凝材料，适量加入各种轻质集料（如膨胀珍珠岩、膨胀蛭石等）和改性材料（如矿渣、粉煤灰、石灰、外加剂等），经搅拌、振动成型、抽芯模、干燥而成。其长度为2500~3000mm，宽度为500~600mm，厚度为60~90mm。该板生产时不用纸和胶，安装墙体时不用龙骨，设备简单，较易投产。

2）石膏空心板的体积密度为600~900kg/m$^3$，抗折强度为2~3MPa，导热系数约为0.22W/（m·K），隔声指数大于30dB。具有质轻、比强度高、隔热、隔声、防火、可加工性好等优点，且安装方便。其适用于各类建筑的非承重内隔墙，但若用于相对湿度大于75%的环境中，则板材表面应做防水等相应处理。

（2）石膏刨花板。石膏刨花板材是以熟石膏为胶凝材料，木质刨花为增强材料，添加所需的辅助材料，经配合、搅拌、铺装、压制而成，具有上述石膏板材的优点，适用于非承重内隔墙和作装饰板材的基材板。

（3）石膏纤维板。石膏纤维板材是以纤维增强石膏为基材的无面纸石膏板材，常用无机纤维或有机纤维作为增强材料，与建筑石膏、缓凝剂等经打浆、铺装、脱水、成型、烘干而制成，可节省护面纸，具有质轻、高强、耐火、隔声、韧性高的性能，可加工性好，其尺寸规格和用途与纸面石膏板相同。

（4）纸面石膏板是以石膏芯材与牢固结合在一起的护面纸组成，分普通型、耐水型和耐火型三种。由建筑石膏及适量纤维类增强材料和外加剂为芯材，与具有一定强度的护面纸组成的石膏板为普通纸面石膏板；若在芯材配料中加入防水、防潮外加剂，并用耐水护面纸，即可制成耐水纸面石膏板；若在配料中加入无机耐火纤维和阻燃剂等，即可制成耐火纸面石膏板。

1）规格。

长度：1800、2100、2400、2700、3000、3300mm和3600mm。

宽度：900mm和1200mm。

厚度：普通纸面石膏板为9、12、15mm和18mm；
耐水纸面石膏板为9、12mm和15mm；
耐火纸面石膏板为9、12、15、18、21mm和25mm。

2）特点。纸面石膏板的体积密度为800~950kg/m$^3$，导热系数约为0.20W/（m·K），隔声系数为35~50dB，抗折荷载为400~800N，表面平整、尺寸稳定。具有自重轻、隔热、隔声、防火、抗震，以及可调节室内湿度、加工性好、施工简便等优点，但其用纸量较大、成本较高。

3）使用范围。普通纸面石膏板可作室内隔墙板、复合外墙板的内壁板、顶棚等。耐水型板可用于相对湿度较大（≥75%）的环境，如厕所、盥洗室等。耐火型纸面石膏纸主要用于对防火要求较高的房屋建筑中。

**2. 特点**

石膏制品有许多优点，石膏类板材在轻质墙体材料中占有很大比例，主要有纸面石膏板、石膏纤维板、石膏空心板和石膏刨花板等。

## 二、水泥类墙板

**1. 种类**

水泥类的墙用板材具有较好的力学性能和耐久性，生产技术成熟，产品质量可靠，可用于承重墙、外墙和复合墙板的外层面。

**2. 主要特点**

主要缺点是体积密度大，抗拉强度低（大板在起吊过程中易受损）。生产中可制作预应力空心板材，以减轻自重和改善隔声隔热性能，也可制作以纤维等增强的薄型板材，还可在水泥类板材上制作成具有装饰效果的表面层（如花纹线条装饰、露骨料装饰、着色装饰等）。

（1）水泥木丝板。水泥木丝板是以木材下脚料经机械刨切成均匀木丝，加入水泥、水玻璃等经成型、冷压、养护、干燥而成的薄型建筑平板。它具有自重轻、强度高、防火、防水、防蛀、保温、隔毒等性能，可进行锯、钻、钉、装饰等加工，主要用于建筑物的内外墙板、顶棚、壁橱板等。

（2）水泥刨花板。水泥刨花板以水泥和木板加工的下脚料刨花为主要原料，加入适量水和化学助剂，经搅拌、成型、加压、养护而成，其性能和用途同水泥木丝板。

（3）玻璃纤维增强低碱度水泥轻质板（GRC 板）。玻璃纤维增强低碱度水泥轻板是以低碱水泥为胶结料，耐碱玻璃纤维或其网格布为增强材料，膨胀珍珠岩为骨料（也可用炉渣、粉煤灰等），并配以发泡剂和防水剂等，经配料、搅拌、浇筑、振动成型、脱水、养护而成。其可用于工业和民用建筑的内隔墙及复合墙体的外墙面。

（4）纤维增强低碱度水泥建筑平板。纤维增强低碱度水泥建筑平板是以低碱水泥、耐碱玻璃纤维为主要原料，加水混合成浆，经制浆、抄取、制坯、压制、蒸养而成的薄型平板。其中，掺入石棉纤维的称为 TK 板，不掺的称为 NTK 板。其质量轻、强度高、防潮、防火、不易变形，可加工性（锯、钻、钉及表面装饰等）好，适用于各类建筑物的复合外墙和内隔墙，特别是高层建筑有防火、防潮要求的隔墙。

（5）轻集料混凝土配筋板。轻集料混凝土配筋板可用于非承重外墙板、内墙板、楼板、屋面板和阳台板等。

## 三、复合墙板

常用的复合墙板主要由承受（或传递）外力的结构层（多为普遍混凝土或金属板）和保温层（矿棉、泡沫塑料、加气混凝土等）及面层（各类县有可装饰性的轻质薄板）组成，其优点是承重材料和轻质保温材料的功能都得到合理利用，实现物尽其用，开拓材料来源。复合墙体构造如图 3-9 所示。以泰柏板为例进行介绍。

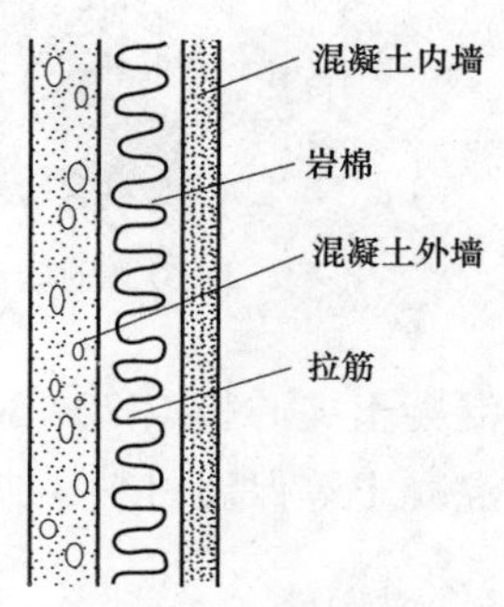

图 3-9　几种复合墙体构造

（1）泰柏板是以钢丝焊接成的三维钢丝网骨架与高热阻自熄性聚苯乙烯泡沫塑料组成的芯材板，两面喷（抹）

涂水泥砂浆而成。

（2）泰柏板的标准尺寸为1220mm×2440mm，标准厚度为100mm。由于所用钢丝网骨架构造及夹芯层材料、厚度的差别等，该类板材有多种名称，如GY板（夹芯为岩棉毡）、三维板、3D板、钢丝网节能板等，但它们的性能和基本结构均相似。

（3）泰柏板具有轻质、高强、隔热、隔声、防火、防潮、防震、耐久性好、易加工、施工方便等特性，适用于自承重外墙、内隔墙、屋面板、3m跨内的楼板等。

## 四、砖、砌块、板类材料在园林工程中的应用

砖、砌块、板类材料在园林工程上的应用主要体现在砖在景墙、花池、水池等方面的应用，以及以青砖为主的材料在景墙方面的应用，如图3-10~图3-12所示。

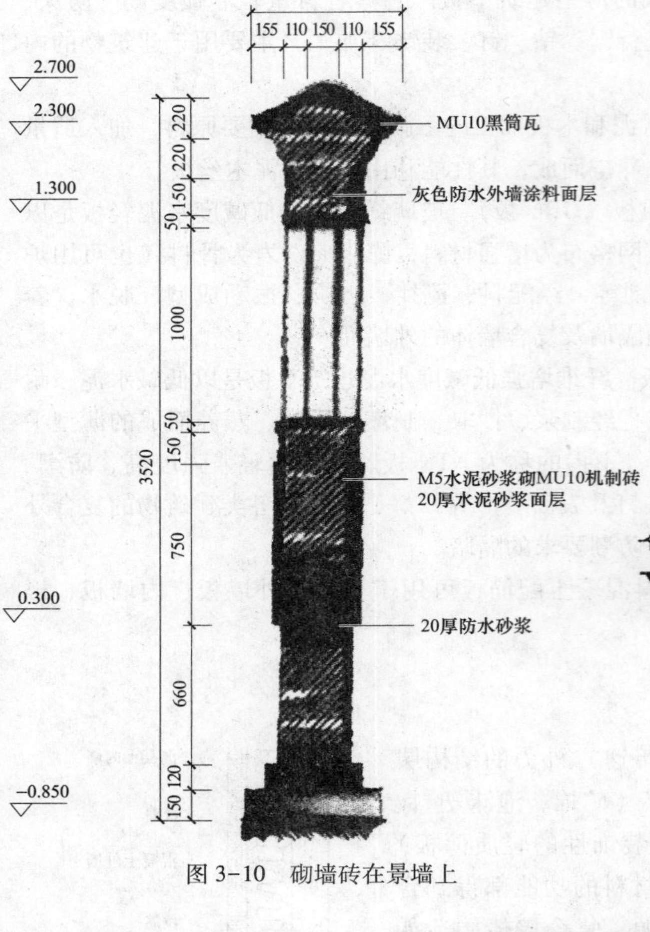

图3-10　砌墙砖在景墙上

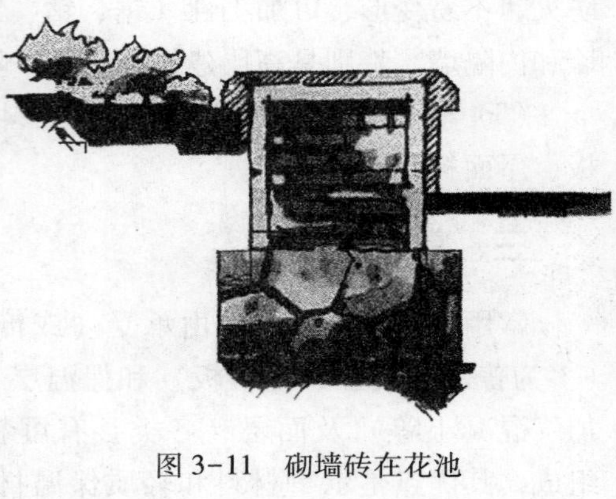

图3-11　砌墙砖在花池

混凝土夹心板以20~30mm厚的钢筋混凝土做内外表面层，中间填以矿渣毡或岩棉毡、泡沫混凝土等保温材料，夹层厚度视热工计算而定。内外两层面板以钢筋件连接，用于内外墙。

图 3-12　青砖形成的景墙

# 第四章

# 金 属 材 料

## 第一节 金属材料的种类及主要特点

每一种材料由于其内部结构的不同而表现出其独特的自然属性，金属是指那些原子与自由电子结合形成的晶体结构的化学元素。

金属材料是指由一种或一种以上的金属元素或金属元素与某些非金属元素组成的合金的总称。在建筑装饰工程中，金属材料品种繁多，主要有钢、铁、铝、铜及其合金材料。应用最多的还是铝与铝合金以及钢材和其复合制品。

### 一、金属材料的种类

金属材料一般分为黑色金属及有色金属两大类。黑色金属指铁碳合金，主要是铁和钢。铁和铁合金，特别是钢材，适用于各种技术应用，它们的需求量非常巨大。黑色金属以外的所有金属及其合金通称为有色金属，如铜、铝、锌、锡及其合金等。

### 二、金属材料的特点

（1）有独特的金属光泽、颜色和质感，具有精美、高雅、高科技的特性，表现力强，装饰性能好。

（2）腐蚀性。金属在高湿条件下或通过接触湿气或潮湿物质会被氧化。两种活性不同的金属在电解质中，比如在水中接触，会发生电化学腐蚀。在这种情况下，活性较大的金属将受到腐蚀。

（3）强度高、密度高、熔点高、高导电、高导热性、塑性大，能承受较大的载荷和变形。

（4）金属材料与石材相比质量更轻，可以减少载荷，并具有一定的延展性，韧性强；它易于工厂化规模加工，无湿作业，机械加工精度高，在施工过程中更方便，更可以降低人工成本，缩短工期。

（5）有良好的耐磨、耐腐蚀、抗冻、抗渗性能，具有耐久、轻盈、不燃烧的特点。

（6）耐火性与防火。金属不易燃，但是在高温状态下强度会降低，弹性模量和屈服点下降，导致金属发生变形。钢材最大的耐热温度为500~600℃，取决于横断面大小。

（7）有良好的可加工性，可根据需要熔铸或轧制成各种型材，制造出形态多样的装饰制品。同时，金属可以回收再加工，而不会损害后延续产品的质量。可以说，回收利用是

金属的一大优势，因为熔化金属耗费的能源很少。金属废料的再利用率是90%，而钢则是100%。因此，金属是世界上回收利用率最高的材料，是名副其实的环保材料。

## 三、使用金属材料的防腐处理

防腐蚀主要有两种基本方法：主动防腐和被动防腐。主动防腐方法是指那些令腐蚀没有机会立足的结构形式。

有目标地“牺牲”带有电导体装置的活性金属能够积极防腐。被动防腐方法是指使用各种形式的金属或非金属镀层，比如油漆、粉末和塑料涂层、珐琅、电镀和喷镀锌。

这种涂层或覆盖层在安装时不能出现破损（比如通过螺栓连接）。在湿度较高的地区，防腐措施能够延长内部组件或外部组件的使用寿命。金属装饰材料表面处理方式及用途见表4-1。

**表4-1　　金属装饰材料表面处理方式及用途**

| 处理方式 | 用　途 |
|---|---|
| 表面腐蚀出图案或文字 | 多用于不锈钢板或铜板 |
| 表面印花 | 花纹色彩直接印于金属表面，多用于铝板 |
| 表面喷漆 | 多用于铁板、铁棒、铁管、钢板，如铁门、铁窗 |
| 表面烤漆 | 多用于钢板条、铁板条、铝板条 |
| 电解阳极处理（电镀） | 多用于铝材或铝板，表面有保护作用 |
| 发色处理 | 如发色铝门窗、发色铝板 |
| 表面刷漆 | 多用于铁板、铁杆，如楼梯扶手、栏杆 |
| 表面贴特殊薄膜保护 | 使金属不与外界接触 |
| 加其他元素成合金 | 具有防蚀作用 |
| 立体浮压成图案 | 如花纹铁板、花纹铝板 |

用于园林建筑装饰工程的金属材料，主要为金、银、铜、铝、铁及其合金。钢和铝合金更以其优良的机械性能、较低的价格而被广泛应用，在建筑装饰工程中主要应用的是金属材料的板材、型材及其制品。近代，将各种涂层、着色工艺用于金属材料，不但大大改善了金属材料的抗腐蚀性能，而且赋予了金属材料多变、华丽的外表，更加确立了其在建筑装饰艺术中的地位。

# 第二节　铁　艺　材　料

## 一、铁艺的种类

铁艺按材料及加工方法，分为扁铁艺、铸铁铁艺、锻造铁艺；按功能、用途，通常分为大门、楼梯、护栏、门芯、饰品、家具、灯具、招牌等。

**1. 锻造铁艺**

以低碳钢型材为主要原材料，以表面轧花、机械弯曲、模锻为主要工艺，以手工锻造辅之。加工精度较高，产品品质好，工艺性强，装饰性强，成本、价格高，形成了标准化、批量化的锻件生产能力。生产和工程分离进行，在工程中降低了施工难度。

**2. 扁铁花**

以扁铁为主要材料，冷弯曲为主要工艺，手工操作或用手工机具操作。端头装饰少，造型自由度大，但材料局限性也大，截面积较大的材料较难应用，功能上达到要求，但工艺性、装饰性差。这类铁艺是我国铁艺的基本形式。由于其成本低，所以目前在注重功能性、注重价格的低档次场合下仍在广泛使用。

**3. 铸铁铁艺**

以灰铸钢为主要材料，铸造为主要工艺，花型多样、装饰性强，是我国铁艺第二阶段的主要形式。由于灰铸钢韧性差、易折断、易破裂，所以花型容易破裂。由于多数铸件采用砂模成型，因此表面粗糙。另一缺点是可焊性、耐久性差，整体工程易破损，难于补救，这些缺点都需要从材料、工艺上继续提高。

## 二、铁艺的性能

**1. 展示性**

上乘的铁艺内含着昂贵的劳动，铁艺的应用就意味着某种无言的富贵，现在应用仍很少。

对铁艺的兴趣与鉴别力本身就展示着一种超群的情趣，展现着某种历史的回归、异国的情调或迥异的向往。

**2. 安全感**

目前，防盗门的生产和销售十分旺盛，铁艺大门、小门、护窗需求越来越多。铁艺制品在保障安全的同时，不会影响通风、透光，保持了良好的视野。

**3. 装饰性**

一座平常甚至丑陋的建筑，与环境严重冲突，顶部加一铁艺饰带，就能软化天际。一个碎花的铁艺护门、护栏、家具，可减弱建筑与地的冲突，增加亲切感。如果有良好的花形，可引人驻足，减少主人的封闭感，这样就在实用的基础上实现了装饰性。

## 三、铁艺的表面处理

铁艺制品表面处理泛指为了防止铁艺制品表面的锈蚀，消除和掩盖铁艺制品出现的不影响强度的表面缺陷，而对铁艺制品表面涂镀防锈及效果美观性装饰涂料的工艺实施过程。

（1）铁艺制品表面的预处理。

1）铁艺制品表面的预处理是指用机械或者化学等工艺方法来消除铁艺制品涂镀前的表面缺陷。

2）去锈、清除氧化皮、焊渣的主要方法有手工处理、机械处理、喷射处理、化学处理（酸洗）、电化学处理和火焰处理等方法。

3）除油对于铁艺制品来讲，一般可采用有机溶液、碱液、电化学等方法。

（2）铁艺制品表面保护与装饰工艺。

1）一般采用表面保护和装饰综合处理的方法。

2）常用的是涂装和电镀（热镀）的方法，使铁艺制品表面形成非金属保护膜、金属保护膜或化学保护膜。

### 四、园林造园中铁艺应用

铺装区域的树池箅子也是我们熟悉的铸铁用途。铸铁，顾名思义，就是将熔融状态的铁灌注到模具中，然后让其冷却（图 4-1 和图 4-2）。

图 4-1　铸铁排水沟箅子

图 4-2　树池箅子

树池箅子能够兼顾给树木浇水和满足高密度城市交通的要求。选择箅子时，要考虑树干的生长。

锻铁是将加热的铁块锻造塑形而成的。现在很多看起来是锻铁的构件（图 4-3），实际都是用注模的方法制成的。

图 4-3　锻铁构件

## 第三节　钢　材　料

钢是由生铁冶炼而成。理论上凡含碳量为 2% 以下，有害杂质较少的铁碳合金称为钢。生铁也是一种铁碳合金，其中碳的含量为 2.06%～6.67%。生铁硬而脆，无塑性和韧性，不能进行焊接、锻造、轧制等加工。钢材材质均匀，抗拉、抗压、抗弯、抗剪强度都很高，具有一定的塑性和韧性，常温下能承受较大的冲击和振动载荷，具有良好的加工性，可以锻造、锻压、焊接、铆接或用螺栓连接，便于装配，但其易锈蚀、维修费用大、耐火性差。

### 一、钢的分类

钢按照脱氧程度不同，可分为沸腾钢、镇静钢。沸腾钢脱氧不完全，钢组织不够致密，气泡多，成分不均匀，质量差，但成品率高，成本低。镇静钢脱氧彻底，组织致密，化学成分均匀，机械性好，质量较好，但成本较高。

钢按照化学成分分为碳素钢和合金钢两大类。其中，碳素钢有低碳钢（含碳量<0.25%）、中碳钢（含碳量0.25%~0.60%）和高碳钢（含碳量>0.60%）三类；合金钢有低合金钢（合金元素含量<5%）、中合金钢（合金元素含量5%~10%）和高合金钢（合金元素含量>10%）三类。

钢材是园林建筑装饰工程上应用最广、最重要的建筑材料之一，主要有以下四个类型：

（1）钢结构用钢。有角钢、方钢、槽钢、工字钢、钢板及扁钢等。

（2）钢筋混凝土结构用钢。有光圆钢筋、带肋钢筋、钢丝和钢绞线等。

（3）钢管。有焊缝钢管和无缝钢管等。

（4）装饰用钢材。不锈钢板、彩色涂层钢板、压型钢板、轻钢龙骨等。

## 二、钢材主要特点

（1）质量均匀，性能可靠，可以用多种方法焊接或铆接，并可进行热轧和锻造，还可通过热处理方法，在很大范围内改变和控制钢材的性能。

（2）强度高。钢材的抗拉、抗压、抗弯、抗剪强度都很高，常温下具有承受较大冲击载荷的韧性，为典型的韧性材料。在钢筋混凝土中，能弥补混凝土抗拉、抗弯、抗剪和抗裂性能较低的缺点。

（3）塑性好。在常温下钢材能承受较大的塑性变形，便于冷弯、冷拉、冷拔、冷轧等各种冷加工。冷加工能改变钢材的断面尺寸和形状，并改变钢材的性能。

## 三、钢材锈蚀及预防

### 1. 钢材锈蚀原因

（1）钢材的锈蚀是指钢材表面与周围介质发生作用而引起破坏的现象，分为化学锈蚀和电化学锈蚀两类。化学锈蚀是指钢材与周围介质（如氧气、二氧化碳、二氧化硫和水等）发生化学反应，生成疏松的氧化物而产生的锈蚀；电化学锈蚀是指钢材与电解质溶液接触而产生电流，形成微电池而引起的锈蚀。钢材锈蚀后，受力面积减小，承载能力下降。在钢筋混凝土中，因锈蚀引起钢筋混凝土开裂。

（2）普通混凝土为强碱性环境，pH值为12.5左右，埋入混凝土中的钢筋处于碱性介质条件而形成碱性钢筋保护膜，只要混凝土表面没有缺陷，里面的钢筋是不会锈蚀的。

但应注意，如果制作的混凝土构件不密实，环境中的水和空气能进入混凝土内部，或者混凝土保护层厚度小或发生了严重的碳化，使混凝土失去了碱性保护作用，特别是混凝土内氯离子含量过大，使钢筋表面的保护膜被氧化，也会发生钢筋锈蚀现象。加气混凝土碱性较低，混凝土多孔，外界的水和空气易深入内部，电化学腐蚀严重，故加气混凝土中的钢筋在使用前必须进行防腐处理。轻骨料混凝土和粉煤灰混凝土的护筋性能良好，钢筋不会发生锈蚀。

对于普通混凝土、轻骨料混凝土和粉煤灰混凝土，为了防止钢筋锈蚀，施工中应确保混凝土的密实度以及钢筋保护层的厚度。在二氧化碳浓度高的工业区采用硅酸盐水泥或普通水泥，限制含氯盐外加剂的掺量，并使用钢筋防锈剂（如亚硝酸钠）；预应力混凝土应

禁止使用含氯盐的骨料和外加剂；对于加气混凝土等，可以采用在钢筋表面涂环氧树脂或镀锌等方法来防止锈蚀。

**2. 钢材锈蚀的预防**

钢材的锈蚀既有内因（材质），又有外因（环境介质作用），因此要防止或减少钢材的锈蚀，必须从钢材本身的易腐蚀性、隔离环境中的侵蚀性介质或改变钢材表面状况方面入手。

（1）采用耐候钢：耐候钢即耐大气腐蚀钢。耐候钢是在碳素钢和低合金钢中加入少量的铜、铬、镍、钼等合金元素而制成的。耐候钢既有致密的表面防腐保护，又有良好的焊接性能，其强度级别与常用碳素钢和低合金钢一致，技术指标相近。

（2）表面镀金属：用耐腐蚀性好的金属，以电镀或喷镀的方法覆盖在钢材的表面，提高钢材的耐腐蚀能力。常用的方法有镀锌（如薄钢板）、镀锡（如马口铁）、镀铜和镀铬等。

（3）表面刷漆：表面刷漆是钢结构防止锈蚀的常用方法。刷漆通常有底漆、中间漆和面漆三道。要求底漆有较好的附着力和防锈能力，常用的有红丹、环氧富锌漆、云母氧化铁和铁红环氧底漆等。中间漆为防锈漆，常用的有红丹、铁红等。面漆要求有较好的牢度和耐候性能保护底漆不受损伤或风化，常用的方法有灰铅、醇酸磁漆和酚醛磁漆等。

钢材表面涂刷漆时，一般为一道底漆、一道中间漆和两道面漆，要求高时可增加一道中间漆或面漆。使用防锈涂料时，应注意钢构件表面的除锈，注意底漆、中间漆和面漆的匹配。

## 四、钢制品

钢制品见表 4-2。

**表 4-2　　钢　制　品**

| 类别 | 内　容 |
|---|---|
| 普通不锈钢装饰制品 | 建筑装饰用不锈钢制品包括薄钢板、管材、型材及各种异型材。主要的是薄钢板，常用不锈钢板的厚度在 0.2~2mm，其中厚度小于 1mm 的薄钢板用得最多。<br>不锈钢制品在建筑上可用作屋面、幕墙、门、窗、内外装饰面、栏杆扶手等。常用的不锈钢包柱就是将不锈钢板进行技术和艺术处理后广泛用于建筑柱面的一种装饰。<br>目前不锈钢包柱被广泛用于大型商场、宾馆和餐馆的入口、门厅、中厅等处，在通高大厅和四季厅之中，也常被采用。这是由于不锈钢包柱不仅是一种新颖的具有观赏价值的建筑装饰手段，而且由于其镜面反射作用，可取得与周围环境中各种色彩、景物交相辉映的效果。同时，在灯光的配合下，还可形成晶莹明亮的高光部分，从而有助于在这些共享空间中，形成空间环境中的兴趣中心，对空间环境的效果起到强化、点缀和烘托的作用。<br>不锈钢装饰制品除板材外，还有管材、型材，如各种弯头规格的不锈钢楼梯扶手，以轻巧、精致、线条流畅展示了优美的空间造型，使周围环境得到了升华。<br>不锈钢自动门、转门、拉手、五金与晶莹剔透的玻璃，使建筑达到了尽善尽美的境地。不锈钢龙骨是近年才开始应用的，其刚度高于铝合金龙骨，因而具有更强的抗风压性和安全性，并且光洁、明亮，因而主要用于高层建筑的玻璃幕墙中 |

续表

| 类别 | 内　　容 |
| --- | --- |
| 彩色不锈钢板 | 彩色不锈钢板是在不锈钢板上进行技术性和艺术性加工，使其表面成为具有各种绚丽色彩的不锈钢装饰板，颜色有蓝、灰、紫、红、青、绿、金黄、橙、茶色等多种。彩色不锈钢板具有色彩斑斓，色泽艳丽、柔和、雅致，光洁度高，抗腐蚀性强，力学性能较高，彩色面层经久不褪色，色泽随光照角度不同会产生色调变幻等特点，而且彩色面层能耐200℃的高温，耐盐雾腐蚀性能比一般不锈钢好，耐磨和耐刻画性能相当于箔层涂金的性能。当弯曲90°时，彩色层不会损坏。<br>彩色不锈钢装饰制品的原料，除板材外，还有方钢、圆钢、槽钢、角钢等彩色不锈钢型材。<br>彩色不锈钢板可用作厅堂墙板、柱面、天花板、电梯厢板、车厢板、建筑装潢、招牌等装饰之用。采用彩色不锈钢板装饰墙面，不仅坚固耐用，美观新颖，而且具有强烈的时代感 |
| 花纹图案不锈钢板 | 不锈钢花纹图案装饰表面的形成方法，是以厚度在0.6~3mm的本色（银白色）或彩色的不锈钢板上，贴上图像模具，经过喷砂处理，在不锈钢表面上形成喷砂花纹图案，在花纹图案的表面设置一层透明的保护膜，这种制作形成方法简单、方便，而由此制作出来的彩色不锈钢喷砂花纹图案装饰表面富丽堂皇、色彩丰富。它不仅保持了原彩色不锈钢装饰材料的优点，而且花纹图案变化繁多，其表面形成的镜面与喷砂面的强烈对比多使之具有更强的装饰效果，适用于家用电器、厨房设备、装饰装潢、工艺美术等多种需要装饰的行业 |
| 彩色压型钢板 | 彩色压型钢板是以镀锌钢板为基材，经过成型机的轧制，并涂敷各种耐腐蚀涂层与彩色烤漆而制成的轻型围护结构材料。这种压型钢板具有质量轻（板厚0.5~1.2mm）、抗震性高、波纹平直坚挺、色彩鲜艳丰富、造型美观大方、耐久性强（涂敷耐腐涂层）、加工简单、施工方便等特点，适用于工业与民用及公共建筑的内外墙面、屋面吊顶、墙板及墙壁装贴的装饰以及轻质夹芯板材的面板等。<br>彩色涂层钢板可用作建筑外墙板、屋面板、护壁板、拱覆系统等。如作商业亭、候车亭的瓦楞板，工业厂房大型车间的壁板与屋顶等。另外，还可用作防水气渗透板、排气管道、通风管道、耐腐蚀管道、电气设备罩等 |
| 彩色涂层钢板 | 彩色涂层钢板（旧称彩色有机涂层钢板，简称彩板）是以冷轧薄钢板或镀锌钢板为基材，经适当处理后，在其表面上涂覆彩色的聚氯乙烯、环氧树脂、不饱和聚酯树脂等而制成的产品。它一方面起到了保护金属的作用，一方面起到了装饰作用。这种钢板涂层可分为有机涂层、无机涂层和复合涂层，以有机涂层钢板发展最快。有机涂层可以配制各种不同色彩和花纹，故称之为彩色涂层钢板。<br>彩色涂层钢板具有优异的装饰性，涂层附着力强，可长期保持鲜艳的色泽，并且具有良好的耐污染性能、耐高低温性能和耐沸水浸泡性能，具有绝缘、耐磨、耐酸碱、耐油及醇的侵蚀等特点，另外加工性能也好，可进行切断、弯曲、钻孔、铆接、卷边等。它可以用作墙板、层面板、瓦楞板、防水汽渗透板、排气管、通风板等。彩色涂层钢板的长度为1000~6000mm，宽度为600~1600mm，厚度为0.2~2.0mm。<br>彩色涂层钢板及钢带的最大特点是发挥了金属材料与有机材料的各自特性，板材具有良好的加工性，可切、弯、钻、铆、卷等。彩色涂层附着力强，色彩、花纹多样，经加热、低温、沸水、污染等作用后涂层仍能保持色泽新颖如初。色彩主要有红色、绿色、乳白色、棕色、蓝色等。<br>彩色涂层钢板可用作各类建筑物内外墙板、吊顶、工业厂房的屋面板和壁板，还可作为排气管道、通风管道及其他类似的具有耐腐蚀要求的物件及设备罩等 |

续表

| 类别 | 内　容 |
| --- | --- |
| 塑料复合钢板 | 塑料复合钢板是在钢板上覆以 0.2~0.4mm 半硬质聚氯乙烯塑料薄膜而成。它具有绝缘性好、耐磨损、耐冲击、耐潮湿以及良好的延展性及加工性，弯曲 180°塑料层不脱离钢板，既改变了普通钢板的乌黑面貌，又可在其上绘制图案和艺术条纹，如布纹、木纹、皮革纹、大理石纹等。该复合钢板可用作地板、门板、天花板等。<br>复合隔热夹芯钢板是采用镀锌钢板作面层，表面涂以硅酮和聚酯，中间填充聚苯乙烯泡沫或聚氨酯泡沫制成的。它具有质轻、绝热性强、抗冲击、装饰性好等特点，适用于厂房、冷库、大型体育设施的屋面及墙体，还被广泛用于交通运输及生活用品方面，如汽车外壳、家具等。但在建筑方面的应用仍占 50% 左右，主要用作墙板、顶棚及屋面板 |
| 轻钢龙骨 | 轻钢龙骨按断面分，有 U 形龙骨、C 形龙骨、T 形龙骨及 L 形龙骨（也称角铝条）。<br>按用途可分为墙体（隔断）龙骨（代号 Q）和吊顶龙骨（代号 D）。墙体龙骨和吊顶龙骨的构造分别如图 4-4 所示。<br>按结构可分为吊顶龙骨、有承载龙骨、覆面龙骨。墙体龙骨有竖龙骨、横龙骨和通贯龙骨。承载龙骨是指吊顶龙骨的主要受力构件。覆面龙骨是指吊顶龙骨中固定面层的构件。横龙骨是指墙体和建筑结构的连接构件。竖龙骨是指墙体的主要受力构件。通贯龙骨是指竖龙骨的中间连接构件 |

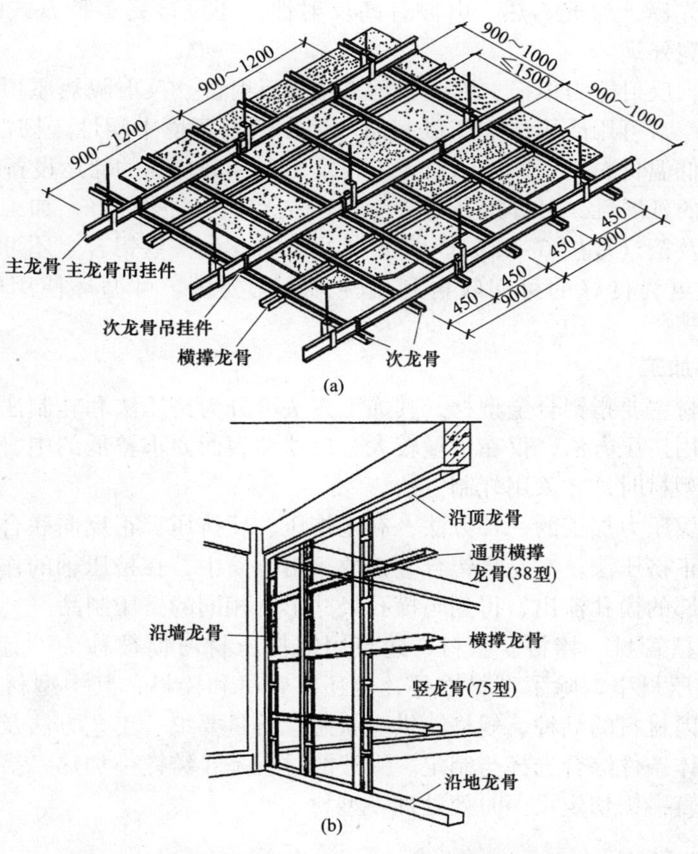


图 4-4　墙体龙骨安装示意图、吊顶龙骨安装示意图

（a）龙骨布置；（b）轻钢龙骨隔断墙构造示意图

# 第四节 铝与铝合金材料

## 一、铝质材料

### 1. 铝的性能特点

铝属于有色金属中的轻金属，质轻，密度为 2.7g/cm$^3$，为钢的 1/3，它的这一特性被广泛应用到建筑中。铝的熔点低，为 660℃。

铝有很好的导电性和导热性，仅次于铜，所以，铝也被广泛用来制造导电材料、导热材料和蒸煮器具等。

铝是活泼的金属元素，它和氧的亲和力很强，暴露在空气中时，表面易生一层致密而坚固的氧化铝（$Al_2O_3$）薄膜，可以阻止铝继续氧化，从而起到保护作用，所以铝在大气中的耐腐蚀性较强。但氧化铝薄膜的厚度一般小于 0.1μm，因而它的耐腐蚀性也是有限的，如纯铝不能与盐酸、浓硫酸、氢氟酸、强碱及氯、溴、碘等接触，否则将会产生化学反应而被腐蚀。在建筑工地，铝必须被覆层保护起来，或采用相似的方法防止混凝土、石灰、水泥砂浆的侵蚀，因为这些材料中的碱性成分能损害铝的表面。铝无毒，抗核辐射性好，表面呈银色光泽，对光、热、电波有高反射性，还可接受多种方式的多彩的表面处理，有更多的漂亮外观。

铝呈银白色，反射能力很强，因此常用来制造反射镜、反射隔热屋顶等。铝的强度和硬度较低，所以，常可用冷压法加工成制品。铝在低温环境中塑性、韧性和强度不下降，因此，铝常作为低温材料用于航空和航天工程及制造冷冻食品的储运设备等。

铝具有良好的延展性，可焊接，铸造性能好，无磁性，塑性好，加工成形性好，易加工成板、管、线及箔（厚度 6~25μm）等。铝可合金化，一些铝合金还可通过热处理来改善性能。铝还有更为良好的可回收再利用性，是无公害、可循环使用的绿色、环保型材料。

### 2. 铝质材料加工

建筑铝质型材主要指铝合金型材，其加工方法可分为挤压法和轧制法。在国内外生产中，绝大多数采用挤压方法，仅在批量较大，尺寸和表面要求较低的中、小规格的棒材和断面形状简单的型材时，才采用轧制方法。

挤压法是金属压力加工的一种方法，有正挤压、反挤压、正反向联合挤压之分。铝合金型材主要采用正挤压法。它是将铝合金锭放入挤压筒中，在挤压轴的作用下，强行使金属通过挤压筒端部的模孔流出，得到与模孔尺寸形状相同的挤压制品。

铝挤压材包括管材、棒材、型材，建筑用铝挤压材习惯被称为“建筑铝型材”，事实上建筑用铝挤压材中，除了型材之外，也还有管材和棒材，其中型材最多。挤压型材的生产工艺，常因材料的品种、规格、供应状态、质量要求、工艺方法及设备条件等因素而不同，常按具体条件综合选择与制定。一般的过程是：铸锭→加热→挤压→型材空气或水淬火→张力矫直→锯切定尺→时效处理→型材。

## 二、铝合金材料

纯铝强度较低，为提高其实用价值，常在铝中加入适量的铜、镁、锰、硅、锌等元素

组成铝合金，如 Al-Cu 系合金、Al-Cu-Mg 系硬铝合金（杜拉铝）、Al-Zn-Mg-Cu 系超硬铝合金（超杜拉铝）等，使铝合金既保持铝的质轻的特点，又明显提高了其力学性能。因此，结构及装饰工程中常使用的是铝合金。

**1. 铝合金材质的性能和特点**

铝中加入合金元素后，其力学性能明显提高，并仍能保持铝质量轻的固有特性，使用也更加广泛，不仅用于建筑装修，还能用于建筑结构。

铝合金装饰材料具有质量轻、不燃烧、耐腐蚀、经久耐用、不易生锈，以及施工方便、装饰华丽等优点。

铝合金的主要缺点是弹性模量小（约为钢材的 1/3），热膨胀系数大、耐热性能差，焊接需采用惰性气体保护等技术。

**2. 铝合金制品**

（1）铝合金门窗。

1）铝合金门窗的品种。

铝合金门窗按结构与开闭方式可分为推拉窗（门）、平开窗（门）、固定窗（门）、悬挂窗、回转窗、百叶窗，铝合金门还可分为弹簧门、自动门、旋转门、卷闸门等。

2）铝合金门窗的性能。

铝合金门窗在出厂前须经过严格的性能试验，只有达到规定的性能指标后才可以出厂安装使用。铝合金门窗通常要检测以下主要技术性能指标：

① 水密性。铝合金窗在压力试验箱内，对窗的外侧加入周期为 2s 的正弦波脉冲压力，同时向窗内每分钟每平方米喷射 4L 的人工降雨，进行连续 10min 的“风雨交加”的试验，在室内一侧不应有可见的渗漏水现象。用水密性试验施加的脉冲风压平均压力表示，一般性能铝窗为 343Pa，抗台风的高性能铝窗可达 490Pa。

② 气密性。铝合金窗在压力试验箱内，使窗的前后形成 4. 9~2. 94Pa 的压力差，用每平方米面积每小时的通气量（$m^3$）表示窗的气密性，单位是 $m^3/(h \cdot m^2)$。一般性能的铝合金窗前后压力差为 10Pa 时，气密性可为 $8m^3/(h \cdot m^2)$ 以下，高密封性能的铝合金窗可达 $2m^3/(h \cdot m^2)$ 以下。

③ 强度。铝合金门窗的强度是在压力箱内进行压缩空气加压试验，用所加风压的等级来表示的，单位是 Pa。一般性能的铝合金窗可达 1961~2353Pa，高性能铝合金窗可达 2353~2764Pa。在上述压力下测定窗扇中的最大位移量应小于窗框内沿高度的 1/70。

④ 隔热性。通常用窗的热对流阻抗值来表示隔热性能（单位是 $m^2 \cdot h \cdot ℃/kJ$），一般可分为三级：$R_1=0.05$，$R_2=0.06$，$R_3=0.07$。采用 6mm 双层玻璃高性能的隔热窗，热对流阻抗值可以达到 $0.05m^2 \cdot h \cdot ℃/kJ$。

⑤ 隔声性。在音响实验室内对铝合金窗的音响声透过损失进行试验发现，当声频达到一定值后，铝合金窗的响声透过损失趋于恒定。用这种方法可以测定出隔声性能的等级曲线。有隔声要求的铝合金窗，响声透过损失可达 25dB。高隔声性能的铝合金窗，音响透过可降低 30~45dB。

⑥ 开闭力。装好玻璃后，窗扇打开或关闭所需外力应在 49Pa 以下。

⑦ 尼龙导向轮的耐久性：推拉窗活动窗扇用电动机经偏心连杆机构做连续往复行走试验，用直径 12~16mm 尼龙轮试验 1 万次，直径 20~24mm 尼龙轮试验 5 万次，直径

30~60mm 尼龙轮试验 10 万次，窗及导向轮等配件应无异常损坏。

3）铝合金门窗的特点。铝合金门窗与普通门窗相比，具有以下特点：

① 质量轻。铝合金的相对密度约为钢的 1/3，且铝合金门窗框多为中空型材，厚度薄（1.5~2.0mm），因而用材省，质量轻，每平方米门窗用铝合金型材质量约为钢门窗质量的 50%。

② 耐腐蚀，使用维修方便。铝合金门窗不锈蚀、不褪色、不需要油漆，维修费用少。

③ 便于工业化生产。有利于实行设计标准化、生产工厂化、产品系列化、零配件通用化。

④ 铝合金门窗强度高，刚度好，坚固耐用。

⑤ 色泽美观。表面光洁，外观美丽。可着成银白色、古铜色、暗灰色、黑色等多种颜色。

⑥ 密封性好。气密性、水密性、隔声性均好。

4）铝合金门窗的加工装配。

① 铝合金门窗是将表面已处理过的型材，经过下料、打孔、铣槽、攻螺纹、制配等加工工艺制成的门窗框料构件，再加连接件、密封件、开闭五金件一起组合装配而成。

② 门窗框料之间的连接采用直角榫头，不锈钢螺钉结合。

③ 在现代建筑装修工程中，铝合金门窗因其长期维修费用少、性能好、美观、节约能源等，在国内外得到了广泛应用。

（2）铝合金格栅。铝合金吊顶格栅也称吊顶花栅或敞透式吊顶，是将铝合金薄片拼装成网格状，悬吊作顶棚。这种吊顶形式往往与采光、照明、造型结合在一起，以达到完整的艺术效果。

（3）铝合金龙骨。

1）龙骨是用来支撑造型、固定配件的一种结构。铝合金龙骨是装饰中常用的一种材料，可以起到支架的作用。铝合金龙骨具有不锈、质轻、防火、抗震、安装方便等特点，适用于室内吊顶、隔断装饰。

2）铝合金龙骨多做成 T 形、U 形、L 形。T 形龙骨主要用于吊顶。吊顶龙骨可与板材组成 450mm×450mm、500mm×500mm、600mm×600mm 的方格，不需要大幅面的吊顶板材，可灵活选用小规格吊顶材料。

3）铝合金材料经过电氧化处理，光亮、不锈、色调柔和，吊顶龙骨呈方格状外露，美观大方。铝合金龙骨除用于吊顶外，还广泛用于广告栏、橱窗及室内隔断等。

（4）铝合金百叶窗帘。

1）铝合金百叶窗帘启闭灵活、质量轻巧、使用方便、经久不锈、造型美观，并且可以调整角度来满足室内光线明暗和通风量大小的要求，也可遮阳或遮挡视线，因此受到用户的青睐。

2）铝合金百叶窗帘是铝镁合金制成的百叶片，由梯形尼龙绳串联而成。拉动尼龙绳可将叶片翻转 180°，达到调节通风量和调节光线明暗等作用，其叶片有多种颜色。铝合金百叶窗帘应用于宾馆、工厂、医院、学校和住宅建筑的遮阳和室内装潢使用。

（5）铝合金装饰板。在建筑上，铝合金装饰制品应用最广的是各种装饰板。它们是以纯铝或铝合金为原料，经滚轧而成的饰面板材，广泛用于内外墙面、柱面、地面、屋面、顶棚等部位。

1）铝蜂窝板。铝蜂窝板是两块铝板中间加蜂窝芯材粘结成的一种复合材料，蜂窝板是一种仿生结构产品，是根据蜜蜂巢穴的结构特点而制造出来的。

蜂窝具有正六面体结构，在切向上承受压力时，这些相互牵制的密集蜂窝犹如许多小工字梁，可分散承担来自面板方向的压力，使板受力均匀，保证了面板在较大面积时仍能保持很高的平整度。另外，空心蜂窝还能大大减弱板体的热膨胀性。

蜂窝板蜂巢结构形成单元室，空气之间不产生对流，具有良好的隔热性能；同时铝蜂窝板是复合体结构，又具有良好的隔声效果。经大量实验证明，正六面体结构更耐压、耐拉。

蜂窝材料具有抗高风压、减震、隔声、保温、阻燃、质量轻、强度高、刚度好、耐蚀性强、性能稳定和比强度高等优良性能。铝蜂窝板主要应用于大厦的外墙装饰，也可运用于室内天花、吊顶。

2）铝合金扣板。铝合金扣板是因为安装时扣在龙骨上，所以称为铝扣板。铝扣板一般厚0.4~0.8mm，有条形、方形、菱形等，是20世纪90年代出现的一种吊顶材料，主要用于厨房和卫生间的吊顶、墙面和屋面装修。铝合金扣板按功能分为吸声板和装饰板两种。吸声板孔形有圆孔、方孔、长圆孔、长方孔、三角孔、大小组合孔等，吸声板大多是白色或银色；装饰板更注重装饰性，线条简洁流畅，有古铜、金黄、红、蓝、乳白等多种颜色。

铝合金扣板按表面形式分为表面冲孔和平面两种。表面冲孔可以通气吸声，扣板内部铺一层薄膜软垫，潮气可透过冲孔被薄膜吸收，所以它最适合水分较多的厨卫使用。铝合金扣板是一种中档装饰材料，装饰效果别具一格，具有质量轻、色彩丰富、外形美观、经久耐用、容易安装、工效高等特点，可连续使用20~60年。除用于建筑物的外墙和屋面外，还可做复合墙板。铝合金扣板板型多，线条流畅，颜色丰富，外观效果良好，更具有防火、防潮、易安装、易清洗等特点。

3）铝合金花纹板。

① 铝合金花纹板是采用防锈铝合金（Al-Mg）等坯料，用特制的花纹轧制而成的，花纹美观大方，不易磨损，防滑性能好，防腐蚀性强，便于冲洗。通过表面处理可以得到不同的颜色。花纹板材平整，裁剪尺寸精确，便于安装，广泛用于墙面装饰、楼梯及楼梯踏板处。

② 铝合金花纹板对白光反射率达75%~90%，热反射率达85%~95%。在氨、硫、硫酸、磷酸、亚磷酸、浓硝酸、浓醋酸中耐蚀性好。通过电解、电泳涂漆等表面处理可得到不同色彩的浅花纹板。铝合金花纹板的花纹图案有多种，一般分为七种：1号花纹板方格形；2号花纹板扁豆形；3号花纹板五条形；4号花纹板三条形；5号花纹板指针形；6号花纹板菱形；7号花纹板四条形（图4-5）。

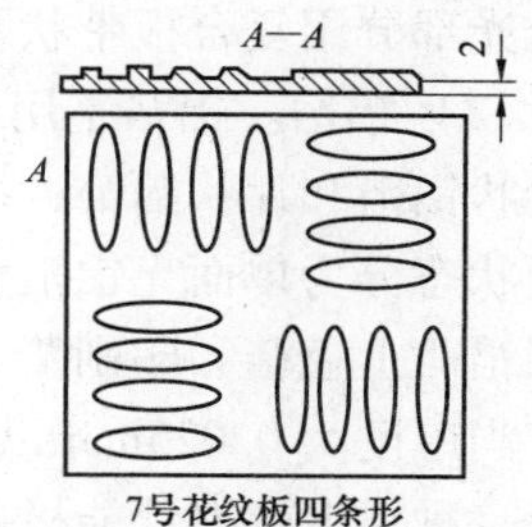

图4-5 铝合金花纹板

4）铝质浅花纹板。铝合金浅花纹板是优良的建筑装饰材料之一。它花纹精巧别致，色泽美观大方，除具有普通铝板共有的优点外，刚度较普通铝板提高20%，抗污垢、抗划伤、抗擦伤能力均有提高，尤其是增加了立体图案和美丽的色彩，更使建筑物生辉。

5）铝合金穿孔吸声板。铝合金穿孔板采用各种铝合金平板经机械穿孔而成。孔形根据需要有圆孔、方孔、长圆孔、三角孔等。这是一种降低噪声并兼有装饰作用的新产品。

铝合金穿孔板材质轻、耐高温、耐腐蚀、防火、防潮、防震、化学稳定性好，可以将孔形处理成一定图案，造型美观、色泽优雅、立体感强、装饰效果好。同时，内部放置吸声材料后可以解决建筑中吸声的问题，是一种兼有降噪和装饰功能的理想材料。而且组装简便，可用于宾馆、饭店、影院、播音室等公共建筑和中高档民用建筑，也可用于各类车间厂房、人防地下室、各种控制室、计算机机房的顶棚或墙壁，以改善音质、降低噪声。

6）铝合金波纹板和铝合金压型板。将纯铝或防锈铝在波纹机上轧制形成的铝及铝合金波纹板，以及在压型机上压制形成的铝及铝合金压型板，是目前世界上广泛应用的新型建筑装饰材料。这种材料主要用于墙面装饰，也可用于屋面，表面经化学处理可以形成各种颜色，有较好的装饰效果，又有很强的反射阳光能力。它具有质量轻、外形美观、经久耐用、防火、防潮、耐腐蚀、安装容易、施工进度快等优点，尤其是通过表面着色处理的各种色彩的波纹板和压型板在装修中得到广泛应用。

（6）铝塑板。是铝塑复合板的简称，是由内外两面铝合金板、低密度聚乙烯芯层与胶粘剂复合为一体的轻型墙面装饰材料。

1）类型。铝塑复合板大致可分为室外用、室内用两种，其中又可分为防火型和一般型。现在市场销售的多为一般型。室外用铝塑复合板上下均为0.5mm铝板（一般为纯铝板），中间夹层为PE（聚乙烯）或PVC（聚氯乙烯），夹层厚度为3~5mm。防火型铝塑复合板中间夹层为FR（防火塑胶）。室外用复合铝塑板厚度为4~6mm。室内用铝塑板上下面一般为0.2~0.25mm铝板，夹层厚度为2.5~3mm，室内用铝塑板厚度为3~4mm。铝塑板产品标准规格一般为1220mm（宽）×2440mm（长）×厚度，宽度也可以达到1250mm或1500mm。室外常采用厚度最薄应为4mm，室内采用厚度应为3mm。

2）性能、特点。铝塑复合板有多种颜色，其板面平整，颜色均匀，色差较小（有方向性），质轻，有一定的刚度和强度，由于板材表面用的是氟碳涂料，所以能抗酸碱腐蚀，耐粉化，耐紫外线照射不变色等；但一般铝塑板不防火，表面遇到高温时，铝板会鼓包，0.5mm铝板如遇到火灾，很容易熔化，中间夹层PE、PVC均会燃烧，发出有害的气体且有窒息的危险。

铝塑复合板由于它优良的特性，在建筑装饰上应用甚广。例如：在建筑用幕墙（不用于高层）旧房改造，大量的街道店面的装饰，室内装饰，室内包柱，室内办公间的隔断、吊顶、家具、车辆内装饰等。此外，为了减少大面积隐框玻璃幕墙的光污染，在低层幕墙不透光部分用复合板带状幕墙，减少隐框玻璃幕墙大面积镜面效果。

（7）铝箔。铝箔是用纯铝或铝合金加工成6.3~200μm的薄片制品。按铝箔的形状分为卷状铝箔和片状铝箔，按铝箔的状态和材质分为硬质箔、半硬质箔和软质箔，按铝箔的表面状态分为单面光铝箔和双面光铝箔，按铝箔的加工状态分为素箔、压花箔、复合箔、涂层箔、上色箔、印刷箔等。

当厚度为0.025mm以下时，尽管有针孔存在，但仍比没有针孔的塑料薄膜防潮性好。铝是一种温度辐射性能极差而对太阳光反射力很强（反射比为87%~97%）的金属。在热工设计时常把铝箔视为良好的绝热材料。铝箔以全新的多功能保温隔热材料、防潮材料和

装饰材料广泛用于建筑工程。

建筑上应用较多的卷材是铝箔牛皮纸和铝箔布，它是将牛皮纸和玻璃纤维布作为依托层，用胶粘剂粘贴铝箔而成。前者用在空气间层中作绝热材料，后者多用在寒冷地区作保温窗帘，炎热地区作隔热窗帘。另外，将铝箔复合成板材或卷材，如铝箔泡沫塑料板、铝箔石棉夹心板等，常用于室内或者设备表面，有较好的装饰性。若在铝箔波形板上打上微孔，则还有很好的吸声作用。

另外，铝合金还可压制五金零件，如把手、铰锁、标志、商标、提把、提攀、嵌条、包角等装饰制品，既美观，有较强金属质感，又耐久不腐。

（8）泡沫铝。由铝制成的金属泡沫表现出较低的导热性和良好的隔声性能。它具有很高的抗压强度，而且质量轻，易于处理加工。泡沫铝已在汽车制造领域得到了应用。原则上，其他金属泡沫也是可以制造出来的。

**3. 铝合金制品**

目前铝合金广泛用于建筑工程结构和建筑装饰工程中，如屋架、屋面板、幕墙、门窗框、活动式隔墙、顶棚、暖气片、阳台和楼梯扶手、室内家具、商店货柜、其他室内装修、建筑五金以及施工用的模板等。近些年，建筑铝材的产品不断更新，彩色铝板、复合铝板、复合门窗框、铝合金模板等新颖建筑制品被广泛用于工业与民用建筑中。

用于支撑框架、窗户和立柱横梁里面的挤压铝部件是铝在建筑领域最重要的应用形式。而且，大量的挤压铝部件形状几乎可以随心所欲变化，而无须多少工作量。铝的进一步应用还包括用于建筑立面和屋顶的平铝板和异型铝板、穿孔铝板（吸声天花板）、灯体、铸铝制成的小五金，等等。此外，铝箔在防水方面的应用也很广泛。薄铝板适用于屋面覆盖层和立面。由于它的抗侵蚀能力强，同样可作为防护层（如电缆防护套）来使用。

日本制成铝、聚乙烯（Al-PE）复合板，可做建筑室内装饰材料。复合板的两面是0.1~0.3mm厚的铝板，中间的夹心材料主要采用中低压聚乙烯（高密度聚乙烯）。铝板的表面进行防腐、轧花、涂装、印刷等二次加工，这种复合板的特点是质量轻，有适度的刚性，能耐振和隔声。德国在工业建筑上使用两层铝板之间填充泡沫材料的保温板材，可以用螺栓固定，质量仅为8kg/$m^2$，其构件长度可达15.4m。掺入有玻璃棉的沥青，外贴铝箔（厚度仅为0.05~0.08mm）而成的复合材料，用于防水屋面可使平屋面完全不透水，且耐久性好，还可反射夏季日照的热量，对顶层房间具有良好的隔热效果，又能防止沥青受到热冲击作用。贴有铝箔的三聚氰胺，具有良好的耐久性和耐热性，可代替装饰用纸，它具有金属的外观、耐磨、不开裂。

## 三、铝质材料表面处理与装饰加工

**1. 表面着色处理**

经中和水洗（中和也叫出光或光化，其目的在于用酸性溶液除去挂灰或残留碱液，以获得光亮的金属表面）或阳极氧化后的铝型材，可以进行表面着色处理。着色方法有自然着色法、电解着色法、化学浸渍着色法、涂漆法等。常用的有自然着色法和电解着色法，前者是在进行阳极氧化的同时产生着色，后者在含金属的电解液中对氧化膜进一步进行电解，实际上就是电镀，是把金属盐溶液中的金属离子通过电解沉积到铝阳极氧化膜针孔底部，光线在这些金属离子上漫反射，使氧化膜呈现颜色。喷涂着色有粉末喷涂及氟碳漆喷涂，材质外观受涂料覆盖，不显金属质感，而是显出涂料质感，可有任意色系。

另外，还有砂面、拉纹、镜面、亚光等诸多表面形式。

**2. 阳极氧化处理**

建筑用铝型材必须全部进行阳极氧化处理，一般用硫酸法。阳极氧化处理的目的是使铝型材表面形成比自然氧化膜（厚度<0.1μm）厚得多的人工氧化膜层（5~20μm），并进行“封孔”处理，使处理后型材表面显银白色，提高表面硬度、耐磨性、耐蚀性等。同时，光滑、致密的膜层也为进一步着色创造了条件。

处理方法是将铝型材作为阳极，在酸溶液中，水电解时在阴极上放出氢气，在阳极上产生氧，该原生氧和铝阳极上形成的三价铝离子（$Al^{3+}$）结合形成氧化铝膜层。$Al_2O_3$ 膜层本身是致密的，但在其结晶中存在缺陷，电解液中的正负离子会侵入皮膜，使氧化皮膜局部溶解，在型材表面上形成大量小孔，直流电得以通过，使氧化膜层继续向纵深发展。如此就使氧化膜在厚度增长的同时形成一种定向的针孔结构，断面呈六棱体蜂窝状态（图 4-6）。

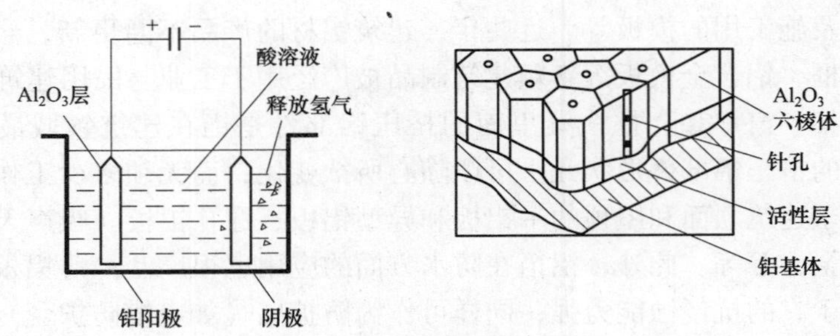


图 4-6　阳极氧化处理

经阳极氧化处理后的铝可以着色，做成装饰制品。

**3. 铝质品园林中应用**

铝大量用于户外家具，包括长椅、矮柱、旗杆及格栅等。铝的表面质感和颜色，根据表面处理光滑度不同，可以从反光的银色，一直到亚光的灰色。高抛光的铝表面是最光洁的金属表面之一（图 4-7 和图 4-8）。

图 4-7　铝是一种抗腐蚀、耐用的金属，十分适用于城市环境

图 4-8　这些造型新颖的铝制座椅很好地与它相契合

# 第五节　铜、锌材料

铜是我国历史上使用较早、用途较广的一种有色金属。在古建筑装饰中，铜材是一种高档的装饰材料，多用于宫廷、寺庙、纪念性建筑以及商店招牌等。在现代建筑中，铜仍是高级装饰材料，可使建筑物显得光彩耀目、富丽堂皇。

## 一、铜

**1. 铜的种类**

（1）青铜。青铜是铜和锡为主要成分的合金。青铜具有良好的强度、硬度、耐蚀性和铸造性。青铜的牌号以字母“Q”（“青”字的汉语拼音首字母）表示，后面第一个是主加元素符号，之后是除了铜以外的各元素的百分含量，如 QSn4～3。如果是铸造的青铜，牌号中还应加“Z”字，如 ZQAl9～4 等。

1）锡青铜：锡青铜含锡量在 30% 以下，它的抗拉强度以含锡量在 15%～20% 为最大；而延伸率则以含锡量在 10% 以内比较大，超过这个限度，就会急剧变小。含锡 10% 的铜称炮铜，炮铜的铸造性能好，机械性质也好。因其在近代炼铜方法发明之前，曾用于制造大炮，故得名炮铜。

2）铝青铜：铜铝合金中含铝在 15% 以下时称为铝青铜，工业用的这种铜合金含铝量大都在 12% 以下。单纯的铜铝合金是没有的，实际上大都还添加少量的铁和锰，以改善其力学性能。含铝 10% 以上的铜合金，随着热处理不同其性质各异。这种青铜耐腐蚀性很好，经过加工的材料，其强度近于一般碳素钢，在大气中不变色，即使加热到高温也不会被氧化。这是由于合金中铝经氧化形成致密的薄层所致。可用于制造铜丝、棒、管、板、弹簧和螺栓等。

（2）黄铜。黄铜以铜、锌为主要合金元素。黄铜不仅有良好的力学性能、耐腐蚀性能和工艺性能，价格也比纯铜便宜。锌是影响黄铜力学性能的主要因素，随着含锌量的不同，不但色泽随之变淡，力学性能也随之改变。含锌量约为 30% 的黄铜其塑性最好，含锌量约为 4% 的黄铜其强度最高，一般黄铜含锌量多在 30% 以内。

黄铜的牌号用“黄”字的汉语拼音首字母“H”加数字表示，数字代表平均含铜量。例如 H68 表示含铜量约为 68%，其余为锌。黄铜可进行挤压、冲压、弯曲等冷加工成型，但因此而产生的残余内应力必须进行退火处理，否则在湿空气、氮气、海水作用下，会发生蚀裂现象，称为黄铜的自裂。黄铜不易偏折，韧性较大，但切削加工性差。

1）普通黄铜。铜中只加入锌元素时，称为普通黄铜。普通黄铜呈现金黄色或黄色。黄铜不易生锈腐蚀，延展性较好，易于加工成各种建筑五金，装饰制品，水暖器材和机械零件。

2）特殊黄铜。为了进一步改善黄铜的力学性能、耐蚀性或某些工艺性能，在铜锌合金中再加入其他合金元素，即成为特殊黄铜，常加入的元素有铅、锡、镍、铝、锰、硅等，并分别称为铅黄铜、锡黄铜、镍黄铜等。

加入铝、锡、铅、锰、硅均可提高黄铜的强度、硬度和耐蚀性。

加入镍可改善其力学性质、耐热性和耐腐性，多用于制作弹簧，或用于制作首饰、餐具，也用于建筑、化工、机械等行业。

锡黄铜中含锡2%以上时，则硬度和强度增大，但延伸性显著减小。在（$\alpha+\beta$）黄铜或$\alpha$黄铜中添加的1%的锡，有较强的抵抗海水侵蚀的能力，故称为海军黄铜。

黄铜粉俗称“金粉”，是一种由铜合金制成的金色颜料，主要成分为铜及少量的锌、铝、锡等金属，常用以调制装饰涂料代替“贴金”。

**2. 铜的特性与应用**

铜是我国历史上使用较早、用途较广的一种有色重金属，密度为8.92g/cm$^3$。纯铜由于表面氧化生成的氧化铜薄膜呈紫红色，故常称紫铜。

纯铜具有较高的导电性、导热性、耐蚀性及良好的延展性、可塑性，可碾压成极薄的板（紫铜片），拉成很细的丝（铜线材），它既是一种古老的建筑材料，又是一种良好的导电材料。

铜广泛用于建筑装饰及各种零部件。在现代建筑中，铜材仍是一种集古朴和华贵于一身的高级装饰材料，可用于扶手、外墙板、栏杆、楼梯防滑条或把手、门锁、纱窗（紫铜纱窗）、西式高级建筑的壁炉等其他细部需要装饰点缀的部位，可使建筑物显得光彩夺目、富丽堂皇。

如南京五星级金陵饭店正门大厅选用铜扶手和铜栏杆，可体现出一种华丽、高雅的气氛。在古建筑装饰中，铜材是一种高档的装饰材料，多用于宫廷、寺庙、纪念性建筑以及商店招牌等，可用铜包柱，使建筑物光彩照人、美观雅致、光亮耐久，并烘托出华丽、神秘的氛围。除此之外，园林景观的小品设计中，铜材也有着广泛的应用。

## 二、铜合金

**1. 铜合金装饰制品**

铜合金经过挤制或压制可形成不同横断面形状的型材，分空心型材和实心型材。铜合金型材也具有与铝合金材类似的优点，可用于门窗的制作，尤其是以铜合金型材做骨架，以吸热玻璃、热反射玻璃、中空玻璃等为立面形成的玻璃幕墙，一改传统外墙的单一面貌，使建筑物乃至城市生辉。

利用铜合金板制成铜合金压型板，应用于建筑物内外墙装饰，同样使建筑物金碧辉煌、光亮耐久。

铜合金装饰制品的另一特点是源于其具有金色感，常替代稀有的、价值昂贵的金在建筑装饰中作为点缀使用。

古希腊的宗教及宫殿建筑较多地采用金、铜等进行装饰、雕塑。具有传奇色彩的帕提农神庙大门为铜质镀金。

古罗马的凯旋门，图拉真骑马座像都有青铜的雕饰。中国盛唐时期，宫殿建筑多以金、铜来装饰，人们认为以铜或金来装饰的建筑是高贵和权势的象征。

现代建筑装饰中，大厅门常配以铜质的把手、门锁；螺旋式楼梯扶手栏杆常选用铜质管材，踏步上附有铜质防滑条；浴缸龙头，坐便器开关，淋浴器配件，各种灯具、家具采用制作精致、色泽光亮的铜合金制作，会在原有豪华、高贵的氛围中增添装饰的艺术性。

**2. 铜合金的特性与应用**

纯铜由于强度不高，不宜制作结构材料，由于纯铜的价格贵，工程中更广泛使用的是

铜合金（即在铜中掺入锌、锡等元素形成的铜合金）。

铜合金既保持了铜的良好塑性和高抗蚀性，又提高了纯铜的强度、硬度等机械性能。常用的铜合金有黄铜（铜锌合金）、青铜（铜锡合金）等。

青铜以其丰富的外表美化着我们的环境。青铜一直被认为是适合铸造室外雕塑的金属。在景观中，它的用途与铸铁相似，如树池箅子、水槽、排水渠盖、井盖、矮柱、灯柱，以及固定装置。不过，青铜的美观性、强度和耐久性是有代价的，青铜铸件在景观要素价格范围中处于上等位置。

青铜是一种合金，主要元素为铜，其他的金属元素则有多种选择，但锡是最常用的。铝、硅和锰也可以与铜一起构成青铜合金。像纯铜一样，青铜的氧化仅仅发生在表面，氯化层在表面形成一个保护内部的屏障。因此，青铜承受室外环境压力的能力在各种金属中比较优异。铜绿，也是各种金属氧化效果中最受欢迎的。

### 三、锌和钛锌合金

锌合金（比如由 99.995% 的锌加上 0.003% 的钛制成的钛锌金）比相对脆弱的锌本身强度更高。钛锌合金可焊接或钎焊，且比锌的热膨胀系数低。由于这个原因，建筑业几乎只使用钛锌合金。锌能抵御气候的影响，与铅类似，遇到空气时形成一层保护层，因而经常用于保护其他金属，例如钢、铜等。钛锌合金板也适用于立面、屋顶排水沟及管道。锌可以被十分精确地铸造，制成精密的模件。锌合金在建筑业应用于制作多种小五金的压铸锌、黄铜、镍银铜合金及钎焊的焊料。

锌的一个重要应用是用于防止钢构件腐蚀。锌抗腐蚀能力强，是由于它能形成永久性的保护层。有很多方法可以把保护层应用到钢构件外部：如热浸镀锌法、电镀锌法、喷镀锌法等。锌保护层的耐久性取决于周围空气中 $CO_2$ 的含量。

## 第六节　园林造园常用金属紧固件、加固件

由于其耐用性和强度，金属常常在景观中扮演幕后的辅助角色。例如，钢筋增加了现浇混凝土的强度；钉子、螺钉、螺栓将木材组件连接在一起：金属连接件将砖块和混凝土块连接成一个整体。

### 一、螺栓与螺母

（1）螺栓—螺母紧固件是将两个或更多木组件紧固在一起的最有效的方法。螺栓与螺钉一样有螺纹，不过二者的螺纹是不一样的。螺栓的螺纹设计是为了和螺母精确匹配，而不是牢固地嵌进木材中。一套匹配的螺母和螺栓几乎是坚不可摧的，它们连接的木结构寿命也非常长。

（2）和钉子、螺钉一样，螺栓也有头部；不同的是，螺栓没有锥形的尖端。因为螺栓的螺纹要与螺母的螺纹精确匹配，所以它们螺纹的牙数是一个关键的指标（图 4-9）。

图 4-9　螺栓与垫圈、螺母的组合可以非常牢固地固定木组件

（3）螺栓的头部形状多样，最常见的是六角头，是专门为配合扳手设计的。同钉枪、电

动螺丝刀一样，扳手也可以是电动的。其他常用螺栓有方头螺栓、圆头螺栓、马车螺栓等。马车螺栓的头部是球面的，不会刮伤使用者，但是无法使用扳手。所以，安装这种螺栓时，只能转动螺母紧固。为方便固定，马车螺栓通常有一个方形的“肩部”，就在头部下方，以防止螺栓在洞中旋转造成滑丝或松动。

（4）六角螺栓对使用者来说就不那么友好了，为了最大限度地减小其危险性，应将六角螺栓做埋头处理。埋头处理指的是在螺栓头部处再开一个槽，宽度和深度足以容纳螺栓的头部。这样螺栓的头部就不会凸出于木材表面了。

（5）过度拧紧螺栓和螺母，就会损坏软木。所以，同时在螺栓头部和螺母下面加上宽大的垫圈，有助于分散压力，并尽量减少不必要的木材表面挠曲。一些用于室外工程的垫圈在木材一面设计了锯齿，能够在安装过程中抓住木材表面，防止二者之间的相对旋转。

## 二、螺钉

（1）在固定软木方面，螺钉比钉子更好用，但其施工也更耗时、耗资。简单地将螺钉定义一下，就是钉杆上带有凹凸的螺旋纹的金属紧固件，通常（但不是在所有情况下）有一个锥形的尖端。其锐利的螺纹直接嵌入木材中，与螺栓加螺母的套装紧固件有所不同。像钉子一样，螺钉也有头部，其作用是与螺丝刀相配合，将螺钉旋转推入木组件中。最常见的室外用螺钉是十字口的，因为这种螺钉十分容易用电动螺丝刀进行安装。另外还有一种方形头的螺钉也经常用于室外工程。

（2）与钉子相同，螺钉也必须镀锌或用不锈钢制造，以抵御锈蚀。与普通螺钉相比，室外用螺钉的螺纹十分锐利，突起更高，每一圈螺纹之间的间距也更大。这些设计都是为了使螺钉更好地抓住和固定软木。如果螺纹过平、过浅或过密，都会导致螺丝从木材中滑出，从而失去作用。

（3）室外用螺钉，特别是用于固定木板的一类，杆和头的衔接处一般是呈喇叭状逐渐放大的。这种造型的作用类似于刹车，可以减慢电动螺丝刀的转动，防止螺钉被钉进软木太深。喇叭形头部对于使用电动工具的工人来说是十分重要的，因为它使施工变得简单，使工人能够提高效率，更好地使用电动螺丝刀。

## 三、钉子

（1）室外用的钉子应为镀锌钉（最常见、最实惠的选择）或不锈钢钉，以抑制生锈。另外与普通钉子不同，它们的杆不能是平滑的。

（2）钉杆平滑的钉子容易松动，当用来固定水平的构件时，会伸出一个个钉头，是个危险又棘手的问题。

（3）环纹杆或螺纹杆有助于防止钉子由于受到交通荷载或冻融循环的影响而产生松动现象。

（4）室外用钉子通常有一个宽大的钉帽，上面是细密的网格状的纹路，被称为“格子帽”。这种粗糙的表面可以增强摩擦，以减少钉锤在敲击时的打滑情况（图 4-10）。钉帽占钉子整体比例太小的话，就不太可能长期将室外的软木组件紧钉在一起（图 4-11）。

图 4-10　螺纹杆能够防止钉子从木材中退出来

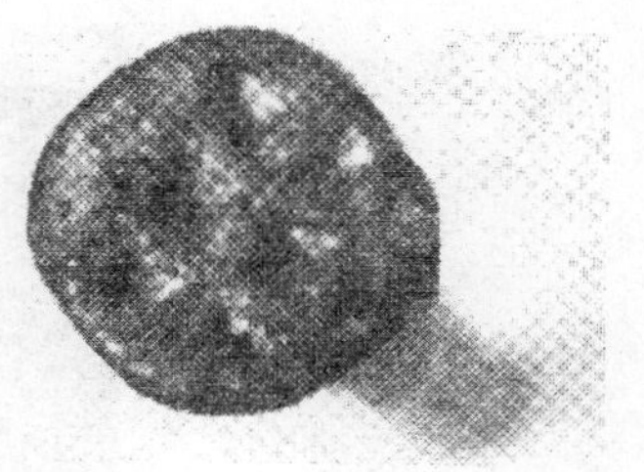

图 4-11　格子或棋盘纹路的钉帽使钉子更容易钉进木材中

## 第七节　金属材料在园林工程中的应用

金属材料在园林工程中的应用，主要体现在以不锈钢为主的材料在做龙骨上的应用，以铝合金和其他金属材料在景墙、logo 墙、铁艺大门上的应用，以及以铜和仿铜合金为主的金属材料在雕塑上的应用，如图 4-12~图 4-16 所示。

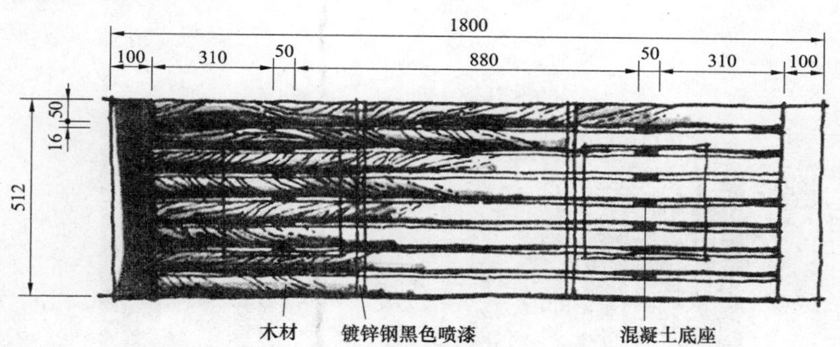


图 4-12　轻钢龙骨在木座椅施工工艺上的使用——平面上可见镀锌钢管体现的龙骨作用

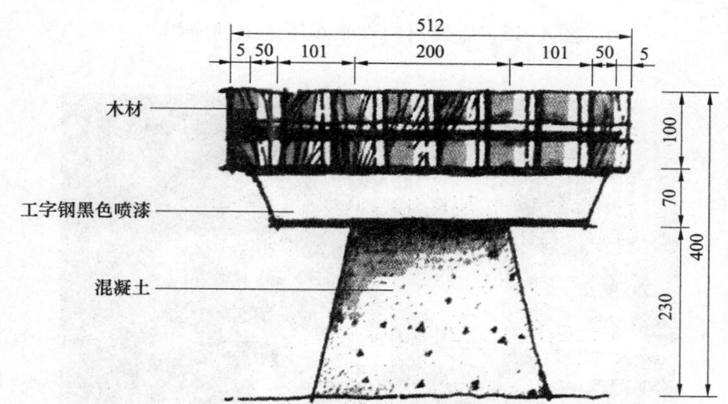


图 4-13　轻钢龙骨在木座椅施工工艺上的使用——侧立面上可见镀锌钢管（工字钢）体现的龙骨作用

图 4-14　金属构架形成的长廊

图 4-15　金属材料在景观围墙上的应用

图 4-16　金属材料在雕塑上的应用

# 第五章

# 木　　材

## 第一节　木材的种类

### 一、按树叶不同分

树木按树叶形状分为针叶树和阔叶树两大类。木材的微观构造如图 5-1 所示。

（1）针叶树：树干通直高大，纹理顺直，材质均匀、较软、易加工，又称为“软木材”。其表观密度和胀缩变形小，耐腐蚀性好，是主要的建筑用材，用于各种承重构件、门窗、地面和装饰工程。常用的树种有红松、马尾松、兴安落叶松、华山松、油松、云杉、冷杉等。

（2）阔叶树：树干通直部分短，密度大，材质硬，难加工，又称为“硬木材”。其胀缩和翘曲变形大，易开裂，建筑上常用作尺寸小的构件，如制作家具、胶合板等。常用的树种有卜氏杨、红桦、枫杨、青冈栎、香樟、紫椴、水曲柳、泡桐、柳桉等。

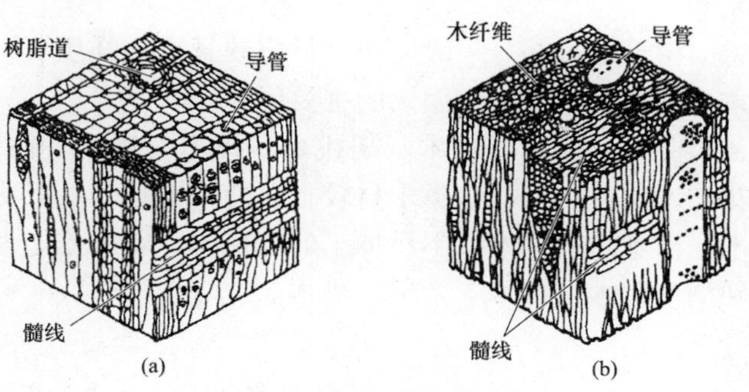


图 5-1　木材的微观构造

（a）软木的显微构造（马尾松）；（b）硬木的显微构造（柞木）

### 二、按加工程度和用途分

木材按照加工程度和用途的不同分为原条、原木、锯材和枕木 4 类（图 5-2）。

（1）原条：除去皮、根、树梢、树桠等，但尚未加工成材的木料，用于建筑工程的脚手架、建筑用材、家具等。

（2）原木：已加工成规定直径和长度的圆木段，用于建筑工程（如屋架、檩、椽等）、桩木、电杆、胶合板等加工用材。

(a)

(b)

(c)

(d)

图 5-2　木材

（a）原条；（b）原木；（c）锯材；（d）枕木

（3）锯材：经过锯切加工的木料。截面宽度为厚度的 3 倍或 3 倍以上的称为板材，不足 3 倍的称为枋材。

（4）枕木：按枕木断面和长度加工而成的成材，用于铁道工程。

## 三、根据木材加工的特性分

**1. 软木**

软木取自针叶树，树干通直高大，纹理平顺，材质均匀，木质较软而易加工，又称为软木材。表面看密度和胀缩变形小，耐腐蚀性强。软木因质地松软，在家具中一般不能作为框架结构的用料，而常用来充当非结构部分的辅助用料，或用来加工成各种板材和人造板材。软木一般不变形、不开裂。

常用软木有红松、白松、冷杉、云杉、柳桉、马尾松、柏木、油杉、落叶松、银杏、柚木、红檀木等，其中易于加工的有冷杉、红松、银杏、柳桉、白松。软木有不同的抗风化性能，许多树种还带有褐色、质硬的节子，做家具前要将节子进行虫胶处理。

**2. 硬木**

硬木取自阔叶树，树干通直部分一般较短，材质硬且重，强度大，纹理自然美观，质地坚实，经久耐用，是家具框架结构和面饰的主要用材。

常用的有榆木、水曲柳、柞木、橡木、胡桃木、桦木、樟木、楠木、黄杨木、泡桐、紫檀、花梨木、桃花心木、色木等，这类木材较贵，使用期也长。其中，易加工的有水曲柳、泡桐、桃花心木、橡木、胡桃木，不易加工的有色木、花梨木、紫檀，易开裂的有花木、椴木，质地坚硬的有色木、樟木、紫檀、榆木。

## 四、人造木材

人造木材就是将木材加工过程中的大量边角、碎料、刨花、木屑等，经过再加工处理，制成各种人造板材，在成本、耐用性和环保性能方面有明显优势，可有效利用木材。常用的人造板材有胶合板、纤维板、刨花板、细木工板、实木复合地板、塑木等。

**1. 木质地板**

木质地板分为实木条木地板、实木复合地板、强化复合地板、实木拼花木地板 4 种。

（1）实木条木地板。实木条木地板的条板宽度一般不大于 120mm，板厚为 20~30mm。按条木地板构造分为空铺和实铺两种。地板有单层和双层两种。木条拼缝可做成平头、企口或错口，接缝要相互错开。实木条木地板自重轻、弹性好、脚感舒适，其导热性小，冬暖夏凉，易于清洁，适用于室内地面装饰。实木条木地板如图 5-3（a）所示。

（2）实木复合地板。实木复合地板采用两种以上的材料制成，表层采用 5mm 厚实木，中层由多层胶合板或中密度板构成，底层为防潮平衡层经特制胶高温及高压处理而成。实木复合地板如图 5-3（b）所示。

（3）强化复合地板。强化复合地板由三层材料组成，面层由一层三聚氰胺和合成树脂组成，中间层为高密度纤维板，底层为涂漆层或纸板。

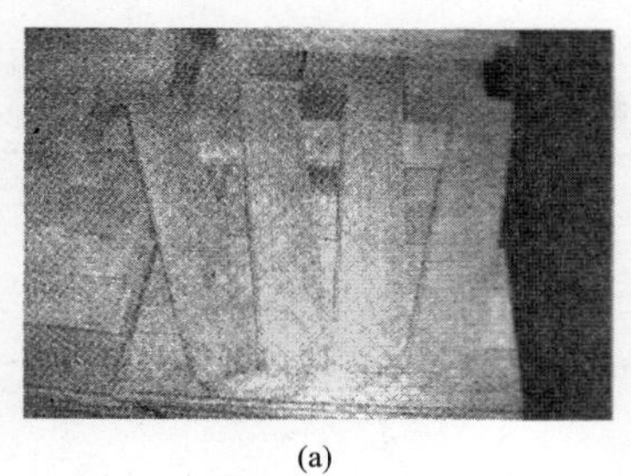

(a)

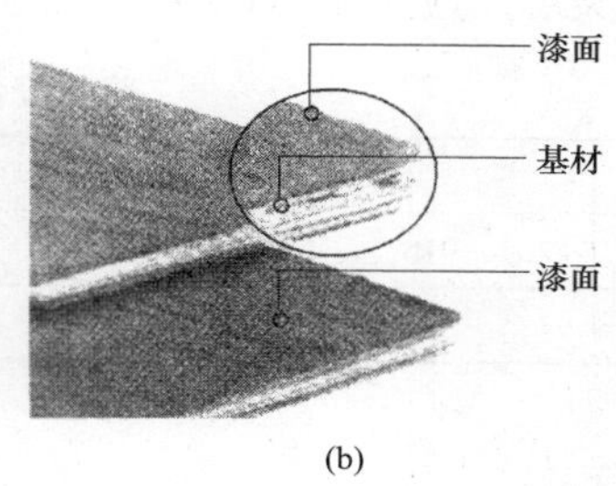


(b)

图 5-3　木质地板

（a）实木条木地板；（b）实木复合地板

（4）实木拼花木地板。实木拼花木地板通过小木板条不同方向的组合，拼出多种图案花纹，常用的有正芦席纹、斜芦席纹、人字纹、清水砖墙纹等。其多选用硬木树材。拼花小木条的尺寸一般为：长 250~300mm、宽 40~60mm、厚 20~25mm。木条一般均带有企口。

**2. 人造板材**

（1）细木工板。细木工板又称为木芯板，属于特种胶合板，由三层木板粘压。上、下面层为旋切木质单板，芯板用短小木板条拼接而成［图 5-4（a）］。常用规格有 16mm×915mm×1830mm、19mm×1220mm×2440mm。细木工板具有较高的强度和硬度，质轻，耐久，易加工，用于家具、门窗套、隔墙、基层骨架。

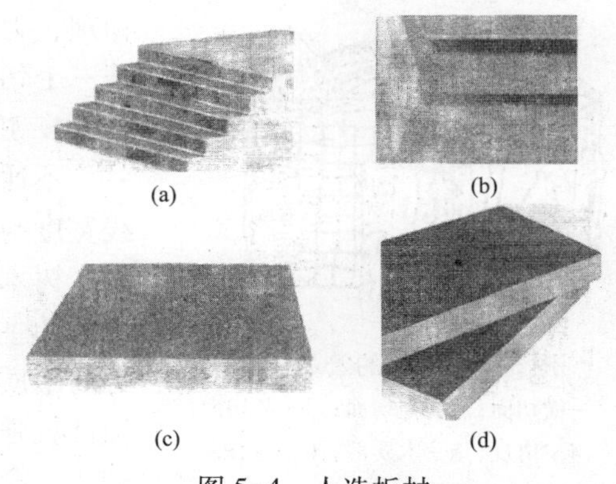

图 5-4　人造板材

（a）细木工板；（b）刨花板

（c）纤维板；（d）胶合板

（2）刨花板。刨花板是将木材加工剩余物小径木、木屑等切削成碎片，经过干燥，拌以胶料、硬化剂，在一定温度下压制成的一种人造板［图 5-4（b）］。刨花板强度较低，一般主要用作绝热、吸声材料，用于吊顶、隔墙、家具等。

（3）贴面装饰板。贴面装饰板是将花纹美丽、材质悦目的珍贵木材经过刨切加工成微薄木，以胶合板为基层，再经过干燥、拼缝、涂胶、组坯、热压、裁边、砂尘等工序制成的特殊胶合板。常见的是贴面装饰薄木材种。其用于吊顶、墙面、家具装饰饰面等。

（4）纤维板。纤维板是将树皮、刨花、树枝等木材加工的下脚碎料或稻草、秸秆、玉米秆等经破碎、浸泡、研磨成木浆，加入一定胶粘剂经热压成形、干燥处理而成的人造板材［图 5-4（c）］。按成形时温度和压力的不同，分为硬质纤维板（表观密度大于 800kg/m$^3$）、半硬质纤维板（表观密度为 400~800kg/m$^3$）、软质纤维板（表观密度小于 400kg/m$^3$）。其用于家具制作等。

（5）胶合板。胶合板是用原木旋切成薄片（厚 1mm），再按照相邻各层木纤维互相垂直重叠，并且成奇数层经胶粘热压而成［图 5-4（d）］。胶合板最多层数有 15 层，一般常用的是三合板或五合板。其厚度为 2.7、3、3.5、4、5、5.5、6mm，自 6mm 起按 1mm 递增。幅面尺寸见表 5-1。胶合板面积大，可弯曲，两个方向的强度收缩接近，变形小，不易翘曲，纹理美观，应用十分广泛。

**表 5-1　普通胶合板的幅面尺寸**　　单位：mm

| 宽度 | 长　度 | | | | |
|---|---|---|---|---|---|
| 915 | 915 | 1220 | 1830 | 2135 | — |
| 1220 | — | 1220 | 1830 | 2135 | 2440 |

# 第二节　木材的构造

## 一、木材的外观构造

木材的三切面由无数不同形态、不同大小、不同排列方式的细胞组成，又由于树木生长不均一，致使不同树种的木材构造极具多样性，而且物理、力学性质也不同，所以要全面了解木材构造必须从三个切面进行观察（图 5-5）。

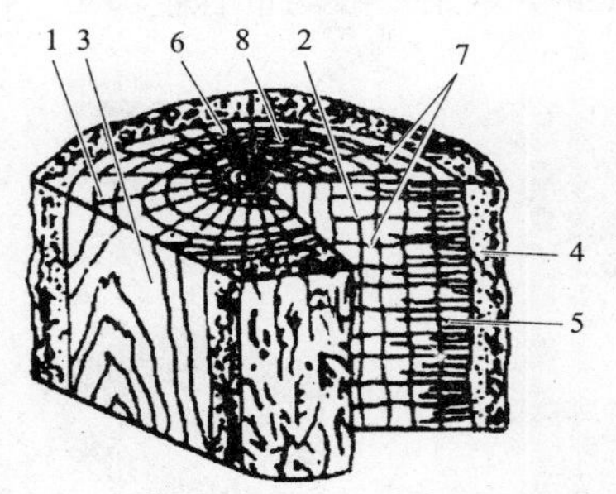

图 5-5　木材的宏观构造
1—横切面；2—径切面；3—弦切面；4—树皮；5—木质部；6—髓心；7—髓线；8—年轮

**1. 弦切面（顺纹方向）**

不通过髓与年轮相切的切面。在此面上可观察到射线宽度与高度。

树木是由树皮、木质部和髓心等组成的。木质部是木材的主体，它包括年轮、髓心、心材和边材。靠近髓心的木质颜色较深，称为心材。心材的含水量较少，抗蚀性较强，不易变形。心材外面的部分称为边材，颜色较浅，含水量较大，易变形，抗腐蚀性能也不如心材。在力学性能上，心材和边材没有较大的差别。从横切面上可以看到髓心周围一圈圈呈同心圆分布的木质层即为年轮。在同一年轮内，颜色浅的圆环材质较松软，是春天生长的，故称春材，又叫早材；颜色较深的部分是夏季、秋季生长的，称为夏材，又叫晚夏材。夏材在木质部所占的比例越大，木材的强度与表观密度就越大。当树种相同时，年轮稠密且均匀者，其材质较好。

髓心是树木中心内第一轮年轮组成的初生的木质部分。它的材质松软，强度低，易开裂和腐朽。从髓心呈射线状横过年轮分布的称为髓线，髓线与周围细胞连接弱，在木材干燥过程中易沿髓线开裂，对材质不利。粗大髓线的木材呈现出美丽的花纹，做装饰材料用时装饰效果较好。

**2. 横切面**

与木材纹理（树轴）垂直的切面，即树干的端面。轴向分子两端的特征和射线的宽度

可在此面观察。生长轮在此面呈同心圆状；木射线呈辐射状。

**3. 径切面（顺纹方向）**

径切面是指通过髓心与木射线平行的切面，或与年轮垂直的切面。此面可观察轴向分子的长度和宽度及木射线的高度和长度。生长轮在此面呈相互平行的带状。木射线也呈宽带状，可观察木射线的宽度与高度。

## 二、木材的显微结构

如图 5-6 所示，在显微镜下，可以看到木材是由无数的管状分子（管胞、纤维或导管）、薄壁细胞在遗传因子控制下按照一定的方式组合在一起的。细胞横断面呈四角略圆的正方形。每个细胞分为细胞壁和细胞腔两个部分，细胞壁由若干层纤维组成。细胞之间纵向联结比横向联结牢固，造成细胞纵向强度高，横向强度低。细胞之间有极小的空隙，能吸附水和渗透水分。木材的细胞壁越厚，细胞腔越小，木材越密实，强度越高，但胀缩也越大。并且，夏材的细胞壁较春材厚。

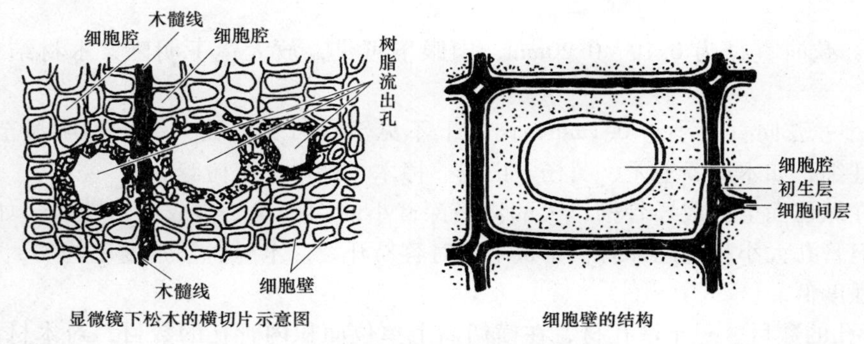


图 5-6　木材的显微结构

（1）管孔。导管是绝大多数阔叶树材所具有的轴向输导组织，在横切面上可以看到许多大小不等的孔眼，称为管孔。在纵切面上导管呈沟槽状，叫导管线。导管的直径大于其他细胞，可以凭肉眼或放大镜在横切面上观察到导管，管孔是圆形的，圆孔之间有间隙，所以具有导管的阔叶树材被称为有孔材。作为例外，我国西南地区的水青树科水青树属和台湾地区的昆栏树科昆栏树属，在肉眼下看不到管孔的存在。管孔的有无是区别阔叶树材和针叶树材的重要依据。管孔的组合、分布、排列、大小、数目和内含物是识别阔叶树材的重要依据。

1）管孔的排列。管孔排列指管孔在木材横切面上呈现出的排列方式。

① 星散状：在一个年轮内，管孔大多数为单管孔，呈均匀或比较均匀地分布，无明显的排列方式。

② 径列或斜列：管孔组合成径向或斜向的长行列或短行列，与木射线的方向一致或成一定角度。

③ 弦列：在一个年轮内全部管孔沿弦向排列，略与年轮平行或与木射线垂直。

2）管孔的大小及分布。根据管孔在横切面上一个生长轮内的分布和大小情况，可将其分为下面三种类型。

① 散孔材：指在一个生长轮内早、晚材管孔的大小没有明显区别，分布也比较均匀，如杨木、椴木、冬青、荷木、蚬木、木兰、槭木等。

② 半散孔材（半环孔材）：指在一个生长轮内，早材管孔比晚材管孔稍大，从早材到晚材的管孔逐渐变小，管孔的大小界线不明显，如香樟、黄杞、核桃楸、枫杨等。

③ 环孔材：指在一个生长轮内，早材管孔比晚材管孔大得多，并沿生长轮呈环状排成一列至数列，如刺楸、麻栎、刺槐、南酸枣、梓木、山槐、檫树、栗属、栎属、桑属、榆属等。

3）管孔的大小。在横切面内，绝大多数导管的形状为椭圆形，椭圆形的直径径向大于弦向，并且在树干内不同部位其形状和直径有所变化。但导管的大小是阔叶树材的重要特征，是阔叶树材宏观识别的特征之一。管孔大小是以弦向直径为准，分为以下五级：

① 极大：弦向直径大于 0.40mm，肉眼下很明显，木材结构甚粗，如泡桐、麻栎等。

② 大：弦向直径为 0.30~0.40mm，肉眼下明晰，木材结构粗，如檫木、大叶桉。

③ 中：弦向直径为 0.20~0.30mm，肉眼下易见至略明晰，结构中等，如核桃、黄杞木。

④ 小：弦向直径为 0.10~0.20mm，肉眼下可见，放大镜下明晰，木材结构细，如楠木。

⑤ 极小：弦向直径小于 0.1mm，肉眼下不见至略可见，放大镜下不明显至略明显，木材结构甚细，如木荷、卫矛、黄杨、山杨、樟木、桦木、桉树等。

导管在纵切面上形成导管槽，大的沟槽深，小的沟槽浅，构成木材花纹，如水曲柳、檫树等，但管孔大小相差悬殊者，单板干燥时容易开裂，木材力学强度不均匀，管孔大的部分力学强度低。

4）管孔的数目。对于散孔材，在横切面上单位面积内管孔的数目，对木材识别也有一定帮助。可分为下面的等级。

① 甚多：每 $10mm^2$ 内多于 250 个，如黄杨木。

② 多：每 $10mm^2$ 内有 125~250 个，如桦木、拟赤杨、毛赤楊。

③ 略多：每 $10mm^2$ 内有 65~125 个，如穗子榆。

④ 略少：每 $10mm^2$ 内有 30~65 个，如核桃。

⑤ 少：每 $10mm^2$ 内有 12~30 个，如黄檀。

⑥ 甚少：每 $10mm^2$ 内少于 12 个，如榕树。

（2）轴向薄壁组织。轴向薄壁组织是指由形成层纺锤状原始细胞分裂所形成的薄壁细胞群，即由沿树轴方向排列的薄壁细胞所构成的组织。薄壁组织是边材储存养分的生活细胞，随着边材向心材的转化，生活功能逐渐衰退，最终死亡。在木材的横切面上，薄壁组织的颜色比其他组织的颜色浅，用水润湿后更加明显。

应该注意的是，有的阔叶树材仅有一种类型的轴向薄壁组织，有的阔叶树材具有两种或两种以上的轴向薄壁组织，但在每一种树种中的分布情况是有规律的。

（3）结构。木材的结构指构成木材细胞的大小及差异的程度。针叶树材以管胞弦向平均直径、早晚材变化缓急、晚材带大小、空隙率大小等表示。

晚材带小、缓变，如竹叶松、竹柏等木材结构细致，叫细结构；晚材带大、急变的木材，如马尾松、落叶松等木材粗疏，叫粗结构。下面是针叶树材结构的分级。

① 很细：晚材小，早材至晚材渐变，射线细而不见，材质致密，如柏木、红豆杉等。

② 细：晚材小，早材至晚材渐变，射线细而可见，材质较松，如杉木、红杉、竹柏等。

③ 中：晚材小，早材至晚材渐变或突变，射线细而可见，材质疏松，如铁杉、福建柏、黄山松等。

④ 粗：晚材小，早材至晚材突变，树脂道直径较小，如广东松、落叶松等。

⑤ 很粗：晚材带大，早材至晚材突变，树脂道直径大，如湿地松、火炬松等。

阔叶树材则以导管的弦向平均直径和数目，射线的大小等来表示。细结构是由大小相差不大的细胞组成，称为均匀结构。粗结构由各种大小差异较大的细胞组成，又称为不均匀结构。环孔材为不均匀结构，散孔材多为均匀结构。下面是阔叶树材结构的分级。

(4) 胞间道。胞间道是指由分泌细胞围绕而成的长形细胞间隙。储藏树脂的胞间道叫树脂道，存在于部分针叶树材中。储贮藏树胶的胞间道叫树胶道，存在于部分阔叶树材中。

胞间道有轴向和径向（在木射线内）之分，有的树种只有一种，有的树种则两种都有。

1）树脂道。针叶树材的轴向树脂道在木材横切面上呈浅色的小点，氧化后转为深色。轴向树脂道在木材横切面上常星散分布于早晚材交界处或晚材带中，沟道中常充满树脂。其排列情况各个生长轮互不相同，偶尔有断续切线状分布的，如云杉。

在纵切面上，树脂道呈各种不同长度的深色小沟槽。径向树脂道存在于纺锤状木射线中，非常细小。

2）树胶道。树胶道也分为轴向树胶道和径向树胶道。油楠、青皮、坡垒等阔叶树材具有正常轴向树胶道，多数呈弦向排列，少数为单独分布，不像树脂道容易判别，而且容易与管孔混淆。

漆树科的野漆、黄连木、南酸枣，五加科的鸭脚木，橄榄科的嘉榄等阔叶树材具有正常的径向树胶道，但在肉眼和放大镜下通常看不见。

个别树种，如龙脑香科的黄柳桉，同时具有正常的轴向和径向树胶道。

## 三、木质部的构造特征

(1) 边材和心材。在成熟树干的任意高度上，处于树干横切面的边缘靠近树皮一侧的木质部，在生成后最初的数年内，薄壁细胞是有生机的，即生活的，除了起机械支持作用外，同时还参与水分输导、矿物质和营养物的运输与储藏等作用，称为边材。

心材是指髓心与边材之间的木质部。心材的细胞已失去生机，树木随着径向生长的不断增加和木材生理的老化，心材逐渐加宽，并且颜色逐渐加深。边材的薄壁细胞在枯死之前有一个非常旺盛的活动期，淀粉被消耗，在管孔内生成侵填体，单宁增加，其结果是薄壁细胞在枯死的同时单宁成分扩散，木材着色变为心材。总之，形成心材的过程是一个非常复杂的生物化学过程。在这个过程中，生活细胞死亡，细胞腔出现单宁、色素、树胶、树脂以及碳酸钙等沉积物，水分输导系统阻塞，材质变硬，密度增大，渗透性降低，耐久性提高。在树干的横切面，边材及心材的面积占总面积的比率分别叫边材率和心材率。受遗传因子、立地条件、树龄、在树干中的部位等因素的影响，心材率具有显著的差异。日本扁柏、柳杉、铅笔柏的心材率分别为50%~80%、52%~70%、88%。较早形成心材的树种心材率高，如圆柏属、红豆杉属、梓属、刺槐属、檫木属和桑树属等。有些树种，如银杏、马尾松、落叶松、柿树、金丝李和青皮等，一般需要10~30年才能形成心材，心材率低。

在实际工作中，通常根据心材、边材的颜色和立木中心较边材的含水率，将木材分为以下三类：

① 边材树种：心、边材颜色和含水率无明显区别的树种叫边材树种，如桦木、椴木、桤木、杨木、鹅耳栎及槭属等阔叶树材。

② 熟材树种（隐心材树种）：心、边材颜色无明显区别，但在立木中心较边材含水率较低，如云杉属、冷杉属、山杨、水青冈等。

③ 心材树种（显心材树种）：心、边材颜色区别明显的树种叫心材树种（显心材树种），如松属、落叶松属、红豆杉属、柏木属、紫杉属等针叶树材；楝木、水曲柳、桑树、苦木、檫木、漆树、栎木、蚬木、刺槐、香椿、榉木等阔叶树材。

（2）生长轮、年轮、早材和晚材。

1）生长轮、年轮。通过形成层的活动，在一个生长周期中所产生的次生木质部，在横切面上呈现一个围绕髓心的完整轮状结构，称为生长轮或生长层。

生长轮的形成是由于外界环境变化造成木质部的不均匀生长现象。温带和寒带树木在一年里，形成层分生的次生木质部，形成后向内只生长一层，将其生长轮称为年轮。

在热带，一年间的气候变化很小，四季不分，树木在四季几乎不间断地生长，仅与雨季和旱季的交替有关，所以一年之间可能形成几个生长轮。

生长轮在不同的切面上呈不同的形状。多数树种的生长轮在横切面上呈同心圆状，如杉木、红松等；少数树种的生长轮则为不规则波浪状，如壳斗科、鹅耳枥、红豆杉、榆木等；石山树则多作偏圆形，等等。生长轮在横切面上的形状是识别木材的特征之一。生长轮在径切面上作平行条状，在弦切面上则多作V形或U形的花纹。

树木在生长季节内，由于受菌虫危害、霜、雹、火灾、干旱、气候突变等的影响，生长中断，经过一定时期以后，生长又重新开始，在同一生长周期内，形成两个或两个以上的生长轮，这种生长轮称作假年轮或伪年轮。

假年轮的界线不像正常年轮那样明显，往往也不成完整的圆圈，如杉木、柏木、马尾松经常出现假年轮。

2）早材与晚材。形成层的活动受季节影响很大，温带和寒带树木在一年的早期形成的木材，或热带树木在雨季形成的木材，由于环境温度高，水分足，细胞分裂速度快，细胞壁薄，形体较大，材质较松软，材色浅，称为早材（春材）。

到了温带和寒带的秋季或热带的旱季，树木的营养物质流动缓慢，形成层细胞的活动逐渐减弱，细胞分裂速度变慢并逐渐停止，形成的细胞腔小而壁厚，材色深，组织较致密，称为晚材（夏材）。在一个生长季节内由早材和晚材共同组成的一轮同心生长层，即为生长轮或年轮。在两个轮界限之间即一个年轮内早材至晚材的转变和过渡有急有缓。急剧变化者为急变，如马尾松、油松、柳杉、樟子松；反之为缓变，如华山松、红松、杉木和白皮松。

晚材在一个年轮中所占的比率称为晚材率。其计算公式为

$$P=\frac{b}{a}\times 100\%$$

式中　$P$——晚材率，%；

$a$——相邻两个轮界线之间的宽度，cm；

$b$——相邻两个轮界线之间晚材的宽度，cm。

晚材率的大小可以作为衡量针叶树材和阔叶树环孔材强度大小的标志。树干横切面上的晚材率，自髓心向外逐渐增加，但达到最大限度后便开始降低。在树干高度上，晚材率自下向上逐渐降低，但到达树冠区域便停止下降。

年轮宽度是指在横切面上，与年轮相垂直的两个轮界线之间的宽度。年轮宽度因树种、立地条件、生长条件和树龄而异。泡桐、杨树、杉木、辐射松、臭椿和翅荚木在适宜条件下，可以形成很宽的年轮。而紫杉木、黄杨木即使在良好的生长条件下，形成的年轮也很窄。在同一株树木中，越靠近髓心，年轮越宽，靠近树干基部，年轮越窄，靠近树梢，年轮较宽。

（3）木射线。在木材横切面上，有许多颜色较浅，从髓心向树皮方向呈辐射状排列的组织，称为髓射线。髓射线起源于初生组织，后来由形成层再向外延伸，它从髓心穿过年轮直达内树皮，被称为初生木射线。起源于形成层的木射线，达不到髓心，称为次生木射线。木材中的射线大部分属于次生木射线。在木质部的射线称为木射线；在韧皮部的射线称为韧皮射线。射线是树木的横向组织，由薄壁细胞组成，起横向输送和储藏养料的作用。

针叶树材的木射线很细小，在肉眼及放大镜下一般看不清楚。木射线的宽度、高度和数量等在阔叶树材不同树种之间有明显区别。同一条木射线在木材的不同切面上，表现出不同的形状。

在横切面上木射线呈辐射条状，显示其侧面宽度和长度；在径切面上呈线状或带状，显示其长度和高度；而在弦切面上呈短线或纺锤形状，显示其宽度和高度。观察木射线宽度和高度应以弦切面为主，其他切面为辅。

1）木射线的类型。

聚合木射线：有些阔叶材在肉眼或低倍放大镜下显示出的宽木射线，实际上是由许多细木射线聚合而成，称为聚合射线，如桤木、鹅耳枥、木麻黄等。

宽木射线：宽木射线指全部由射线细胞组成的宽木射线，如山龙眼、麻栎、梧桐等。

2）木射线的数量。在木材横切面上覆以透明胶尺（或用低倍投影仪），与木射线直角相交，沿生长轮方向计算 5mm 内木射线的数量，取其平均值。

少：每 5mm 内木射线的数量少于 25 条，如鸭脚木、刺槐等。

中：每 5mm 内有 25~50 条木射线，如樟木、桦木等。

多：每 5mm 内有 50~80 条木射线，如冬青、黄杨等。

甚多：每 5mm 内木射线的数量多于 80 条，如杜英、子京、七叶树等。

3）木射线的宽度。木射线宽度有两种表示方法：木射线的尺寸或肉眼下的明显度；最大木射线与最大管孔对比。

① 极宽木射线：宽度在 0.40mm 以上，射线很宽，肉眼下非常明晰，木材结构甚粗，如槲木、栎木等（肉眼下最明显）。

② 宽木射线：宽度在 0.20~0.40mm，肉眼下明晰，木材结构粗，如山龙眼、密花树、梧桐、水青冈等。

③ 中等木射线：宽度在 0.10~0.20mm，肉眼下比较明晰，如冬青、毛八角枫、槭树等。

④ 细木射线：宽度在 0.05~0.10mm，肉眼下可见，木材结构细，如杉木、樟木、白果（银杏）等。

⑤ 极细木射线：宽度小于 0.05mm，肉眼下不见，木材结构非常细，如松属、柏属、桉树、杨树、柳树等。

按最大木射线与最大管孔直径对比分为：最大木射线小于管孔直径，如楹树、格木等；最大木射线等于管孔直径，如阿丁枫、鸭脚木等；最大木射线大于管孔直径，如木麻黄、山龙眼、冬青、青冈属等。

4）木射线的高度。

① 矮木射线：高度小于 2mm，如黄杨、桦木等。

② 中等木射线：高度在 2~10mm，如悬铃木、柯楠树等。

③ 高木射线：高度大于 10mm，如桤木、麻栎等。

（4）材表。材表（材身）指紧邻树皮最里层木质部的表面，即剥去树皮的木材表面。各种树种的木材常具有独自的材表特征。材表有下面的主要特征。

1）棱条：由于树皮厚薄不均，树干增大过程中受树皮的压力不平衡，材表上呈起伏不定的条纹，称为棱条。横断面树皮呈多边形或波浪形的材表上可以见到棱条。棱条分为大、中、小三种。棱条基部宽 2cm 以上的称为大棱条，如槭树、石灰花楸等；棱条基部宽 1~2cm 的称为中棱条，如广东钓樟、黄杞；棱条基部宽 1cm 以下的称为小枝条，如拟赤杨等。

2）网纹：木射线的宽度略相等，且为宽或中等木射线，排列较均匀紧密，其规律形如网格的称为网纹，如山龙眼、水青冈、密花树、南桦木等。

3）波痕：木射线或其他组织（如薄壁组织）在材身上作规律的并列（迭生），整齐地排列在材身的同一水平面上，与木纹相垂直的细线条，称为波痕或叫叠生构造，如柿木、梧桐、黄檀等。

4）灯纱纹（细纱纹）：细木射线在材身上较规则的排列，呈现形如汽灯纱罩的纱纹，称为灯纱纹或细纱纹，如冬青、猴欢喜、毛八角枫、鸭脚木等。

5）槽棱：是由宽木射线折断时形成的。宽木射线如在木质部折断，材表上出现凹痕，呈槽沟状；如在韧皮部折断，则在材表上形成棱，如石栎属、青冈属、鹅耳枥属等。

6）平滑：材表饱满光滑。多数树种属于平滑，如茶科、木兰科的一些树种，特别是大部分针叶树材，如杉木、红松等。

7）尖刺：由不发育的短枝或休眠芽在材身上形成的刺，称为尖刺，如皂荚、柞木等。

8）条纹：材身上具有明显凸起的纵向细线条，称为条纹，常见于阔叶材中的环孔材和半环孔材，如甜槠、山槐、南岭栲等。

# 第三节　木材的性能特点

## 一、木材的基本性能

木材具有轻质高强，弹性、韧性好，耐冲击、振动，保温性好，易着色和油漆，装饰

性好，易加工等优点。但其存在内部构造不均匀，易吸水、吸湿，易腐朽、虫蛀，易燃烧，天然瑕疵多，生长缓慢等缺点。

（1）密度和表观密度。木材的密度一般为1.48～1.56g/cm$^3$，表观密度一般为400～600kg/m$^3$。木材的表观密度越大，其湿胀干缩变化也越大。

（2）含水率。木材细胞壁内充满吸附水，达到饱和状态，而细胞腔和细胞间隙中没有自由水时的含水量，称为纤维饱和点，一般在25%～35%。它是木材物理力学性质变化的转折点。

（3）湿胀与干缩。当木材含水率在纤维饱和点以上变化时，木材的体积不发生变化；当木材的含水率在纤维饱和点以下时，随着干燥，体积收缩；反之，干燥木材吸湿后，体积将发生膨胀，直到含水率达到纤维饱和点为止。一般表观密度大、夏材含量多的，胀缩变形大。由于木材构造的不均匀性，造成各方向的胀缩值不同，其中纵向收缩小，径向收缩较大，弦向最大。

（4）吸湿性。木材具有较强的吸湿性，木材在使用时其含水率应接近或稍低于平衡含水率，即木材所含水分与周围空气的湿度达到平衡时的含水率。长江流域一般为15%。

（5）力学性质。当含水率在纤维饱和点以下，木材强度随含水率增加而降低。

## 二、木材的力学性质——强度

木材常用的强度有抗拉强度、抗压强度、抗弯强度和抗剪强度。由于木材的构造各向不同，致使各向强度有差异，因此木材的强度有顺纹强度和横纹强度之分。木材的顺纹强度比其横纹强度要大得多，在工程上均充分利用木材的顺纹强度。

理论上，木材强度以顺纹抗拉强度最大，其次是抗弯强度和顺纹抗压强度。但实际上，木材的顺纹抗压强度最高。这是由于木材是经数十年自然生长而成的建筑材料，其间或多或少会受到环境不利因素影响而造成一些缺陷，如木节、斜纹、夹皮、虫蛀、腐朽等，而这些缺陷对木材的抗拉强度影响极为显著，从而造成实际抗拉强度低于抗压强度。

当以顺纹抗拉强度为1时，木材理论上各强度大小关系见表5-2。

**表5-2　材理论上各强度大小关系**

| 抗压强度 | | 抗拉强度 | | 抗弯强度 | 抗剪强度 | |
|---|---|---|---|---|---|---|
| 顺纹 | 横纹 | 顺纹 | 横纹 | | 顺纹 | 横纹切断 |
| 1 | 1/10～1/3 | 2～3 | 1/20～1/3 | 3/2～2 | 1/7～1/3 | 1/2～1 |

### 1. 木材的受压性能

木材受压时，有较好的塑性变形，可以使应力集中逐渐趋于缓和，所以局部削弱对木材受压的影响比受拉时小得多，木节、斜纹和裂缝等缺陷也较受拉时的影响缓和。木材受压时的工作性能要比受拉时可靠得多，因此对木材的选择较受拉时为宽，可采用Ⅲ级材。

### 2. 木材的受拉性能

木材顺纹抗拉强度最高，而横纹抗拉强度很低，仅为顺纹抗拉强度的1/10～1/40。斜纹受拉强度介于顺纹与横纹两者之间，因而应尽量避免木材横纹受拉。木材受拉破坏前的变形很小，没有显著的塑性变形，属于脆性破坏。故《古建筑木结构维护与加固技术规范》（GB 50165—1992）对木材受拉除了采用较低的强度设计值外，还要求使用Ⅰ级材，对木材的缺陷给予严格限制。

**3. 木材的受剪性能**

木材的受剪可分为截纹受剪、顺纹受剪和横纹受剪，如图 5-7（a）、图 5-7（b）、图 5-7（c）所示。截纹受剪是指剪切面垂直于木纹，木材对这种剪切的抵抗力是很大的，一般不会发生这种破坏。顺纹受剪是指作用力与木纹平行。横纹受剪是指作用力与木纹垂直。横纹剪切强度约为顺纹剪切强度的一半，而截纹剪切强度则为顺纹剪切强度的 8 倍。木结构中通常多用顺纹受剪破坏，属于脆性破坏。

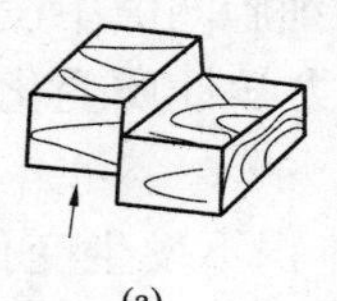


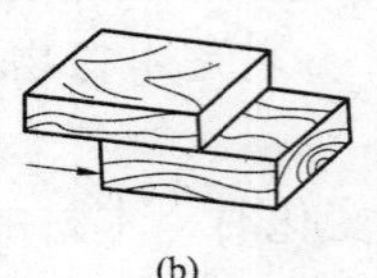


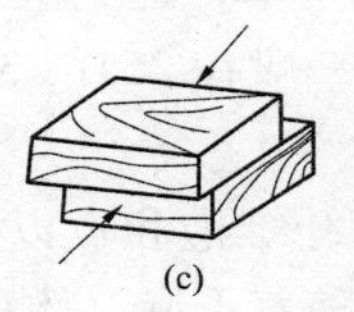


图 5-7　木材受剪情况

（a）截纹受剪；（b）顺纹受剪；（c）横纹受剪

木材缺陷对受剪工作影响很大，特别是木材的裂缝，当裂缝与剪面重合时更加危险，常是木结构连接破坏的主要原因。由于木材的髓心处材质较易开裂，故《古建筑木结构维护与加固技术规范》（GB 50165—1992）规定：受剪面应该避开髓心。

木材的强度检验是采用无疵病的木材制成标准试件，按现行《木材物理力学试验方法总则》（GB/T 1928—2009）进行测定。试验时，木材在各向上受不同外力时的破坏情况各不相同，其中顺纹受压破坏是因为细胞壁失去稳定所致，而非纤维断裂。横纹受压是因木材受力压紧后产生显著变形而造成破坏。

顺纹抗拉破坏通常是因非纤维断裂而拉断所致。木材受弯时其上部为顺纹受压，下部为顺纹抗拉，水平面内则有剪力，破坏时首先是受压区达到强度极限，产生大量变形，但这时构件仍能继续承载，当受拉区也达强度极限时，则纤维与纤维间的连结产生断裂，导致最终破坏。

木材受剪切作用时，根据作用力方向与木材纤维方向的异同，可分为顺纹剪切、横纹剪切和横纹切断三种。顺纹剪切破坏是由于纤维间连结撕裂产生纵向位移和受横纹拉力作用所致；横纹剪切破坏完全是因剪切面中纤维的横向联结被撕裂的结果；横纹切断破坏则是木材纤维被切断，这时强度较大，一般为顺纹剪切的 4~5 倍。

**4. 木材的受弯性能**

木材的受弯性能如图 5-8 所示：截面应力在加载初期呈直线分布；随着荷载的增加；在截面受压区，压应力逐渐成为曲线，而受拉区内的应力仍接近直线，中和轴下移；当受压边缘纤维应力达到其强度极限值时将保持不变，此时的塑性区不断向内扩展，拉应力不断增大；边缘拉应力达到抗拉强度极限时，构件受弯破坏。《木结构设计规范》（GB 50005—2003）对受弯构件材质的要求介于拉、压之间，可采用Ⅱ级材。

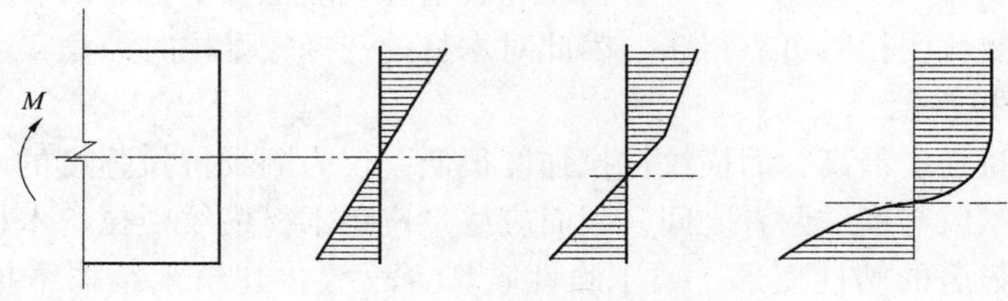


图 5-8　木材受弯性能

**5. 影响木材强度的主要因素**

（1）温度。木材的强度随着环境温度的升高而降低。一般当温度由25℃升到50℃时，针叶树种的木材抗拉强度降低10%~15%，其抗压强度降低20%~24%。当木材长期处于60~100℃时，木材中的水分和所含挥发物会蒸发，从而导致木材呈暗褐色，强度明显下降，变形增大。当温度超过140℃时，木材中的纤维素发生热裂解，色渐变黑，强度显著下降。因此，长期处于高温环境的构筑物，不宜采用木结构。

（2）含水量。木材含水率的大小直接影响着木材的强度。当木材含水率在饱和点以上变化时，木材的强度不发生变化。当木材的含水率在纤维饱和点以下时，随着木材含水率降低，即吸附水减少，细胞壁趋于紧密，木材强度增大，反之，则强度减小。

我国木材试验标准规定，测定木材强度时，应以其标准含水率（即含水率为15%）时的强度测值为准，对于其他含水率时的强度测值，应换算成标准含水率时的强度值。其换算经验公式如下：

$$\sigma_{15}=\sigma_{W}[1+\alpha(W-15)]$$

式中　$\sigma_{15}$——含水率为15%时的木材强度，MPa；

$\sigma_{W}$——含水率为$W$（%）时的木材强度，MPa；

$W$——试验时的木材含水率，%；

$\alpha$——木材含水率校正系数。

木材含水率校正系数，一般随着作用力和树种不同而发生变化。如木材在顺纹抗压时，所有树种木材的含水率校正系数$\alpha$均为0.05；当木材在顺纹抗拉时，阔叶树的含水率校正系数$\alpha$为0.015，针叶树的为0；当木材在弯曲荷载作用下，所有树种木材的含水率校正系数$\alpha$为0.04；当木材在顺纹抗剪时，所有树种木材的含水率校正系数$\alpha$为0.03。

（3）负荷时间。木材抵抗荷载作用的能力与荷载的持续时间长短有关。木材在长期荷载作用下不发生破坏的最大强度，称为持久强度。木材的持久强度比其极限强度小得多，一般为极限强度的50%~60%。木材在外力作用下产生等速蠕滑，经过长时间后，会产生大量连续变形，从而导致木材的破坏。

木结构的构筑物一般都处于某一种负荷的长期作用下，因此在设计木结构时，应该充分考虑负荷时间对木材强度的影响。

## 三、常用木材的主要性能

常用木材的主要性能见表5-3。

表5-3　　常用木材的主要性能

| 树种 | 主要特性 |
|---|---|
| 落叶松 | 干燥较慢，易开裂，早晚材硬度及收缩差异均大，在干燥过程中容易轮裂，耐腐性强 |
| 陆均松（泪松） | 干燥较慢，若干燥不当，可能翘曲，耐腐性较强，芯材耐白蚁 |
| 云杉类木材 | 干燥易，干后不易变形，收缩较大，耐腐性中等 |
| 软木松 | 系五针松类，如红松、华北松、广东松、台湾五针松、新疆红松等。一般易干燥，不易开裂或变形，收缩小，耐腐性中等，边材易呈蓝变色 |

续表

| 树种 | 主 要 特 性 |
|---|---|
| 硬木松 | 系二针或三针松类，如马尾松、云南松、赤松、高山松、黄山松、樟子松、油松等。干燥时可能翘裂，不耐腐，最易受白蚁危害，边材以蓝变色最为常见 |
| 铁衫 | 干燥较易，耐腐性中等 |
| 青冈（槠木） | 干燥困难，较易开裂，可能劈裂，收缩颇大，质重且硬，耐腐性强 |
| 栎木（柞木、桐木） | 干燥困难，易开裂，收缩甚大，强度高，质重且硬，耐腐性强 |
| 水曲柳 | 干燥困难，易翘裂，耐腐性较强 |
| 桦木 | 干燥较易，不翘裂，但不耐腐 |

## 四、常用木材树种的选用和要求

常用木材树种的选用和要求见表 5-4。

表 5-4　　木材树种的选用和要求

| 使用部位 | 材质要求 | 建议选用的树种 |
|---|---|---|
| 屋架（包括木梁、格栅、桁条、柱） | 要求纹理直、有适当的强度、耐久性好、钉着力强、干缩小的木材 | 黄杉、铁杉、云南铁杉、云杉、红皮云杉、细叶云杉、鱼鳞云杉、紫果云杉、冷杉、杉松冷杉、臭冷杉、油杉、云南油杉、兴安落叶松、四川红杉、红杉、长白落叶松、金钱松、华山松、白皮松、红松、广东松、黄山松、马尾松、樟子松、油松、云南松、水杉、柳杉、杉木、福建柏、侧柏、柏木、桧木、响叶杨、青杨、辽杨、小叶杨、毛白杨、山杨、樟木、红楠、楠木、木荷、西南木荷、大叶桉等 |
| 墙板、镶板、天花板 | 要求具有一定强度、质较轻和有装饰价值花纹的木材 | 除以上树种外，还有异叶罗汉松、红豆杉、野核桃、核桃楸、胡桃、山核桃、长柄山毛榉、栗、珍珠栗、木槠、红椎、栲树、苦槠、包栎树、铁槠、面槠、槲栎、白栎、柞栎、麻栎、小叶栎、白克木、悬铃木、皂角、香椿、刺楸、蚬木、金丝李、水曲柳、棒楸树、红楠、楠木等 |
| 门窗 | 要求易干燥、不易变形、材质较轻、易加工、油漆及胶粘性质良好并具有一定花纹和材色的木材 | 异叶罗汉松、黄杉、铁杉、云南铁杉、云杉、红边云杉、细叶云杉、鱼鳞云杉、紫果云杉、冷杉、杉松冷杉、臭冷杉、油杉、云南油杉、杉木、柏木、华山松、白皮松、红松、广东松、七裂槭、色木槭、青榨槭、满洲槭、紫椴、椴木、大叶桉、水曲柳、野核桃、核桃楸、胡桃、山核桃、枫杨、枫桦、红桦、黑桦、亮叶桦、香桦、白桦、长柄山毛榉、栗、珍珠栗、红楠、楠木等 |
| 地板 | 要求耐腐、耐磨、质硬和具有装饰花纹的木材 | 黄杉、铁杉、云南铁杉、油杉、云南油杉、兴安落叶松、四川红杉、长白落叶松、红杉、黄山松、马尾松、樟子松、油松、云南松、柏木、山核桃、枫桦、红桦、黑桦、亮叶桦、香桦、白桦、长柄山毛榉、栗、珍珠栗、米槠、红椎、栲树、苦槠、包栎树、铁槠、槲栎、白栎、柞栎、麻栎、小叶栎、蚬木、花榈木、红豆木、棒、水曲柳、大叶桉、七裂槭、色木槭、青榨槭、满洲槭、金丝李、红松、杉木、红楠、楠木等 |

续表

| 使用部位 | 材质要求 | 建议选用的树种 |
|---|---|---|
| 椽子、挂瓦条、平顶筋、灰板条、墙筋等 | 要求纹理直、无翘曲的木材 | 钉时不劈裂的木材通常利用制材中的废材，以松、杉树种为主 |
| 桩木、坑木 | 要求抗剪、抗劈、抗压、抗冲击力好，耐久、纹理直，并具有高度天然抗害性能的木材 | 红豆杉、云杉、红皮云杉、细叶云杉、鱼鳞云杉、紫果云杉、冷杉、杉松、臭冷杉、铁杉、云南铁杉、黄杉、油杉、云南油杉、兴安落叶松、四川红杉、长白落叶松、红杉、华山松、白皮松、红松、广东松、黄山松、马尾松、樟子松、油松、云南松、杉木、桧木、柏木、包栎树、铁槠、面槠、槲栎、白栎、柞栎、麻栎、小叶栎、栓皮栎、栗、珍珠栗、春榆、大叶榆、大果榆、榔榆、白榆、光叶榉、金丝李、樟木、檫木、山合欢、大叶合欢、皂角、槐、刺槐、大叶桉等 |

# 第四节　木材的防护及处理

木材是天然有机材料，在受到真菌或昆虫侵害后，使其颜色和结构发生变化，变得松软、易碎，最后成为干的或湿的软块，此种状态就称为腐朽。真菌在木材中生存和繁殖除了需要养分外，还必须具备3个必要条件：水分、适宜的温度和空气中的氧气。木材完全干燥和完全浸入水中都不易腐朽。

防止木材腐朽的防护，可从以下几个方面入手：将木材置于通风干燥环境中，置于水中，深埋于地下或表面涂刷油漆，还可采用刷涂、喷淋或浸泡化学防腐剂，以抑制或杀死真菌和虫类，达到防腐目的。对于园林用木材，有以下两种方法。

## 一、木材防护方法

**1. 结构预防法**

结构预防法又称干燥法，指在设计和施工过程中，使木材构件不受潮湿，并保证良好的通风条件。其方法是在木材和其他材料之间用防潮衬垫（钢件或混凝土件）、不将支节点或其他任何木构件封闭在墙内、木地板下设置通风洞、木屋顶采用山墙通风、设置老虎窗等。

**2. 防腐剂法**

防腐剂法指通过涂刷或浸渍防腐剂，使木材含有有毒物质，以起到防腐和杀虫作用。具体分两大类。

（1）涂油漆法，即在表面加上一层保护膜，隔绝外界影响。涂油漆能够有效抵抗水分的渗透和紫外线的影响，并能使木材呈现精确的色彩，以配合建筑或自然背景。这种方法不适用于木地板或木踏板，因为木材表面的漆膜不能承受踩踏的破坏。油漆剥落或被磨掉的地方基本就是裸露的木材，容易受到水和昆虫的影响。

（2）浸泡防腐剂法，即防腐剂渗透浸入木材内部从而达到防腐的目的，并通过使木材表面不透水来延长使用寿命。渗进木材表面之下的防腐剂经常用来处理那些需要负荷交通的木材。

防腐剂中还可以加入色素来使木材表面色彩更多样。与油漆不同，防腐剂不是将木材完全遮盖在一层膜之下，而是显露出其自然纹理。经过处理的木材称为防腐木。

防腐杀虫剂主要有以下四类。

（1）触变性防腐杀虫剂。多为油和水的乳化剂。一般采用不干性，低黏度，轻、中油溶解各种油溶性防腐杀虫剂，再掺入水或水溶性防腐杀虫剂的水溶液，充分搅拌增厚而成（加有增厚剂）。这类药剂破乳前呈黏稠糊状，便于涂布或喷洒于木材表面形成厚层。当水或含药水溶液渗入木材后，含药油膜也被带入木材，其透入深度和吸收量优于“沥青浆膏”或“涂刷用无水轻油剂”。适于现场处理木结构建筑物，省工省时，是一种有发展前途的新剂型。

（2）挥发性气体防腐杀虫剂。挥发性气体防腐杀虫剂多为有机合成品，常用的有氯化苯、硫酰氟等。注入木材后徐徐挥发扩散到木材的各种组织，并能固着数年，特别适用于木杆、桩基、庭柱等建筑用材的现场处理。

（3）油溶性防腐杀虫剂。油溶性防腐杀虫剂难溶于水，可溶于油，或本身为油状化学药剂。一般情况下通过木材细胞间的纹孔穿孔底壁和胞间道浸入木材内层，填充或涂布于细胞内腔，处理后的木材不膨胀变形。适用于成型木构件的防腐防蛀。

常用的除煤焦杂酚油外，还有多种有机固体化合物如五氯酚、林丹、氯丹、三丁基氧化锡等。它们均可溶于（重油、轻油或丁烷等）石油产品，丁烷和某些轻油溶剂载体还能回收再用，不但经济有效，且可减少助燃危险。为了解决污染公害问题，近年在高效低毒防腐杀虫剂方面有较大发展，如 8-羟基喹啉铜、灭蚁灵、合成菊酯等都已商品化。

（4）水溶性防腐杀虫剂。药剂浸入木材之后，有些金属离子可与木材分子结合，有些化合物则发生复分解反应而形成难溶于水的化学成分沉积在木材内。当虫、菌分泌酶侵蚀木材时，这些成分就同时被溶化而引起虫、菌中毒甚至死亡。常用的多是铜、铬、氟、砷、硼等无机盐类的复合配方和有机氯化物的钠盐等。使用时先溶于水，然后再注入木材，但也有利用固体盐类、复合材料的扩散渗透特性直接施工的。

**3. 防腐工艺**

（1）渗透系统。渗透系统利用毛细管吸力和溶液浓度差使药剂扩散渗透，达到注射目的。其技术措施主要是采用低黏度、高浓度液体进行长期浸注。设备简单，操作安全可靠，且节约能源，用于处理湿木材的效果良好。缺点是加工时间长，浸注药剂浓度变化大，浸注效果有时不够稳定。在人烟稀少、交通不便的乡野比较适用。

（2）触变系统。触变系统利用破乳吸附达到较大剂量触变引注的目的。主要措施是采用加厚剂使低黏度不干性油剂与水混合为油包水的乳化脂膏，以喷涂或孔注的方法使之接触材面，水被吸入木材。破乳后，油剂中的防腐杀虫剂徐徐吸入木材，从而获得浸注较深的效果。缺点是持久性较差，须定期检测、按时补充，以保证药效。在不良条件下，将触变原理运用于木材防腐杀虫，可大大提高防腐效果，适用于木构件的维修处理。

（3）压力系统。利用动力压差迫使液体向低压区流动的原理，采用高度液压（或真空—加压—真空）强制浸注。常用的有全注法（满细胞法）、定量法（空细胞法）、半定

量法（半空细胞法）以及其他改进增效方法，频压法等。压力系统法不但可控制药量、节省油源、透入度较深、加工迅速、适于集中加工大量的干燥木材，而且也适于处理湿木材，甚至可以进行快速脱水，以提高产品质量。但设备投资较大，加工地点须固定，机动性差，环境污染也较严重。近年来发展的流动式孔压法能避免上述缺点，可满足建筑行业的需要，有发展前途。

（4）热力系统。利用温差或蒸腾造成真空，采取加热—冷却的措施，迫使防腐液体在常压情况下注入木材内部。常用的有热浸法和热冷槽法，前者加热后自然冷却至常温，后者将木材加热后迅速投入另一冷液容器，从而达到降温快的目的。热力系统法优点是设备简单，经济有效，缺点是加工时间较长、耗油量大，渗入药量难控制，多余溶剂不能回收。但由于操作方便，在无须严格控制药剂定额的情况下是一种可行的加工工艺。

**4. 近代木材防腐技术的研究和发展**

中国木材防腐在东晋时葛洪所著《抱朴子》一书中已有记载。近代木材防腐技术是随着化学工业的发展而发展起来的。

1705年，法国首先发现升汞有杀菌防腐作用，但到1832年英国才在生产中加以应用。其他应用的水溶性防腐剂还有氯化锌、硫酸铜等。1836年，英国开始使用以杂酚油为代表的油质防腐剂。

第一次世界大战期间，随着钢铁工业的发展，从煤焦油中分馏出特效防腐剂煤焦杂酚油，价格低廉，持久耐用，其消费使用量至今仍占主要地位。

与此同时，防腐施工方法也由简易的涂抹法、浸泡法、冷热槽法发展到工厂化的加压蒸煮法。近年来还发展了双真空法和就地注射法，并改进了辅助防腐工艺。在木材防腐工艺中建立起来的木材防腐学，是木材加工工艺学科的一个组成部分，对防腐工业起着指导和提高的作用。

## 二、木材的防火处理

木材具备许多其他材料无法代替的优良特性，但随着大量使用，其易燃、可燃特性也成为困扰人们的主要问题，并限制了木材的广泛应用。

**1. 木材阻燃机理**

木质材料是一种组成复杂的高分子材料，它的热分解过程复杂。在木质材料中加入阻燃剂可以改变它的热分解过程。阻燃剂主要是通过不同的化学成分对木材的燃烧性能进行抑制，以阻止木材燃烧和火焰的传播。主要表现为以下四方面。

（1）阻燃处理后的木材需要更多的氧气和更高的温度才能被点燃。

（2）火焰传播性。阻燃剂遇热分解吸收材料热量，降低材料温度，从而抑制火焰在材料表面传播的能力。

（3）释热性。一些阻燃剂能够改变木材的热分解模式，抑制气相反应即可大大减少燃烧生成的热量而起到阻燃作用。

（4）发烟性。火灾中对人体构成威胁最大的是材料燃烧过程中所产生的毒性气体，有些阻燃剂有较好的消烟作用，如含铝、锌等元素的阻燃剂。这些元素的加入抑制了热量及氧气的供给，阻止了木质材料的进一步燃烧。

**2. 木材阻燃剂**

木材阻燃剂一般由阻燃主剂、协效剂、增稠剂、润湿剂、防腐剂、防虫剂及基料等组成。理想的木材阻燃剂应具备下列条件：阻燃性能好；无毒无污染；燃烧产物烟雾少；低毒、无刺激性；吸湿性低；不腐蚀金属；不使材质劣化；不促进腐朽和虫害；不影响后加工性能；处理容易；经济、来源广泛等。

（1）无机阻燃剂。无机阻燃剂主要有以下几类：

1）$Al(OH)_3$ 和 $Mg(OH)_2$ 等。但是，$Mg(OH)_2$ 常被用作塑料的阻燃剂，它很少用于木材产品的阻燃，另外，$Mg(OH)_2$ 作为烟雾抑制剂，也减少了木材在燃烧期间产生的烟雾量。但其具有来源广、价格低、阻燃性能好等特点，在胶合板材料中广泛应用。

2）P-N 系列阻燃剂。木材用阻燃剂大多是包含磷的化学品。磷酸氢二铵和磷酸二氢铵被认为是强的阻燃剂，它们已经用于木材阻燃多年。这类阻燃剂可以降低热分解温度，增加碳的生成，减少可燃气体的产生。

3）B 系列阻燃剂。通热膨胀熔融、覆盖表面，隔热、隔绝空气，如硼酸和硼锌。这些阻燃剂在燃烧过程中，从材料中分解出来的水蒸气可能具有双重的作用。

4）卤素系列阻燃剂。物理覆盖和阻断燃烧中游离基链式反应。

（2）有机阻燃剂。磷或卤素在聚合或缩聚过程中参加反应，结合到高聚物的主链或侧链中，如氯化石蜡等。这样可以抗流失，对物理力学性能也影响较小，但阻燃性能不稳定，成本高，燃烧时产生大量烟雾和有毒气体。

（3）树脂型阻燃剂。在甲醛、尿素、双氰胺、三聚氰胺树脂制造过程中加入磷酸或 P-N 系列化合物，通过树脂固化形成抗流失的阻燃剂，如 UDFP 树脂（尿素—双氰胺—甲醛—磷酸）、MDFP 树脂（三聚氰胺—双氰胺—甲醛—磷酸）以及 $H_3PO_4$ · DFAC 胶粘剂、$H_3BO_3$ · MFAC 胶粘剂及 $H_3PO_4$ · MFAC 胶粘剂等。树脂型胶粘剂可以抗流失，又不影响外观颜色，价格位于无机和有机阻燃剂之间，对木材的强度影响小，耐腐蚀；缺点是阻燃效果不太理想。

**3. 木材阻燃处理方法**

木材阻燃处理方法可分为物理和化学处理两大类。其实质是提高木材抗燃性能的处理技术。木材的阻燃关键在于选择合适的阻燃和合适的处理工艺。

（1）物理阻燃法。物理阻燃法不使用化学试剂，也不改变木材的细胞壁、细胞腔结构和木材的成分。一是采用大断面木构件，遇火不易被点燃，燃烧时生成炭化层，可以限制热传递和木构件的进一步燃烧，同时炭化层下的木材又可以保持原有的木材强度；二是将木材与不燃的材料制成各种不燃或难燃的复合材料，如木材—金属复合板等。

（2）化学阻燃法。化学阻燃法是一种主要的也是普遍应用的阻燃处理方法，即将具有阻燃功能的化学药剂以不同的方式注入木材表面或细胞壁、细胞腔中，或与木材的化学成分的某些基团发生化学反应从而提高木材的抗燃性能。化学阻燃法一般分为三种方法：化学改性法、表面涂敷法和浸渍法。

1）化学改性法。采用高分子化合物单体，通过加压浸注等手段注入木材内，再经核照射、高温加热等方法，引发化学单体在木材内聚合生成高分子聚合物附着在木材细胞壁和细胞腔上；或者通过高温、催化、偶联等手段使药剂的分子与木材化学成分某些官能团如羟基发生反应，生产酯化木材、乙酰化木材、醚化木材等，这是木材综合改性处理（包

括阻燃）的发展方向，这一技术一旦成功产业化将能克服目前木材阻燃处理后存在的强度降低、吸潮、不抗流失等问题。

2）表面涂敷法。表面涂敷法是在加工成最终使用形状的木材表面涂刷组成剂、防火涂料、无机粘结剂及涂料，或在木材表面粘贴不燃性物质，通过保护层的隔氧、隔热作用达到阻燃的目的。该处理法施工简单，不足之处是保护层一旦遭到破坏，木材便不具备阻燃效果，同时保护层降低了木材的装饰效果。

3）浸渍法。浸渍法是在一定的压力和温度下，使阻燃剂溶液渗入到木材内部细胞中。当木材受到热作用时，阻燃剂产生一系列的物理、化学变化，降低木材热解时可燃气体的释放量及燃烧速度，从而达到阻燃的目的。具体采用何种阻燃处理方法，视对产品阻燃性能的要求（阻燃剂吸收量、阻燃剂渗透深度）、阻燃剂的性质（是否可以加热）、木材树种及规格等条件决定。

## 三、木材的干燥处理

木材是非匀质材料，收缩是不均匀的，由于它的径向和弦向收缩差异及年轮所造成的角度不同会产生歪斜变形，由于纹理排列不同会产生翘曲变形。而木材在干燥收缩时产生的应力又会使木材产生端裂、表裂、心裂等缺陷，影响木材质量。

要降低木材的含水率，须提高木材的温度，使木材中的水分蒸发和向外移动，在一定流动速度的空气中，使水分迅速地离开木材，达到干燥的目的。为了保证被干燥木材的质量，还必须控制干燥介质（如目前通常采用的湿空气）的湿度，以达到快速高质量地干燥木材的目的，这个过程叫作木材干燥。

木材干燥是保障和改善木材品质、减少木材损失、提高木材含水率的重要环节。目前，人工干燥方法有常规干燥、高温干燥、除湿干燥、太阳能干燥、真空干燥、高频与微波干燥以及烟气干燥等。在所有的人工干燥方法中，常规干燥由于具有历史悠久、技术成熟、可保障干燥质量、易实现大型工业化干燥等优点，在国内外的木材干燥工业中均占主要地位，它在我国占80%以上。常规干燥是以常压湿空气作干燥介质，以蒸汽、热水、炉气或热油作热媒，间接加热空气，空气以对流方式加热木材达到干燥目的的方法。常规干燥中又以蒸汽为热媒的干燥室居多数，一般简称蒸汽干燥。

（1）真空干燥是木材在大气压的条件下实施干燥，其干燥介质可以是湿空气，但多数是过热蒸汽。真空干燥时，木材内外的水蒸气压差增大，加快了木材内水分迁移速度，故其干燥速度明显高于常规干燥，通常比常规干燥快3~7倍。同时由于真空状态下水的沸点低，它可在不高的干燥温度下达到较高的干燥速率，并且干燥周期短，干燥质量好，特别适用于干燥厚的硬阔叶材。由于真空干燥系统复杂、投资大、电耗高，同时真空干燥容量一般比较小，否则难于维持真空度。

（2）太阳能干燥是利用太阳辐射的热能加热空气，利用热空气在集热器与材堆间循环来干燥木材。太阳能干燥一般有温室型和集热器型两种，前者将集热器与干燥室做成一体，后者将集热器与干燥室分开布置。集热器型的太阳能干燥室布置灵活，集热器面积可以很大，相应的干燥室容量也较温室型大。太阳能虽然是清洁的廉价能源，但它是受气候影响大的间歇能源，干燥周期长，单位材积的投资较大，故太阳能干燥的推广受限。

（3）高温干燥与常规干燥的区别是干燥介质温度较高。其干燥介质可以是湿空气，也可以是过热蒸汽。高温干燥的优点是干燥速度快、尺寸稳定性好、周期短，但高温干燥易产生干燥缺陷，材色变深，表面硬化，不易加工等问题。

（4）高频干燥和微波干燥都是以湿木材作电介质，在交变电磁场的作用下使木材中的水分子高速频繁的转动，水分子之间发生摩擦而生热，使木材从内到外同时加热干燥。这两种干燥方法的特点是干燥速度快，木材内温度场均匀，残余应力小，干燥质量较好。高频与微波干燥的区别是前者的频率低、波长较长，对木材的穿透深度较深，适于干燥大断面的厚木材。微波干燥的频率比高频更高（又称超高频）但波长较短，其干燥效率比高频快，但木材的穿透深度不及高频干燥。

（5）蜡煮工艺目前在红木产业中引起广泛争议。准确来说，蜡煮工艺属于干燥工艺却又不完全是干燥工艺，它是木材干燥处理中稳定木性、防止开裂的一项工艺技术。不是每种木材都需要煮石蜡，石蜡的槽子不同，可以起到干燥木材的作用，但因为干燥的木材厚度、密度不同，所需要的槽子又不相同，所以在使用过程中的成本可能又会高一些。它目前在实木领域内的应用很少，因为技术难度相对高，仍在不断改良中。

（6）烟气干燥是常规炉气干燥的初级阶段，一般是指土法建造的小型干燥室。优点是投资少、干燥成本低。它的主要缺点是烟尘对环境的污染严重，易发生火灾，且干燥质量不易保证，极易造成损失。

（7）除湿干燥也是以常压湿空气作干燥介质，空气对流加热木材。其具有节能、干燥质量好、不污染环境等优点，但除湿干燥通常温度低，干燥周期长，依靠电加热，电耗高，因而影响了它的推广应用。

## 四、木材的改性处理措施

### 1. 木材是弹性—塑性体

利用木材的塑性可进行有限弯曲、压缩和扭曲。如：阔叶树种榆、柞和水曲柳等木材，是制造弯曲形家具的好材料。然而单凭木材本身所固有的塑性，还满足不了对木材制品生产提出的塑性要求。国外发明了一些增塑木材的方法，即以气态氨、氨水和联氨水溶液等浸渍木材，促进木材软化，可得到新的稳定的造型。

据试验，将含水率6%～7%尺寸为20mm×62.3mm×580mm的试件经15%联氨水溶液处理后，可用手自如地弯曲成180°弧形，而木材没有产生任何损伤，再经过加热、加压处理，使之形态持久稳定，并且木材的容积重、硬度、弯曲极限强度、弹性模量和体积稳定性均较未处理材有显著提高。

### 2. 木材的酸碱性质改变

木材的水抽提液具有一定的pH，总游离酸和酸碱缓冲容量，因而木材能平衡或抵制外界袭来的弱酸、弱碱的作用，但不能耐大量强酸、强碱的腐蚀。

经过糠醇树脂处理后，木材的耐酸、耐碱性能明显提高，可用于酸碱存在的环境中。

### 3. 木材的硬度改善

木材的硬度较低，应用时容易刻痕或损伤。为此国内外研究者发明了使木材增硬或强化木材的方法。如先将木材经水煮、气蒸或化学处理使之软化，相继施以热压而制成的压缩木，其强度增加，可用于矿井锚杆取代一般矿柱：将未缩聚的树脂注入木材，加热后树脂在材内固化，从而使木材增硬。

国外采用金属浴法强化木材，即将木材沐浴在熔融的低熔点合金（80~100℃）中。加压浸注后，合金渗入木材的细胞腔和空隙中，使木材的硬度和耐磨性显著提高，同时，导热性和导电性大大改善，适于应用在特殊场合。

**4. 木材的声音传播**

木材的传声性应用于建筑和乐器工业中。例如：伐木工敲击树干，电信工敲击电杆，铁道养路工敲击枕木以检查木材内部是否出现腐朽。以木材为原料制成各种乐器，如钢琴的音板、提琴的面板、立体声共鸣箱，以及月琴、琵琶等中国乐器，这些乐器的质量在很大程度上取决于木材的声共振性。

木材长期存放而“陈化”，材内一些提取物质被气化分解，从而使声学性能——共振性有所改善。

大多数乐器厂由于建筑面积和原料来源所限，尚不能保证木材“陈化”。因此近来研究将含水率8%~9%的乐器用材置于水中或乙醚溶剂中浸提处理，萃取出一些抽提物后，使木材的容重降低，而动态弹性模量增大，因而使声辐射常数明显提高，可用于高频乐器中，这样制作的乐器音调和谐，共振性好。

## 第五节　木材在园林工程中的应用

木材在园林工程上的应用，主要体现在木平台和各类木质景观建筑上的应用，以及木质材料装饰上的使用；同时在部分位置也可以使用木质作为龙骨的选择材料（图5-9~图5-15）。

图5-9　木质平台和木坐凳以及木质构筑物

图 5-10　临水塑木平台（高分子材料和木粉混合，有效控制木材腐朽）

图 5-11　双臂木廊架

图 5-12　木拱桥

图 5-13 现代风格木亭

图 5-14 东南亚风格木亭

图 5-15 中国传统木质仿古亭

# 第六章

# 石灰与石膏、水玻璃

## 第一节　石　　灰

石灰是一种古老的建筑胶凝材料。在距今已有三千多年历史的陕西岐山凤雏西周遗址中，其土坯墙就采用了三合土（石灰、黄沙、黏土）抹面。石灰原材料储量大、分布广，其成本低廉、生产工艺简单、性能优良，至今仍被广泛地应用于建筑工程和建筑材料生产。

### 一、石灰的生产

制造石灰的原料是天然岩石，以碳酸钙为主要成分，如白云石、石灰石、大理石碎块、白垩等，另外还可利用电石渣（主要成分为氢氧化钙）等工业废渣来生产石灰。

**1. 分解**

将主要成分为碳酸钙的原料，在适当的温度下进行煅烧，分解出二氧化碳，得到以氧化钙为主要成分的气硬性胶凝材料——生石灰。反应式如下：

$$CaCO_3 \xrightarrow{1000\sim1200℃} CaO+CO_2\uparrow$$

碳酸钙的分解过程是可逆的，为了使反应向正方向进行，需要在石灰煅烧过程中适当提高煅烧温度并及时排出二氧化碳气体。

天然石灰原料常含有黏土等杂质，当黏土杂质含量超过 8% 时，由于固相反应生成较多的水硬性矿物，如 β 型硅酸二钙等，会使石灰性质发生变化，即由气硬性石灰转向水硬性石灰，因此在石灰生产中应控制黏土杂质的含量。

石灰原料中还常含有碳酸镁成分，在石灰煅烧时会形成氧化镁。根据生石灰中氧化镁的含量可分为钙质生石灰（氧化镁含量不大于 5%）和镁质生石灰（氧化镁含量大于 5%）。碳酸钙分解时，失去原质量 44% 的二氧化碳气体，而煅烧石灰的表观体积仅比石灰石表观体积减小 10%～15%，因此生石灰具有多孔结构。碳酸钙的理论分解温度为 898℃，实际生产中煅烧温度受到原材料种类、结构、料块尺寸、致密程度、杂质含量以及窑体热损失等诸多因素的影响，实际煅烧温度应显著高于理论温度，一般控制在 1000～1200℃或者更高一些。

**2. 煅烧条件**

控制适宜的煅烧温度和煅烧时间是获得优质生石灰的必要条件。在煅烧温度过低、煅烧时间不充分的情况下，碳酸钙不能完全分解，将生成欠火石灰。欠火石灰会降低生石灰

的产浆量，使生石灰的胶凝性能变差。在煅烧温度过高、煅烧时间过长的情况下，则生成过火石灰。

过火石灰结构致密，具有较小的内比表面积、晶粒粗大，此时氧化钙处于烧结状态，其表面常被原料中易熔黏土杂质熔化时所形成的玻璃釉状物包覆，因此过火石灰的消解很慢。过火石灰用于工程中时会发生质量事故，在正常煅烧石灰硬化以后过火石灰才缓慢地吸湿消解，放出热量并产生体积膨胀，引起石灰硬化浆体的隆起和开裂。

石灰原料中所含的菱镁矿杂质，其分解温度比碳酸钙低很多，在煅烧过程中氧化镁处于过烧状态，从而影响石灰的质量。故当原料中菱镁矿含量较多时，应在保证碳酸钙充分分解的前提下尽量降低煅烧温度。对于硅酸盐制品，为避免引起体积安定性不良，应限制原料中菱镁矿的含量。

## 二、建筑石灰的技术要求与性质

建筑石灰根据成品加工方法的不同可分为块状的建筑生石灰、磨细的建筑生石灰粉、建筑消石灰膏和建筑消石灰粉。根据氧化镁含量的多少可分为钙质石灰、镁质石灰。根据有关的技术要求及指标划分为优等品、一等品和合格品三个等级（见表6-1~表6-5）。

**表6-1　建筑生石灰的分类**

| 类　别 | 名　称 | 代　号 |
|---|---|---|
| 钙质石灰 | 钙质石灰 90 | CL90 |
| | 钙质石灰 85 | CL85 |
| | 钙质石灰 75 | CL75 |
| 镁质石灰 | 镁质石灰 85 | ML85 |
| | 镁质石灰 80 | ML80 |

**表6-2　建筑生石灰的化学成分**　单位：%

| 名　称 | （氧化钙+氧化镁）（CaO+MgO） | 氧化镁（MgO） | 二氧化碳（$CO_2$） | 三氧化硫（$SO_3$） |
|---|---|---|---|---|
| CL90-Q<br>CL90-QP | ≥90 | ≤5 | ≤4 | ≤2 |
| CL85-Q<br>CL85-QP | ≥85 | ≤5 | ≤7 | ≤2 |
| CL75-Q<br>CL75-QP | ≥75 | ≤5 | ≤12 | ≤2 |
| ML85-Q<br>ML85-QP | ≥85 | >5 | ≤7 | ≤2 |
| ML80-Q<br>ML80-QP | ≥80 | >5 | ≤7 | ≤2 |

表 6-3　　建筑生石灰的物理性质

| 名　称 | 产浆量（$dm^3/10kg$） | 细　度 | |
|---|---|---|---|
| | | 0.2mm 筛余量（%） | 90μm 筛余量（%） |
| CL90-Q | ≥26 | — | — |
| CL90-QP | — | ≤2 | ≤7 |
| CL85-Q | ≥26 | — | — |
| CL85-QP | — | ≤2 | ≤7 |
| CL75-Q | ≥26 | — | — |
| CL75-QP | — | ≤2 | ≤7 |
| ML85-Q | — | — | — |
| ML85-QP | | ≤2 | ≤7 |
| ML80-Q | — | — | — |
| ML80-QP | | ≤7 | ≤2 |

表 6-4　　建筑生石灰技术要求　　单位：%

| 项　目 | 钙 质 石 灰 | | | 镁 质 石 灰 | | |
|---|---|---|---|---|---|---|
| | 一等品 | 二等品 | 三等品 | 一等品 | 二等品 | 三等品 |
| 有效（CaO+MgO）含量不小于 | 85 | 80 | 70 | 80 | 75 | 65 |
| 未消化残渣含量（5mm 圆孔筛的筛余）不大于 | 7 | 11 | 17 | 10 | 14 | 20 |

**注**　硅、铝、铁氧化物含量之和大于 5% 的生石灰，有效钙加氧化镁含量指标，一等品不小于 75%，二等品不小于 70%、三等品不小于 60%；未消化残渣含量指标与镁质生石灰指标相同。

表 6-5　　建筑消石灰粉技术要求　　单位：%

| 项　目 | | 钙质消石灰粉 | | | 镁质消石灰粉 | | |
|---|---|---|---|---|---|---|---|
| | | 一等品 | 二等品 | 三等品 | 一等品 | 二等品 | 三等品 |
| 有效（CaO+MgO）含量 | | ≥65 | ≥60 | ≥55 | ≥60 | ≥55 | ≥50 |
| 含水率 | | ≤4 | ≤4 | ≤4 | ≤4 | ≤4 | ≤4 |
| 细度 | 0.17mm 方孔筛的筛余 | ≤0 | ≤1 | ≤1 | ≤0 | ≤1 | ≤1 |
| | 0.125mm 方孔筛的累计筛余 | ≤13 | ≤20 | — | ≤13 | ≤20 | — |

建筑生石灰为块状和磨细粉状，其颜色随成分不同而异。纯净的为白色，含杂质时呈浅黄色、灰色等。过火石灰色泽暗淡，呈灰黑色，欠火石灰其断面中部色彩深于边缘色彩。

生石灰的密度取决于原料成分和煅烧条件，通常为 3.10~3.40$g/cm^3$；堆积密度取决于原料成分、粒块尺寸、装料紧密程度及煅烧品质等，通常为 600~1100$kg/m^3$。消石灰粉的密度约为 2.10$g/cm^3$，堆积密度为 400~700$kg/m^3$。

建筑石灰的质量好坏主要取决于有效物质（CaO+MgO）及其杂质的含量。有效物质是石

灰中能够和水发生水化反应的物质，它的含量反映了石灰的胶凝能力，有效物质越多产浆量越高。

石灰粉的细度越大，施工性能越好，硬化速度越快，质量也越好。欠火石灰和各种杂质则无胶凝能力。过火石灰的存在会影响体积安定性。建筑消石灰粉还有游离水含量的限制和体积安定性合格的要求。块状生石灰中细颗粒含量越多质量越差。

生石灰放置太久，会吸收空气中的水分而自动熟化成氢氧化钙，再与空气中二氧化碳作用而生成碳酸钙，失去胶凝能力。所以在储存时最好先消解成石灰浆，将储存期变为陈伏期。由于生石灰受潮时会放出大量的热并产生体积膨胀，在储存和运输生石灰时应采取相应的安全保护措施。

建筑石灰加水拌和形成石灰浆体，由于水的物理分散作用和化学分散作用，能自动形成尺寸细小（直径约为1μm）的石灰微粒，这些微粒表面吸附一层厚的水膜，均匀、稳定地分散在水中，形成胶体结构。石灰浆胶体具有很大的内比表面积，能吸附大量游离水，故石灰浆体具有较好的保水性。另外，石灰微粒之间由一层厚厚的水膜隔开，彼此间摩擦力较小，石灰浆体的流动性和可塑性较好。利用上述性质，可配制石灰水泥混合砂浆，目的是改善水泥砂浆的施工和易性。

石灰浆体的凝结硬化是通过在干燥环境中的水分蒸发和结晶作用以及氢氧化钙的碳化来完成的。由于空气中二氧化碳含量很低，碳化速度较慢，且碳化后形成的碳酸钙硬壳阻止二氧化碳向浆体内部渗透，同时也阻止了水分向外的蒸发，结果使内部氢氧化钙结晶数量少、结晶速度缓慢，因此石灰浆体的凝结硬化速度较慢，这和石膏浆体的性质截然不同。石灰硬化浆体的主要水化产物是氢氧化钙和表面少量的碳酸钙，由于氢氧化钙强度较低，故硬化浆体的强度也很低。例如，砂灰比为 3 的石灰砂浆，28d 抗压强度通常只有 0.2~0.5MPa。

强度低和耐水性差是无机气硬性胶凝材料的共性。耐水性差的原因主要是气硬性胶凝材料的水化产物溶解度较大，加上结晶接触点由于晶格变形、扭曲而具有热力学不稳定性和更大的溶解度。在潮湿空气环境下，石灰硬化浆体内部产生溶解和再结晶，使硬化浆体的强度发生显著的不可逆的降低。在水中，由于水的破坏作用，硬化强度较低的石灰浆体将发生溃散破坏。所以，石灰不宜在潮湿的环境中使用，石灰砂浆不能用于砌筑建筑物的基础和外墙抹面等工程。

## 三、石灰的消解

使用石灰时，通常将生石灰加水，使之消解为氢氧化钙即熟石灰后，再进行施工，这个过程称为石灰的消解或熟化。反应式如下：

$$CaO+H_2O \longrightarrow Ca(OH)_2+64.9kJ/mol$$

生石灰熟化时放出大量的热量，其最初 1h 的放热量是半水石膏的 10 倍和普通硅酸盐水泥的 9 倍；生石灰熟化时体积膨胀 1~2.5 倍。生石灰熟化时的上述特征，在使用过程中必须予以特别的重视。在生石灰的消解过程中应注意温度的控制：温度过低时消解速度较慢，温度过高时又会引发可逆反应，使氢氧化钙重新分解，从而影响消解质量。生石灰在消解过程中的体积膨胀会产生 14MPa 以上的膨胀压力，当使用生石灰来制作石灰制品和硅酸盐制品时，如果不设法抑制或消除生石灰的这种有害膨胀，它就会使制品发生破坏性的体积变形。因此，在建筑工程中采用熟石灰进行施工不失为一种安全可靠的方法。生石灰消解的理论用水量为其质量的32%，由于石灰消解时温度较高，水分蒸发较多，为了保证氧化钙的充分水化，实际的用水量明显地多于理论用水量。

根据用水量的不同，可将生石灰消解成消石灰粉或石灰膏两种熟石灰。

加入适量的水（一般为生石灰质量的60%~80%）可得到消石灰粉，具体的加水量按实际情况以经验确定，加入的水分应保证生石灰充分消解又不致过湿成团。消解过程在密闭的容器中进行较佳，此时既可减少热量损失和水分蒸发，又能防止碳化。工地上常采用分层喷淋法生产消石灰粉。将生石灰碎块平铺于不能吸水的平地上，每层厚约20cm，用水喷淋一次，然后上面再铺一层生石灰，接着再喷淋一次，直至5~7层为止，最后用砂或土予以覆盖，以保持温度、防止水分蒸发，使石灰充分消解，同时又可阻止产生碳化作用。在此条件下静置14d以上即可取出使用。消石灰粉用于拌制石灰土（黏土、石灰）和三合土（石灰、碎砖、黏土或炉渣、砂石等骨料），应用于地面、道路基层、建筑物基础等工程。

加入大量的水可制得石灰膏。石灰膏是将生石灰在化灰池或熟化机中加水搅拌，先消解成稀薄乳状的石灰浆，然后经滤网过滤除去未消解颗粒或杂质后流入储灰池，石灰浆的表面应覆盖一层水，以隔绝空气防止石灰浆碳化。在此条件下静置14d以上后，除去上层水分取出储灰池中沉淀物即石灰膏进行施工。石灰膏用于调制石灰砂浆或水泥石灰混合砂浆，应用于工业与民用建筑的砌筑工程和抹灰工程。

上述两种熟石灰消解时静置14d以上的过程称为石灰的陈伏。石灰陈伏的目的是消除过火石灰的危害，得到质地较软、可塑性较好的熟石灰。在陈伏过程中应注意防止石灰的碳化。

建筑工程中采用熟石灰进行施工主要是为了避免生石灰水化时放热和体积膨胀所带来的破坏。但熟石灰的硬化速度较慢，强度较低。用球磨机将块状生石灰磨细而得到的粉末状产品称为磨细生石灰粉，磨细生石灰水化时放热均匀且无明显的体积膨胀，因此磨细生石灰可不经消解，只需加入适量的水（一般占石灰质量的100%~150%）拌匀后即可使用。这时熟化和硬化成为一个连续的过程，由于磨得很细，过火石灰的体积膨胀危害得到了很好的抑制，因此，磨细生石灰使用时不需陈伏。与一般使用方法相比，磨细生石灰制品具有较快的硬化速度和较高的强度。目前，磨细生石灰工艺不仅大量地应用于建筑材料工业生产，而且也越来越多地直接应用于建筑工程中。

## 四、石灰的硬化

气硬性石灰在空气中的硬化是通过结晶和碳化两个同时进行的过程来完成的。

**1. 结晶过程**

石灰浆体在干燥环境中，其自由水逐渐蒸发或被基层材料吸收，将引起氢氧化钙溶液的过饱和，从而产生结晶过程。氢氧化钙晶粒随结晶的进行不断长大并彼此靠近，最后交错结合在一起，形成一个整体。另外，石灰浆体由于失水收缩产生毛细管压力，使石灰粒子互相紧密靠拢而获得强度。

**2. 碳化过程**

石灰浆体表面的氢氧化钙与空气中的二氧化碳进行反应，生成实际上不溶于水的碳酸

钙晶体，释放出的水分则被逐渐蒸发。反应式如下：

$$Ca(OH)_2+CO_2+nH_2O \longrightarrow CaCO_3+(n+1)H_2O$$

上述反应在有水存在的情况下才能进行。

生成碳酸钙时体积有所膨胀且碳酸钙的强度明显高于氢氧化钙；碳化后石灰浆体的密实度和强度均有明显的提高。

由于空气中二氧化碳的浓度很小，按体积计算仅占整个空气的0.03%，并且石灰浆体表面已形成的致密的碳化层，使二氧化碳很难再深入其内部，因此碳化的过程更加缓慢；同时，已形成的碳化层也阻止了浆体内部水分的蒸发，使氢氧化钙的结晶速度减缓。因而石灰浆体的硬化过程是非常缓慢的。

## 五、建筑石灰的应用

石灰作为一种传统的建筑材料，其几千年的使用历史足以印证人类对这种材料的信任和依赖，至今石灰仍然作为重要的建筑材料有着广泛的应用。

**1. 生产无熟料水泥**

将石灰和活性的玻璃体矿物质材料，按适当比例混合磨细或分别磨细后再均匀混合，制成的非煅烧水硬性胶凝材料称为无熟料水泥。如石灰粉煤灰水泥、石灰矿渣水泥、石灰烧煤矸石水泥、石灰烧黏土水泥、石灰页岩灰水泥、石灰沸石岩水泥等。无熟料水泥的共同特性是强度较低，特别是早期强度较低、水化热较低，对于软水、矿物水等有较强的抵抗能力。适用于大体积混凝土工程，蒸汽养护的各种混凝土制品，地下混凝土工程和水中混凝土；不宜用于强度要求高，特别是早期强度要求高的工程，不宜低温条件下施工。

**2. 生产硅酸盐制品**

硅酸盐制品是以石灰和硅质材料（如矿渣、粉煤灰、石英砂、煤矸石等）为主要原料，加水拌和成型后，经蒸汽养护或蒸压养护得到的成品。

钙质材料与硅质材料经水热合成后，其胶凝物质主要是水化硅酸钙盐类，故统称为硅酸盐制品。常用的有各种粉煤灰砖及砌块、炉渣砖和矿渣砖及砌块、蒸压灰砂砖及砌块、蒸压灰砂混凝土空心板、加气混凝土等。

**3. 配制石灰砂浆和灰浆**

采用石灰膏作为原材料可配制石灰砂浆和石灰水泥混合砂浆，其施工和易性较好，广泛地被应用于工业与民用建筑的砌筑和抹灰工程中。

石灰砂浆应用于吸水性较大的基层时，应事先将基底润湿，以免石灰砂浆脱水过速而成为干粉，丧失胶凝能力。在建筑工程中，常用石灰膏或消石灰粉与其他不同材料加水拌和均匀而获得各种灰浆，如石灰纸筋灰浆、石灰麻刀灰浆等，用于建筑抹面工程。用石灰膏或消石灰粉掺入大量水可配制成石灰乳涂料。可在涂料中加入碱性颜料，以获得各种色彩；加入少量水泥、粉煤灰或粒化高炉矿渣可提高耐水性；调入干酪素、明矾或氯化钙，可减少涂层的粉化现象。石灰乳涂料可用于装饰要求不高的室内粉刷。

**4. 配制石灰土和三合土**

消石灰粉在建筑工程中广泛用于配制三合土和石灰土。三合土为消石灰粉、黏土、砂和石子或炉渣等混合而成，质量比为1∶2∶3。石灰土为消石灰粉与细粒黏土均匀拌和而成，质量比为1∶2~1∶4。三合土和石灰土的施工方法是加入适量的水，通过分层击打、夯实或碾压密实使结构层具有较高的密实度。

三合土和石灰土结构层具有一定的水硬胶凝性能，石灰稳定土的作用机理尚待继续研究。其原因可能是在强力夯打和振动碾压的作用下，黏土微粒表面被部分活化，此时黏土表面少量的活性氧化硅和氧化铝与石灰进行化学反应，生成了水硬性的水化硅酸钙和水化铝酸钙，将黏土颗粒胶结起来。

石灰中的少量黏土杂质经煅烧后也具有一定的活性，炉渣等中也存在一些活性成分，因此，石灰土结构层的强度和耐水性得以提高。石灰土和三合土广泛地应用于建筑物基础、垫层、公路基层、堤坝和各种地面工程中。

**5. 制造碳化制品**

用磨细生石灰与砂子、尾矿粉或石粉配料，加入少量石膏经加水拌和压制成型制得碳化砖坯体；用磨细生石灰、纤维填料和轻质骨料经成型后得到碳化板坯体。上述两种坯体利用石灰窑所产生的二氧化碳废气进行人工碳化后，即得到轻质的碳化板和碳化砖制品。石灰制品经碳化后强度将大幅提高，如灰砂制品经碳化后强度可提高4~5倍。

碳化石灰空心板的表观密度为700~800kg/$m^3$（当孔洞率为34%~39%时），抗弯强度为3~5MPa，抗压强度为5~15MPa，导热系数小于0.2W/（m·K），可刨、可钉、可锯，所以这种材料适宜用作非承重的天花板、内墙隔板等。

## 第二节　石　膏

石膏是单斜晶系矿物，主要化学成分是硫酸钙（$CaSO_4$）。石膏是一种用途广泛的工业材料和建筑材料。可用于水泥缓凝剂、石膏建筑制品、模型制作二医用食品添加剂、硫酸生产、纸张填料、油漆填料等。

### 一、石膏的原料和生产

生产石膏的原料有天然二水石膏（$CaSO_4 \cdot 2H_2O$）、天然无水石膏（$CaSO_4$）和化工石膏。

天然二水石膏质地较软，故又称为软石膏，是石膏胶凝材料的主要原料。纯净的二水石膏呈无色透明或白色状，天然二水石膏矿物常因含有砂、黏土、碳酸盐矿物以及氧化铁等各种杂质而呈灰色、褐色、赤色、淡黄色等颜色。天然二水石膏矿物晶形呈板状、叶片状、针状和纤维状，也有呈可见柱状晶形和燕尾形的双晶。天然二水石膏的密度为2.20~2.40g/$cm^3$，莫氏硬度为2。天然无水石膏质地较硬，又称为硬石膏，其密度为2.90~3.00g/$cm^3$，莫氏硬度为3~4。硬石膏一般呈白色或无色透明，因含有杂质，多呈浅蓝、浅灰或浅红色。化工石膏是化工生产中的副产品或废料，主要化学成分是硫酸钙，常用作生产石膏的原料，如磷石膏、氟石膏、芒硝石膏等。石膏胶凝材料经原料破碎、加热和熟料磨细等生产工序加工而成。

在温度120~180℃的加热条件下，天然二水石膏脱去$1\frac{1}{2}$个结晶水成为半水石膏，这种半水石膏通常称为低温煅烧石膏。

低温煅烧的半水石膏在不同加热环境、压力下生成不同的品种：当二水石膏在蒸压条

件下加热脱出液体结晶水后，生成α型半水石膏；当二水石膏在缺少水蒸气的干燥（常压）条件下加热脱出水蒸气后，生成β型半水石膏。加热化学反应式如下：

$$CaSO_4 \cdot 2H_2O \xrightarrow{125℃\quad 0.13MPa} \alpha\text{-}CaSO_4 \cdot \frac{1}{2}H_2O + 1\frac{1}{2}H_2O$$

$$CaSO_4 \cdot 2H_2O \xrightarrow{107\sim170℃} \beta\text{-}CaSO_4 \cdot \frac{1}{2}H_2O + 1\frac{1}{2}H_2O$$

α型半水石膏又称为高强石膏，加热的原材料要求为杂质含量较少的天然二水石膏。因α型半水石膏晶粒较粗大，在水中的分散度较小，用其制备成标准稠度的净浆时需水量较小，故其浆体硬化后孔隙率较低，强度较高。β型半水石膏又称为普通建筑石膏，在建筑材料上应用最多。β型半水石膏的晶粒较细小，在水中的分散度较大，需水量较大，硬化时水化产物不能充分地占据浆体的原充水空间，其硬化浆体孔隙率较大，强度较低。

## 二、建筑石膏的性质

通常的建筑石膏指ρ型半水石膏磨细而成的白色粉末材料，其密度为2.50~2.70g/cm$^3$，堆积密度800~1450kg/m$^3$。国家规定的建筑石膏技术指标有强度、细度和凝结时间，按2h强度（抗折）分为3.0、2.0、1.6三个等级，见表6-6。

表6-6　物理力学性能

| 等级 | 细度（%）（0.2mm方孔筛筛余） | 凝结时间（min） | | 2h强度（MPa） | |
|---|---|---|---|---|---|
| | | 初凝 | 终凝 | 抗折 | 抗压 |
| 3.0 | ≤10 | ≥3 | ≤30 | ≥3.0 | ≥5.0 |
| 2.0 | | | | ≥2.0 | ≥4.0 |
| 1.6 | | | | ≥1.6 | ≥3.0 |

（1）建筑石膏的强度包括抗压强度和抗折强度，是按规定的方法用标准稠度的石膏强度试件测定；建筑石膏的凝结时间包括初凝时间和终凝时间，是用标准稠度的石膏浆体在凝结时间测定仪上测定；建筑石膏的细度用筛分法测定。

（2）建筑石膏的凝结硬化速度较快。正常情况下，石膏加水拌和几分钟后浆体就开始失去塑性达到初凝，20~30min后浆体即完全失去塑性达到终凝。当初凝时间较短导致施工成型困难时，可掺入缓凝剂（如1%的亚硫酸盐酒精废液、0.1%~0.5%的硼砂、0.1%~0.2%的动物胶等）来延缓初凝时间，以降低半水石膏溶解度或溶解速度，减慢水化速度。

（3）建筑石膏在硬化过程中体积略有膨胀，线膨胀率为1%左右，这一性质与其他多数胶凝材料有显著不同。因无收缩裂缝生成，石膏可以单独使用。特别是在装饰、装修工程中，其微膨胀性能塑造的各种建筑装饰制品形体饱满密实，表面光滑细腻，装饰效果很好。

（4）半水石膏的理论水化需水量约为其质量的18.6%，为使石膏浆体具有一定的流动性和可塑性，施工中通常要加入60%~80%的水。这些多余的自由水在石膏浆体硬化后蒸发而留下大量的孔隙，其孔隙度可达40%~60%。由于具有多孔构造，石膏制品具有密度较小、质量较轻、强度低、隔热保温性好、吸湿性大、吸声性强等特点。

（5）气硬性胶凝材料的硬化体的共有性能特点是耐水性差、强度低。耐水性差主要是其水化产物的多孔构造和溶解度较大。二水石膏的溶解度是水泥石中水化硅酸钙的 30 倍左右。另外，石膏硬化体中的结晶接触点区段因晶格的变形和扭曲而具有更高的溶解度，在潮湿条件下易溶解和再结晶成较大晶体，从而导致石膏硬化浆体的强度降低。石膏硬化浆体强度低主要是因为多孔构造以及水化产物本身强度较低。石膏硬化浆体在干燥环境下的抗压强度为 3～10MPa，而在吸水饱和状态时其强度降低可达 70% 左右，软化系数为 0.20～0.30。

（6）建筑石膏硬化后的主要成分是带有结晶水的二水石膏。二水石膏遇火时可分解出结晶水并吸收热量，脱出的水分在制品表面形成蒸汽幕层。在结晶水完全分解以前，温度的上升十分缓慢，生成的无水石膏为良好的绝热体，防火性能较好。但石膏制品不宜长期在高温环境中使用，因为二水石膏脱水过多会降低强度。石膏硬化浆体孔隙率大、孔径细小且分布均匀，因此石膏制品具有较高的吸湿透气性能，对室内湿度有一定的调节作用。此外，二水石膏质地较软，可锯、可钉而不开裂，加工性好。

## 三、煅烧温度和石膏变种

随着煅烧温度的增高，石膏生成品的组成、结构会发生改变，从而形成不同的石膏变种。在石膏胶凝材料生产中，可通过改变煅烧温度来得到更多的石膏品种。

在不同的煅烧温度下，石膏的变种有可溶性硬石膏（$CaSO_4$ Ⅲ）、不溶性硬石膏（$CaSO_4$ Ⅱ）和高温煅烧石膏（$CaSO_4$ Ⅰ+CaO）三种。

（1）当煅烧温度升至 230～360℃时，生成可溶性硬石膏。该石膏变种已无结晶水，但石膏晶体仍基本保持原来半水石膏的结晶格子形式。因失去水分子使可溶性硬石膏的结构比较疏松，它的标准稠度需水量比半水石膏多 25%～30%，所以硬化后强度较低。因此，在石膏生产中应尽量避免出现可溶性硬石膏这一变种。

（2）当煅烧温度升至 500～750℃时，能得到不溶性硬石膏变种。此时石膏晶体已不同于原来半水石膏的结晶格子形式，结构比较致密，难溶于水。由于溶解度较小，不溶性硬石膏水化反应能力降低很多，如没有激发剂，不溶性硬石膏几乎不能发生水化反应。生产中常将不溶性硬石膏磨成细粉并加入石灰等激发剂，使其具备一定的水硬胶凝性能，这些物质混合体称为硬石膏水泥或无水石膏水泥。

（3）当煅烧温度达到 800～1100℃时，生成高温煅烧石膏。高温煅烧石膏除了包含完全脱水的无水石膏外，还有部分 $CaSO_4$ 发生分解得到的游离 CaO。此石膏变种较好地保持了硬石膏的结晶格子形式，由于分解出部分三氧化硫而导致其结构较疏松，在没有激发剂参与的情况下，也具有水化、硬化的能力。这一石膏变种凝结较缓慢，但耐水性、耐磨性较好，适用于制作地板，又称为地板石膏。

## 四、建筑石膏的水化、凝结与硬化

### 1. 建筑石膏的水化

建筑石膏加水后会立即与水发生化学反应生成二水石膏。反应式为

$$CaSO_4 \cdot \frac{1}{2}H_2O + 1\frac{1}{2}H_2O \longrightarrow CaSO_4 \cdot 2H_2O$$

化学反应主要关心反应方向和反应速度，用溶解—结晶理论能够解释石膏化学反应的方向问题。

（1）半水石膏加水后很快溶解，迅速形成半水石膏的饱和溶液。因二水石膏具有比半水石膏小得多的溶解度，该溶液对二水石膏来说呈高度过饱和状态，会很快析出二水石膏晶体。由于二水石膏晶体析出使溶液的浓度降低，打破了溶液的溶解平衡，半水石膏会进一步溶解以补偿溶液中减少的离子浓度。如此不断地发生半水石膏的溶解和二水石膏的析晶过程，直到半水石膏完全水化为止。

（2）半水石膏的溶解度与同条件下二水石膏的平衡溶解度之比称为石膏溶液的过饱和度。石膏的水化反应速度取决于溶液的过饱和度；过饱和度越大，水化反应速度越快。工程上可采用增添外加剂的方法来改变半水石膏的溶解度，以此控制石膏溶液的过饱和度和水化速度，以满足施工需要。

**2. 建筑石膏的凝结与硬化**

石膏的凝结硬化过程为物理或物理化学变化过程，通常情况下，可采用一些重要的物理参数，如流动性、放热量、强度和时间参数的关系来进行研究。

研究结果表明，石膏浆体在不同的阶段有不同的结构特征，依据这些结构特征可将石膏浆体的凝结硬化过程划分为以下三个阶段。

（1）对应于石膏浆体的悬浮体结构生成。石膏加水后因水的溶解与分散作用，致使细微的固体粒子悬浮在水中，水为连续相，固体为分散相。过饱和溶液中有少量晶体析出，浆体因快速溶解而有明显的放热现象，此时浆体的流动性和可塑性较好。此阶段时间较短。

（2）对应于凝聚结构的生成。此时，随着水化的进行，虽然在半水石膏固体粒子表面水化产物不断析出，固相尺寸和比例不断增大，由于固体粒子之间存在一层水膜，未能直接接触，粒子之间通过水膜以分子力相互作用，故这种结构无实质性的强度，并具有触变复原的特性。在此阶段，浆体的流动性与可塑性随时间的增加而降低。

（3）对应于结晶结构网的生成和发展。在此阶段，由于晶核的大量形成、长大以及晶体之间相互接触连生，进而在整个浆体中生成结晶结构网。固相成为连续相，水成为分散相，浆体已有强度并随时间的增长而增强，直至水化过程终结时，强度才停止变化，也不再具有触变复原性。此阶段发生时间较长。

## 五、石膏的应用

建筑石膏分布广泛、原料丰富，其生产工艺简单、无污染、价格便宜，是现代建筑材料中非常重要的品种。石膏主要应用于室内装饰、装修、吊顶、隔断、吸声、保温、隔热及防火等方面，一般做成石膏抹灰砂浆、石膏装饰制品、石膏板制品等。

**1. 制作石膏装饰制品**

在建筑石膏中加入水、少量的纤维增强材料和胶料后，拌和均匀制成石膏浆体，利用石膏硬化时体积膨胀的性质，可成型制成各种石膏雕塑、饰面板及各种建筑装饰零件，如石膏角线、角花、罗马柱、线板、灯圈、雕塑等艺术装饰石膏制品。

**2. 制作各种石膏板制品**

石膏是制作各种石膏板材的主要原料，石膏板是一种强度较高、质量轻、可锯可钉、绝热、防火、吸声的建筑板材，是当前重点发展的新型轻质板材。石膏板广泛地应用于各种建筑物的墙体覆面板、天花板、内隔墙和各种装饰板。

在石膏板的生产制作过程中，为了获得更多优良的性能，通常加入一些其他材料和外加剂。制造石膏板时加入膨胀珍珠岩、陶粒、锯末、膨胀矿渣、膨胀蛭石等轻质多孔材料，或加入加气剂、泡沫剂等可减小其表观密度并提高隔声性、保温性。

在石膏板中加入石棉、麻刀、纸筋、玻璃纤维等增强材料，或在石膏板表面粘贴纸板，可以提高其抗裂性、抗弯强度并减小脆性。

在石膏板中加入粒化矿渣、粉煤灰、水泥以及各种有机防水剂可以提高其耐水性。加入沥青质防水剂并在板面包覆防水纸或乙烯基树脂的石膏板，不仅可以用于室外，也可以用于室内，甚至可以用于浴室的墙板。

目前生产的石膏板，主要有纸面石膏装饰板、空心石膏条板、纤维石膏板和石膏板等。

(1) 纸面石膏板以建筑石膏作芯材，两面用纸护面而成，主要用于内墙、隔墙和天花板处，安装时需先架设龙骨。

(2) 石膏空心条板以建筑石膏为主要原料，加入纤维等材料以类似于混凝土空心板生产工艺制成。石膏空心条板孔数为7~9个，孔洞率为30%~40%，不须设置龙骨，施工方便，主要用于内墙和隔墙。

(3) 石膏装饰板的主要原料为建筑石膏、少量的矿物短纤维和胶料。石膏装饰板是具有多种图案和花饰的正方形板材，边长为300~900mm，有平板、多孔板、印花板、压花板、浮雕板等，造型美观多样，主要用于公共建筑的墙面装饰和天花板等。

(4) 纤维石膏板是以建筑石膏、纸浆、玻璃或矿棉短纤维为原料制成的无纸面石膏板。这种石膏板的抗弯强度和弹性模量都高于纸面石膏板，可用于内墙和隔墙，也可用来代替木材制作家具。

(5) 还有石膏矿棉复合板、防潮石膏板、石膏蜂窝板、穿孔石膏板等，可分别用作吸声板、绝热板，以及顶棚、墙面、地面基层板材料。

**3. 制作石膏抹灰砂浆**

石膏中加入水、细骨料和外加剂等可制成石膏抹灰砂浆，石膏抹灰墙面和顶棚具有不开裂、保温、调湿、隔声、美观等特点。抹灰后的墙面和顶棚还可以直接涂刷油漆、涂料及粘贴墙纸。建筑石膏中加入水和石灰可用作室内粉刷涂料，粉刷后的墙面和顶棚表面光滑、细腻、美观。

**4. 石膏的其他用途**

(1) 石膏除了广泛地应用于建筑装修、装饰工程外，还大量地应用于其他方面。例如，加入泡沫剂或加气剂可制成多孔石膏砌块制品，用作建筑物的填充墙材料，能改善绝热、隔声等性能，并能降低建筑物自重。

(2) 在硅酸盐水泥生产中必须加入石膏作为缓凝剂；石膏可生产无熟料水泥，如石膏矿渣无熟料水泥等；石膏可制造硫铝酸盐膨胀水泥和自应力水泥；石膏可生产各种硅酸盐制品和用作混凝土的早强剂等。高温煅烧石膏可做成无缝地板、人造大理石、地面砖以及墙板和代替白水泥用于建筑装修。

# 第三节　水　玻　璃

## 一、水玻璃的生产

水玻璃的生产可采用干法或湿法。干法是将石英砂和碳酸钠磨细拌匀，在1300～1400℃温度下熔化，经冷却后得到固体水玻璃，然后在水中加热溶解而得到液体水玻璃。湿法生产硅酸钠水玻璃时，将石英砂和苛性钠溶液置于压蒸锅（0.2～0.3MPa）内，用蒸汽加热，并加以搅拌，使之直接反应生成液体水玻璃。反应式如下：

$$Na_2CO_3+nSiO_2 \xrightarrow{\text{干法}} Na_2O \cdot nSiO_2+CO_2\uparrow$$

$$2NaOH+nSiO_2 \xrightarrow{\text{湿法}} Na_2O \cdot nSiO_2+H_2O$$

氧化硅与氧化钠的分子数比 $n$ 称为水玻璃模数，一般为1.5～3.5。$n$ 值越大，则水玻璃的黏度越大，粘结力、强度、耐热性、耐酸性也较好，而在水中的溶解能力降低：同一模数的液体水玻璃，浓度越高，溶液的密度越大，粘结力越强。水玻璃模数的大小可根据要求配制，加入氢氧化钠或硅胶可改变水玻璃的模数，工程中也可将两种不同模数的水玻璃掺配使用，以满足施工需要。当液体水玻璃的浓度太大或太小时，可用加水稀释或加热浓缩的方法来调整。

常用水玻璃的模数为2.6～3.0，溶液密度为1.30～1.50g/cm$^3$。

## 二、水玻璃的硬化

液体水玻璃在空气中与二氧化碳反应，生成无定型的硅酸凝胶，在干燥环境中，硅酸凝胶逐渐脱水产生质点凝聚而硬化。反应式如下：

$$Na_2O \cdot nSiO_2+CO_2+mH_2O \longrightarrow Na_2CO_3+nSiO_2 \cdot mH_2O$$

$$nSiO_2 \cdot mH_2O \longrightarrow nSiO_2+mH_2O$$

空气中二氧化碳含量有限，液体水玻璃的碳化速度很慢。为加速硬化，在施工中常使用促硬剂，如氟硅酸钠等。水玻璃加入氟硅酸钠后发生下面的反应，促使硅酸凝胶加速析出。

$$2(Na_2O \cdot nSiO_2)+Na_2SiF_6+mH_2O \longrightarrow (2n+1)SiO_2 \cdot mH_2O+6NaF$$

氟硅酸钠的用量为水玻璃质量的12%～15%，用量太少达不到促硬效果，用量过多则水玻璃凝结过快，增加施工困难，强度也不高。

## 三、水玻璃的性质与应用

水玻璃是一种气硬性胶凝材料，其最终强度取决于无定形硅酸胶体物质在干燥环境中脱水凝聚形成凝胶的过程。硬化后的水玻璃中仍含有少量氟硅酸钠、硅酸钠和氟化钠等可溶性盐，因此水玻璃的硬化速度较慢，耐水性较差。

水玻璃为胶体物质，具有良好的粘结能力；液体水玻璃对其他多孔材料的渗透性较好，其硬化时析出的硅酸凝胶有堵塞毛细孔隙防止水渗透的作用；水玻璃的高温稳定性较好，温度较高时，无定形硅酸更易脱水凝聚，强度无降低甚至有所提高；水玻璃是一种酸性材料，具有较高的耐酸性能，能抵抗大多数无机酸和有机酸的侵蚀作用。根据上述水玻璃的性质，它应用范围很广。

**1. 灌浆材料**

将模数为2.5~3.0的液体水玻璃和氯化钙溶液加压注入土层中，两种溶液发生化学反应，析出硅酸胶体包裹土颗粒并填充其空隙。硅酸凝胶因吸附地下水而产生体积膨胀可加固土地基并提高地基的承载力。

**2. 配制耐酸混凝土和砂浆**

采用模数为3.3~4.0、密度为1.30~1.45g/cm$^3$的水玻璃，12%~15%的氟硅酸钠促硬剂和磨细的耐酸矿物粉末填充剂（如铸石粉、辉绿岩粉、石英砂等）可配制水玻璃耐酸胶泥，在其中加入耐酸粗、细骨料即可配制成耐酸混凝土和耐酸砂浆。水玻璃耐酸材料广泛地应用于防腐工程中。

**3. 表面浸渍涂料**

水玻璃涂刷于其他材料表面，可提高抗风化能力。用浸渍法处理后的多孔材料其密实度、强度、抗渗性、抗冻性和耐腐蚀性均有不同程度的提高。工程上常采用密度为1.35g/cm$^3$的水玻璃溶液对硅酸盐制品、水泥混凝土、黏土砖和石灰石等的表面多次涂刷和浸渍，均可获得良好的效果。特别是对于含有氢氧化钙的材料，如硅酸盐制品和水泥混凝土等，由于水玻璃与石灰产生化学反应，生成水化硅酸钙凝胶，浸渍效果更佳。但水玻璃不能用于浸渍和涂刷石膏等制品，否则会产生化学反应，在制品孔隙中形成大量硫酸钠结晶，产生膨胀压力，从而导致制品的结构破坏。

**4. 配制建筑涂料和防水剂**

将水玻璃与聚乙烯按比例配合，加入助剂、填料、色浆及稳定剂，可配制成内墙涂料；水玻璃可以用作水泥的快凝剂，用于堵漏、抢修；以水玻璃为基料，加入2~5种矾配制成的防水剂，分别称为二矾、三矾、四矾或五矾防水剂。

**5. 配制耐热砂浆和混凝土**

水玻璃硬化后形成二氧化硅空间网状骨架，具有良好的耐热性。以水玻璃为胶凝材料，氟硅酸钠为促硬剂，掺入磨细的填料（如砖瓦粉末、石英砂粉、黏土熟料粉等）及耐热粗、细骨料（如铬铁矿、玄武岩、耐火砖碎块等），可配制成水玻璃耐热砂浆或混凝土，其极限使用温度在1200℃以下。

# 第七章

# 水泥、砂浆及混凝土

## 第一节　水　　泥

### 一、硅酸盐水泥

由硅酸盐水泥熟料、0~5%石灰石或粒化高炉矿渣、适量石膏磨细制成的水硬性胶凝材料，称为硅酸盐水泥。硅酸盐水泥分为两种类型，不掺加混合材料的称为Ⅰ型硅酸盐水泥，代号P·Ⅰ。在硅酸盐水泥粉磨时掺加不超过水泥质量5%的石灰石或粒化高炉矿渣混合材料的称为Ⅱ型硅酸盐水泥，代号P·Ⅱ。

### 二、硅酸盐水泥矿物组成

硅酸盐水泥的原材料主要是石灰质原料和黏土质原料。石灰质原材料主要提供CaO，可以采用石灰石、白垩、石灰质凝灰岩和泥灰岩等。黏土质原料主要提供$SiO_2$、$Al_2O_3$及少量的$Fe_2O_3$，当$Fe_2O_3$不能满足配合料的成分要求时，需要校正原料铁粉或铁矿石来提供。有时也需要硅质校正原料，如砂岩、粉砂岩等补充$SiO_2$。

硅酸盐水泥是以几种原材料按一定比例混合后磨细制成生料，然后将生料送入回转窑或立窑煅烧，煅烧后得到以硅酸钙为主要成分的水泥熟料，再与适量石膏共同磨细，最后得到硅酸盐水泥成品。概括地讲，硅酸盐水泥的主要生产工艺过程为“两磨”（磨细生料、磨细水泥）、“一烧”（生料煅烧成熟料）。

硅酸盐水泥的生产工艺流程如图7-1所示。

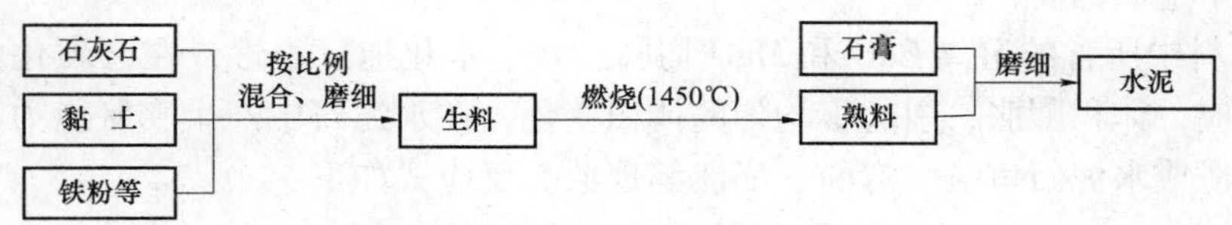


图7-1　硅酸盐水泥生产的工艺流程

煅烧是水泥生产的主要过程，生料要经历干燥（100~200℃）、预热（300~500℃）、分解（500~900℃黏土脱水分解成为$SiO_2$和$Al_2O_3$，后期石灰石分解为CaO和$CO_2$）、烧成（1000~1200℃生成铝酸三钙、铁铝酸四钙和硅酸二钙，1300~1450℃生成硅酸三钙）和冷却五个阶段。

水泥熟料中的主要矿物成分为硅酸三钙（$3CaO \cdot SiO_2$，简写式为 $C_3S$）、硅酸二钙（$2CaO \cdot SiO_2$，简写式为 $C_2S$）、铝酸三钙（$3CaO \cdot Al_2O_3$，简写式为 $C_3A$）和铁铝酸四钙（$4CaO \cdot Al_2O_3 \cdot Fe_2O_3$，简写式为 $C_4AF$）以及少量有害的游离氧化钙（CaO）、氧化镁（MgO）、氧化钾（$K_2O$）、氧化钠（$Na_2O$）与三氧化硫（$SO_3$）等成分。

不同矿物成分具有不同的性质，硅酸盐水泥熟料中主要矿物成分特性见表 7-1。

表 7-1　　硅酸盐水泥熟料中主要矿物成分特性

| 矿物组成 | $3CaO \cdot SiO_2$（$C_3S$） | $2CaO \cdot SiO_2$（$C_2S$） | $3CaO \cdot Al_2O_3$（$C_3A$） | $4CaO \cdot Al_2O_3 \cdot Fe_2O_3$（$C_4AF$） |
|---|---|---|---|---|
| 水化速度 | 快 | 慢 | 最快 | 快 |
| 水化热 | 多 | 少 | 最多 | 中 |
| 强度 | 高 | 早期低<br>后期高 | 低 | 低* |
| 收缩 | 中 | 中 | 大 | 小 |
| 抗硫酸盐腐蚀性 | 中 | 最好 | 差 | 好 |
| 含量范围（%） | 37~60 | 15~37 | 7~15 | 10~18 |

* 有资料显示 $4CaO \cdot Al_2O_3 \cdot Fe_2O_3$ 的强度为中等。

水泥熟料中各种矿物成分的相对含量变化时，水泥的性质也随之改变。由此可以生产出不同性质的水泥。例如，提高 $C_3S$ 的含量，可制成高强度水泥；提高 $C_3S$ 和 $C_3A$ 的总含量，可制得快硬早强水泥；降低 $C_3A$ 和 $C_3S$ 的含量，则可制得低水化热的水泥（如中热水泥等）。

## 三、硅酸盐水泥的性质

**1. 体积安定性**

（1）水泥体积安定性是指水泥在凝结硬化过程中体积变化是否均匀的性质。如果水泥在硬化过程中产生不均匀的体积变化，说明安定性不良。使用安定性不良的水泥，水泥制品表面将鼓包、起层、产生膨胀性的龟裂等，强度降低，甚至引起严重的工程质量事故。

（2）水泥体积安定性不良是由熟料中含有过多的游离氧化钙、游离氧化镁或掺入的石膏过量等因素造成的。

（3）熟料中所含的游离 CaO 和 MgO 均属过烧，水化速度很慢，在已硬化的水泥石中继续与水反应，体积膨胀，引起不均匀的体积变化，在水泥石中产生膨胀应力，降低了水泥石强度，造成水泥石龟裂、弯曲、崩溃等现象。反应式如下：

$$CaO+H_2O = Ca(OH)_2$$

$$MgO+H_2O = Mg(OH)_2$$

（4）若水泥生产中掺入的石膏过多，在水泥硬化以后，石膏还会继续与水化铝酸钙起反应，生成水化硫铝酸钙，体积约增大 1.5 倍，同样会引起水泥石开裂。

（5）国家标准规定用沸煮法来检验水泥的体积安定性。测试方法为雷氏法，也可以用试饼法检验。当有争议时以雷氏法为准。试饼法是用标准稠度的水泥净浆做成试饼，经恒沸 3h 以后，用肉眼观察未发现裂纹，用直尺检查没有弯曲，则安定性合格；反之，为不

合格。雷氏法是通过测定雷氏夹中的水泥浆经沸煮3h后的膨胀值来判断的，当两个试件沸煮后的膨胀值的平均值不大于5.0mm时，该水泥安定性合格；反之，为不合格。沸煮法起加速氧化钙水化的作用，所以只能检验游离的CaO过多引起的水泥体积安定性不良。

（6）游离MgO的水化作用比游离CaO更加缓慢，必须用压蒸方法才能检验出它是否有危害作用。

（7）石膏的危害则需长期浸在常温水中才能发现。因为MgO和石膏的危害作用不便于快速检验。国家标准规定：水泥出厂时，硅酸盐水泥中MgO的含量不得超过5.0%，如经压蒸安定性检验合格，允许放宽到6.0%。硅酸盐水泥中SO*a*的含量不得超过3.5%。体积安定性不合格的水泥不得在工程中使用。但某些体积安定性不良的水泥在放置一段时间后，由于水泥中游离CaO吸收空气中的水分而水化，变得合格。

**2. 强度**

（1）水泥的强度主要取决于水泥熟料矿物组成和相对含量以及水泥的细度，另外还与用水量、试验方法、养护条件、养护时间有关。

（2）水泥强度一般是指水泥胶砂试件单位面积上所能承受的最大外力，根据外力作用方式的不同，把水泥的强度分为抗压强度、抗折强度、抗拉强度等，这些强度之间既有内在的联系，又有很大的区别。水泥的抗压强度最高，一般是抗拉强度的8~20倍，实际建筑结构中主要是利用水泥的抗压强度。

（3）《水泥胶砂强度检验方法（ISO法）》（GB/T 17671—1999）规定：水泥的强度用胶砂试件检验。按质量计的一份水泥、三份中国ISO标准砂，用0.5的水灰比，以规定的方法搅拌制成标准试件（尺寸为40mm×40mm×160mm），在标准条件下［（20±1）℃的水中］养护3d和28d，测定两个龄期的抗折强度和抗压强度。根据测定的结果，将硅酸盐水泥分为42.5、42.5R、52.5、52.5R、62.5、62.5R六个强度等级，其中带R的为早强型水泥。各强度等级的水泥，各龄期的强度不得低于表7-2中的数值。

**表7-2　　各强度等级硅酸盐水泥各龄期的强度值**　　单位：MPa

<table>
<tr><th rowspan="2">强度等级</th><th colspan="2">抗 压 强 度</th><th colspan="2">抗 折 强 度</th></tr>
<tr><th>3d</th><th>28d</th><th>3d</th><th>28d</th></tr>
<tr><td>42.5</td><td>≥17.0</td><td rowspan="2">≥42.5</td><td>≥3.5</td><td rowspan="2">≥6.5</td></tr>
<tr><td>42.5R</td><td>≥22.0</td><td>≥4.0</td></tr>
<tr><td>52.5</td><td>≥23.0</td><td rowspan="2">≥52.5</td><td>≥4.0</td><td rowspan="2">≥7.0</td></tr>
<tr><td>52.5R</td><td>≥27.0</td><td>≥5.0</td></tr>
<tr><td>62.5</td><td>≥28.0</td><td rowspan="2">≥62.5</td><td>≥5.0</td><td rowspan="2">≥8.0</td></tr>
<tr><td>62.5R</td><td>≥32.0</td><td>≥5.5</td></tr>
</table>

**3. 凝结时间**

（1）水泥的凝结时间分为初凝和终凝。初凝时间是指从水泥加水拌和起到水泥浆开始失去塑性所需的时间；终凝时间是指从水泥加水拌和时起到水泥浆完全失去可塑性，并开始具有强度（但还没有强度）的时间。

（2）水泥初凝时，凝聚结构形成，水泥浆开始失去塑性，若在水泥初凝后还进行施工，不但由于水泥浆体塑性降低不利于施工成型，而且还将影响水泥内部结构的形成，降低强度。所以，为使混凝土和砂浆有足够的时间进行搅拌、运输、浇筑、振捣、成型或砌筑，水泥的初凝时间不能太短；当施工结束以后，则要求混凝土尽快硬化，并具有强度，因此水泥的终凝时间不能太长。

（3）水泥凝结时间的测定，是以标准稠度的水泥净浆，在规定的温度和湿度条件下，用凝结时间测定仪来测定。

（4）《通用硅酸盐水泥》（GB 175—2007）规定：硅酸盐水泥的初凝时间不小于45min，终凝时间不大于390min。

**4. 细度**

（1）细度是指粉体材料的粗细程度。通常用筛分析的方法或比表面积的方法来测定。筛分析法以80μm方孔筛的筛余率表示，比表面积法是以1kg质量材料所具有的总表面积（$m^2/kg$）来表示。

（2）一般认为，粒径小于40μm水泥颗粒才具有较高的活性，大于100μm时，则几乎接近惰性。水泥颗粒越细，其比表面积越大，与水的接触面越多，水化反应进行得越快、越充分，凝结硬化越快，早期强度越高；成本也较高，因易吸收空气中水分而受潮，不利于储存；特别是在空气中硬化收缩性加大，降低了水泥制品的抗裂性能：现行铁路标准规定硅酸盐水泥、普通硅酸盐水泥比表面积应在300~350$m^2/kg$，超出范围则不合格。《通用硅酸盐水泥》（GB 175—2007）规定：硅酸盐水泥比表面积应大于300$m^2/kg$。

**5. 其他性质**

（1）水化热

1）水泥的水化是放热反应，放出的热量称为水化热。水泥的放热过程可以持续很长时间，但大部分热量是在早期放出，放热对混凝土结构影响最大的时间也是在早期，特别是在最初3~7d。硅酸盐水泥水化热很大，当用硅酸盐水泥来浇筑大型基础、桥梁墩台、水利工程等大体积混凝土构筑物时，由于混凝土本身是热的不良导体，水化热积蓄在混凝土内部不易发散，使混凝土内部温度急剧上升，内外温差可达到50~60℃，产生很大的温度应力，导致混凝土开裂，严重影响了混凝土结构的完整性和耐久性。

2）大体积混凝土中一般要严格控制水泥的水化热，有时还应对混凝土结构物采用相应的温控施工措施，如原材料降温，使用冰水、埋冷凝水管、测温和特殊的养护等。

3）水化热和放热速率与水泥矿物成分及水泥细度有关。各熟料矿物在不同龄期放出的水化热可参见表7-3。由表中可看出，$C_3A$和$C_3S$的水化热最大，放热速率也快，$C_4AF$水化热中等，$C_2S$水化热最小，放热速度也最慢。由于硅酸盐水泥的水化热很大，因此不能用于大体积混凝土中。

**表7-3　各主要矿物成分不同龄期放出的水化热**　　单位：J/g

| 矿物名称 | 凝结硬化时间 | | | | | 完全水化 |
|---|---|---|---|---|---|---|
| | 3d | 7d | 28d | 90d | 180d | |
| $C_3S$ | 406 | 460 | 485 | 519 | 565 | 669 |
| $C_2S$ | 63 | 105 | 167 | 184 | 209 | 331 |
| $C_3A$ | 590 | 661 | 874 | 929 | 1025 | 1063 |
| $C_4AF$ | 92 | 251 | 377 | 414 | — | 569 |

（2）标准稠度用水量。

1）在测定水泥的凝结时间、体积安定性等时，为避免出现误差并使结果具有可比性，必须在规定的水泥标准稠度下进行试验。所谓标准稠度，是采用按规定的方法拌制的水泥净浆，在水泥标准稠度测定仪上，当标准试杆沉入净浆并能稳定在距底板（6±1）mm 时。其拌和用水量为水泥的标准稠度用水量，按照此时水与水泥质量的百分比计。

2）水泥的标准稠度用水量主要与水泥的细度及其矿物成分等有关。硅酸盐水泥的标准稠度用水量一般在 21%～28%。

（3）碱含量。

1）硅酸盐水泥除含主要矿物成分以外，还含有少量 $Na_2O$、$K_2O$ 等。水泥中的碱含量按 $Na_2O+0.658K_2O$ 的计算值来表示。当用于混凝土中的水泥碱含量过高，同时骨料具有一定的碱活性时，会发生有害的碱—骨料反应。因此，《通用硅酸盐水泥》（GB 175—2007）规定：若使用活性骨料，用户要求提供低碱水泥时，水泥中碱含量不得大于 0.6%或由供需双方商定。

2）国家标准《通用硅酸盐水泥》规定：通用性水泥的化学指标、凝结时间、安定性、强度均合格，则为合格品，其中任意一项不合格的则为不合格品。

（4）不溶物和烧失量。

1）不溶物是指水泥经酸和碱处理后，不能被溶解的残余物。它是水泥中非活性组分，主要由生料、混合材和石膏中的杂质产生。国家标准规定：Ⅰ型硅酸盐水泥中的不溶物不得超过 0.75%，Ⅱ型硅酸盐水泥不得超过 1.50%。

2）烧失量是指水泥经高温灼烧以后的质量损失率。Ⅰ型硅酸盐水泥中的烧失量不得大于 3.0%，Ⅱ型硅酸盐水泥不得大于 3.5%。

## 四、硅酸盐水泥的水化、凝结与硬化

**1. 硅酸盐水泥的水化**

当水泥颗粒与水接触后，其表面的熟料矿物成分开始发生水化反应，生成水化产物并放出一定热量。

（1）硅酸三钙。在常温下，$C_3S$ 水化反应可大致用下列方程式表示：

$$2(3CaO \cdot SiO_2)+6H_2O \longrightarrow 3CaO \cdot 2SiO_2 \cdot 3H_2O+3Ca(OH)_2$$

产物水化硅酸钙（$3CaO \cdot 2SiO_2 \cdot 3H_2O$）中 $CaO/SiO_2$（称为钙硅比）的真实比例和结合水量与水化条件及水化龄期等有关。水化硅酸钙几乎不溶于水，而以胶体微粒析出，并逐渐凝聚成为凝胶，通常将这些成分不固定的水化硅酸钙称为 C—S—H 凝胶。C—S—H 凝胶尺寸很小，具有巨大的内比表面积，凝胶粒子间存在范德华力和化学结合键，由它构成的网状结构具有很高的强度，所以硅酸盐水泥的强度主要是由 C—S—H 凝胶提供的。水化生成的 $Ca(OH)_2$，在溶液中的浓度很快达到过饱和，以六方晶体析出。$Ca(OH)_2$ 的强度、耐水性和耐久性都很差。

（2）硅酸二钙。$C_2S$ 水化反应速度慢，放热量小，虽然水化产物与硅酸三钙相同，但数量不同，因此硅酸二钙早期强度低，但后期强度高。其水化反应方程式为

$$2(2CaO \cdot SiO_2)+4H_2O \longrightarrow 3CaO \cdot 2SiO_2 \cdot 3H_2O+Ca(OH)_2$$

（3）铝酸三钙。$C_3A$ 水化反应迅速，水化放热量很大，生成水化铝酸三钙。其水化反

应方程式为

$$3CaO \cdot Al_2O_3+6H_2O \longrightarrow 3CaO \cdot Al_2O_3 \cdot 6H_2O$$

水化铝酸三钙为立方晶体。在液相中氢氧化钙浓度达到饱和时，铝酸三钙还发生如下水化反应：

$$3CaO \cdot Al_2O_3+Ca(OH)_2+12H_2O \longrightarrow 4CaO \cdot Al_2O_3 \cdot 13H_2O$$

水化铝酸四钙为六方片状晶体。在氢氧化钙浓度达到饱和时，其数量迅速增加，使得水泥浆体加水后迅速凝结，来不及施工。

在硅酸盐水泥生产中，通常加入2%~3%的石膏，调节水泥的凝结时间。

水泥中的石膏迅速溶解，与水化铝酸钙发生反应，生成针状晶体的高硫型水化硫铝酸钙（$3CaO \cdot Al_2O_3 \cdot 3CaSO_4 \cdot 31H_2O$，又称钙矾石），沉积在水泥颗粒表面，形成了保护膜，延缓了水泥的凝结时间。

当石膏耗尽时，铝酸三钙还会与钙矾石反应生成单硫型水化硫铝酸钙（$3CaO \cdot Al_2O_3 \cdot CaSO_4 \cdot 12H_2O$）。

（4）铁铝酸四钙。$C_4AF$ 与水反应，生成立方晶体的水化铝酸三钙和胶体状的水化铁酸一钙。

$$4CaO \cdot Al_2O_3 \cdot Fe_2O_3+7H_2O \longrightarrow 3CaO \cdot Al_2O_3 \cdot 6H_2O+CaO \cdot Fe_2O_3 \cdot H_2O$$

在有氢氧化钙或石膏存在时，$C_4AF$ 将进一步水化生成水化铝酸钙和水化铁酸钙的固溶体或水化硫铝酸钙和水化硫铁酸钙的固溶体。

（5）石膏。硅酸盐水泥熟料加水拌和，由于铝酸三钙的迅速水化，使水泥浆产生速凝，导致无法正常施工。在水泥生产中，加入适量石膏作为调凝剂，使水泥浆凝结时间满足施工要求。石膏参与的水化反应如下：

$$3CaO \cdot Al_2O_3 \cdot 6H_2O+3(CaSO_4 \cdot 2H_2O)+19H_2O \longrightarrow 3CaO \cdot Al_2O_3 \cdot 3CaSO_4 \cdot 31H_2O$$

高硫型水化硫铝酸钙晶体（钙矾石）

石膏消耗完后，进一步发生下列反应：

$$3CaO \cdot Al_2O_3 \cdot 3CaSO_4 \cdot 31H_2O+2(3CaO \cdot Al_2O_3 \cdot 6H_2O)+H_2O \longrightarrow 3(3CaO \cdot Al_2O_3) \cdot CaSO_4 \cdot 12H_2O$$

低硫型水化硫铝酸钙晶体

高硫型水化硫铝钙是难溶于水的针状晶体，它沉淀在熟料颗粒的周围，阻碍了水分的渗入，对水泥凝结起延缓作用。水化物中 CaO 与酸性氧化物（如 $SiO_2$ 或 $Al_2O_3$）的比值称为碱度，一般情况下硅酸盐水泥水化产生的水化物为高碱性水化物。如果忽略一些次要的和少量的成分，硅酸盐水泥与水作用后，生成的主要水化产物是：水化硅酸钙和水化铁酸钙凝胶，氢氧化钙、水化铝酸钙和水化硫铝酸钙晶体。在完全水化的水泥石中，水化硅酸钙约占50%，氢氧化钙约占25%。

**2. 硅酸盐水泥的凝结**

硅酸盐水泥的凝结硬化过程，按照水化放热曲线（或水化反应速度）和水泥浆体结构的变化特征分为四个阶段。

（1）初始反应期。

1）硅酸盐水泥加水拌和后，水泥颗粒分散于水中，形成水泥浆，水泥颗粒表面的熟料，特别是 $C_3A$ 迅速水化，在石膏条件下形成钙矾石，并伴随有显著的放热现象，此为水

化初始反应期，时间只有 5~10min。

2）水化产物不是很多，它们相互之间的引力比较小，水泥浆体具有可塑性。

3）由于各种水化产物的溶解度都很小，不断地沉淀析出，初始阶段水化速度很快，来不及扩散，于是在水泥颗粒周围析出胶体和晶体（水化硫铝酸钙、水化硅酸钙和氢氧化钙等），逐渐围绕着水泥颗粒形成一水化物膜层。

（2）潜伏期。在此期间，水泥颗粒的水化不断进行，使包裹水泥颗粒表面的水化物膜层逐渐增厚。膜层的存在减缓了外部水分向内渗入和水化产物向外扩散的速度，因而减缓了水泥的水化，水化反应和放热速度减慢。

在潜伏期，水泥颗粒间的水分可渗入膜层与内部水泥颗粒进行反应，所产生的水化产物使膜层向内增厚，同时水分渗入膜层内部的速度大于水化产物透过膜层向外扩散的速度，造成膜层内外浓度差，形成了渗透压，最终会导致膜层破裂，水化反应加速，潜伏期结束。

此段时间水化产物不够多，水泥颗粒仍是分散的，水泥的流动性基本不变。此段时间一般持续 30~60min。

（3）凝结期。

1）从硅酸盐水泥的水化放热曲线看，放热速度加快，经过一定的时间后，达到最大放热峰值。膜层破裂以后，周围饱和程度较低的溶液与尚未水化的水泥颗粒内核接触；再次使反应速度加快，直至形成新的膜层。

2）水泥凝胶体膜层的向外增厚以及随后的破裂、扩展，使水泥颗粒之间原来被水所占的空隙逐渐减小，而包有凝胶体的颗粒，则通过凝胶体的扩展而逐渐接近，以至在某些点相接触，并以分子键相连接，构成比较疏松的空间网状的凝聚结构。有外界扰动时（如振动），凝聚结构破坏，撤去外界扰动，结构又能够恢复，这种性质称为水泥的触变性。触变性随水泥的凝聚结构的发展将丧失。凝聚结构的形成使得水泥开始失去塑性，此时为水泥的初凝。初凝时间一般为 1~3h。

3）随着水化的进行和凝聚结构的发展，固态的水化物不断增加，颗粒间的空间逐渐减少，水化物之间相互接触点数量增加，形成结晶体和凝胶体互相贯穿的凝聚—结晶结构，使得水泥完全失去塑性，同时又是强度开始发展的起点，此时为水泥的终凝。终凝时间一般为 3~6h。

（4）硬化期。

1）随着水化的不断进行，水泥颗粒之间的空隙逐渐缩小为毛细孔，由于水泥内核的水化，使水化产物的数量逐渐增多，并向外扩展填充于毛细孔中，凝胶体间的空隙越来越小，浆体进入硬化阶段而逐渐产生强度。在适宜的温度和湿度条件下，水泥强度可以持续地增长（6h 至若干年）。

2）水泥颗粒的水化和凝结硬化是从水泥颗粒表面开始的，随着水化的进行，水泥颗粒内部的水化越来越困难，经过长时间水化后（几年甚至几十年），多数水泥颗粒仍剩余尚未水化的内核。所以，硬化后的水泥石结构是由水泥凝胶体（胶体与晶体）、未水化的水泥内核及孔隙组成的，它们在不同时期相对数量的变化，决定着水泥石的性质。

3）水泥石强度发展的规律是：3~7d 内强度增长最快，28d 内强度增长较快，超过 28d 后强度将继续发展，但非常缓慢。因此，一般把 3d、28d 作为其强度等级评定的标准龄期。

影响水泥水化和凝结硬化的直接因素是矿物组成。此外，水泥的水化和凝结硬化还与水泥的细度、拌和用水量、养护温湿度和养护龄期等有关。

（1）水泥细度。水泥颗粒的粗细直接影响到水泥的水化和凝结硬化。因为水化是从水泥颗粒表面开始，逐渐深入到内部的。水泥颗粒越细，与水的接触表面积越大，整体水化反应越快，凝结硬化也快。

（2）用水量。为使水泥制品能够成型，水泥浆体应具有一定的塑性和流动性，所加入的水一般要远远超过水化的理论需水量。多余的水在水泥石中形成较多的毛细孔和缺陷，影响水泥的凝结硬化和水泥石的强度。

（3）养护条件。

1）保持适宜的环境温度和湿度，促使水泥性能发展的措施，称为养护。提高环境温度，可以促进水泥水化，加速凝结硬化，早期强度发展比较快；但温度太高（超过400℃），将对后期强度产生不利的影响。温度降低时，水化反应减慢，当日平均温度低于5℃时，硬化速度严重降低，必须按照冬季施工进行蓄热养护，才能保证水泥制品强度的正常发展。当水结冰时，水化停止，而且由于体积膨胀，还会破坏水泥制品的结构。

2）潮湿环境下的水泥石能够保持足够的水分进行水化和凝结硬化，使水泥石强度不断增长。环境干燥时，水分将很快地蒸发，水泥浆体中缺乏水泥水化所需要的水分，水化不能正常进行，强度也不能正常发展。同时，水泥制品失水过快，可能导致其出现收缩裂缝。

（4）养护龄期。水泥的水化和凝结硬化在一个较长时间内是一个不断进行的过程。早期水化速度快，强度发展也比较快，以后逐渐减慢。

（5）其他因素。能使水泥的某些性质发生显著改变的添加剂，称为水泥的外加剂。其中一些外加剂能显著改变水泥的凝结硬化性能，如缓凝剂可延缓水泥的凝结时间，速凝剂可加速水泥的凝结，早强剂可提高水泥混凝土的早期强度。一般来说，混合材料的加入使得水泥的早期强度降低，但后期强度提高，凝结时间稍微延长。不同品种水泥的强度发展速度不同。

## 五、硅酸盐水泥的特性和应用

（1）硅酸盐水泥凝结正常，硬化快，早期强度与后期强度均高。适用于重要结构的高强混凝土和预应力混凝土工程。

（2）耐腐蚀性差。硅酸盐水泥水化产物中，$Ca(OH)_2$ 的含量较多，耐软水腐蚀和耐化学腐蚀性较差，不适用于受流动的或有水压的软水作用的工程，也不适用于受海水及其他腐蚀介质作用的工程。

（3）耐热性差。硅酸盐水泥石受热达200~300℃时，水化物开始脱水，强度开始下降；当温度达到500~600℃时，氢氧化钙分解，强度明显下降；当温度达到700~1000℃时，强度降低更多，甚至完全破坏。因此，硅酸盐水泥不适用于耐热要求较高的工程。

（4）抗碳化性好，干缩小。水泥中的 $Ca(OH)_2$ 与空气中的 $CO_2$ 的作用称为碳化。由于水泥石中的 $Ca(OH)_2$ 含量多，抗碳化性好，因此，用硅酸盐水泥配制的混凝土对钢筋避免生锈的保护作用强。硅酸盐水泥的干燥收缩小，不易产生干缩裂纹，适用于干燥的

环境中。

(5) 水化过程放热量大。不宜用于大体积混凝土工程。

(6) 耐冻性、耐磨性好。适用于冬季施工以及严寒地区遭受反复冻融的工程。

### 六、储运保管

水泥包装方式主要有散装和袋装。散装水泥从出厂、运输、储存到使用，直接通过专用工具进行。散装水泥污染少，节约人力物力，具有较好的经济和社会效益。我国水泥目前多采用50kg包装袋的形式，但正大力提倡和发展散装水泥。

水泥在运输和保管时，不得混入杂物。不同品种、标号及出厂日期的水泥，应分别储存，并加以标志，不得混杂。散装水泥应分库存放。袋装水泥堆放时应考虑防水防潮，堆置高度一般不超过10袋，每平方米可堆放1t左右。使用时应考虑先存先用的原则，水泥在存放过程中会吸收空气中的水蒸气和二氧化碳，发生水化和碳化，使水泥结块，强度降低。一般情况下，袋装水泥储存3个月后，强度降低10%～20%；6个月后降低15%～30%；一年后降低25%～40%。因此，水泥的存放期为3个月，超过3个月应重新检验，确定其强度。

## 第二节 其他水泥简介

### 一、矿渣硅酸盐水泥、火山灰质硅酸盐水泥、粉煤灰硅酸盐水泥及复合硅酸盐水泥

凡由硅酸盐水泥熟料和粒化高炉矿渣、适量石膏磨细制成的水硬性胶凝材料称为矿渣硅酸盐水泥（简称矿渣水泥，Portland Blastfurnace-slag Cement），代号P·S。水泥中的粒化高炉矿渣掺加量按照质量百分比计为20%～70%。矿渣硅酸盐水泥分为混合材料掺量大于20%且不大于50%（P·S·A）和掺量大于50%且不大于70%（P·S·B）两种。

凡由硅酸盐水泥熟料和火山灰质混合材料、适量石膏磨细制成的水硬性胶凝材料称为火山灰质硅酸盐水泥（简称火山灰水泥，Portland Pozzolana Cement），代号P·P。水泥中火山灰质混合材料掺量按质量百分比计为大于20%且不大于40%。

凡由硅酸盐水泥熟料和粉煤灰、适量石膏磨细制成的水硬性胶凝材料称为粉煤灰硅酸盐水泥（简称粉煤灰水泥，Portland Fly-ash Cement），代号P·F。水泥中粉煤灰的掺量按质量百分比计为大于20%且不大于40%。

复合硅酸盐水泥是由两种及两种以上混合材料共同掺入水泥中，其混合材料掺量为大于20%且不大于50%。

**1. 指标**

(1) 氧化镁。熟料中的氧化镁的含量不得超过5.0%。如果水泥经过压蒸安定性试验合格，则熟料中氧化镁的含量允许放宽到6.0%。熟料中氧化镁的含量为5.0%～6.0%时，如矿渣水泥中的混合材料总量不大于40%或火山灰水泥和粉煤灰水泥混合材料掺加量大于30%，制成的水泥可不做压蒸试验。

(2) 三氧化硫。矿渣水泥的三氧化硫的含量不得超过4.0%；火山灰水泥和粉煤灰水

泥的三氧化硫的含量不得超过3.5%。

（3）细度、凝结时间、体积安定性、碱含量要求等同普通硅酸盐水泥。

（4）强度。强度等级按规定龄期的抗压强度和抗折强度来划分，共分为32.5、32.5R、42.5、42.5R、52.5、52.5R六个强度等级，各强度等级水泥的各龄期抗压强度和抗折强度不得低于表7-4中的数值。

表7-4　矿渣水泥、火山灰水泥、粉煤灰水泥、复合硅酸盐水泥各强度等级的强度要求强度等级

| 强度等级 | 抗压强度 | | 抗折强度 | |
|---|---|---|---|---|
| | 3d | 28d | 3d | 28d |
| 32.5 | ≥10.0 | ≥32.5 | ≥2.5 | ≥5.5 |
| 32.5R | ≥15.0 | | ≥3.5 | |
| 42.5 | ≥15.0 | ≥42.5 | ≥3.5 | ≥6.5 |
| 42.5R | ≥19.0 | | ≥4.0 | |
| 52.5 | ≥21.0 | ≥52.5 | ≥4.0 | ≥7.0 |
| 52.5R | ≥23.0 | | ≥4.5 | |

**2. 性能与应用**

由于活性混合材料的掺量较多，且活性混合材料的化学成分基本相同（主要是活性氧化硅和活性氧化铝），因此它们的大多数性质和应用相同或相近，即这四种水泥在许多情况下可替代使用。但与硅酸盐水泥或普通水泥相比，有明显的不同。又由于不同混合材料结构上的不同，它们相互之间又具有各自的特性，这些性质决定了它们使用上的特点和应用。下面我们从这四种掺混合材料的水泥的共性和个性两个方面来阐述它们的性质。

（1）掺活性混合材料的硅酸盐水泥的共性。强度早期低，后期发展快。由于水泥中掺入了大量活性混合材料，水泥中矿物$C_3S$和$C_3A$的含量降低，水化速度慢，早期强度低；但随着水化的进行，混合材料中的活性$SiO_2$与$Ca(OH)_2$不断地作用，生成比硅酸盐水泥更多的水化硅酸钙，使得后期强度发展较快，其强度甚至超过同强度等级的硅酸盐水泥。水化热小。水泥熟料含量少，早期水化热小且放热缓慢。因此，四种掺活性混合材料的硅酸盐水泥适合于大体积混凝土施工。对养护温度敏感，适合蒸汽养护。四种掺活性混合材料水泥环境温度降低时，水化速度明显减弱，强度发展慢，因此，不适合冬季施工现浇的工程。提高养护温度能够有效地促进活性混合材料的二次水化，提高早期强度，且对后期强度发展无不利的影响。而硅酸盐水泥或普通水泥，蒸汽养护可提高早期强度，但后期强度发展要受到一定影响。通常28d强度要比常温养护条件下的低。耐腐蚀性好。由于大量的混合材料的掺入和熟料含量少，水化物中的氢氧化钙少，而且二次水化还要进一步消耗氢氧化钙，使水泥石结构中氢氧化钙的含量进一步降低，因此耐腐蚀性好。适合用于有硫酸盐、镁盐、软水等腐蚀作用的环境，如水利、海港、码头、隧道等混凝土工程。但当腐蚀介质的浓度较高或耐腐蚀要求高时，还应采取其他相应的防腐蚀的措施或选用其他特种水泥。抗冻性、耐磨性差。矿渣和粉煤灰保水性差，泌水后形成连通的孔隙，火山灰需水量大，硬化后内部孔隙率大，因此，它们的抗冻性、耐磨性差。

（2）抗碳化性差。水化后氢氧化钙的含量很低，故抗碳化性差，不适合用于二氧化碳

含量高的工业厂房等。

（3）掺较多活性混合材料的硅酸盐水泥的特性。

1）矿渣水泥。矿渣为玻璃态的物质，难于磨细，对水的吸附能力差，故矿渣水泥保水性差，泌水性大。在混凝土施工中由于泌水而形成毛细管通道及水囊，水分的蒸发又容易引起干缩，影响混凝土的抗渗性、抗冻性及耐磨性等。由于矿渣本身耐热性好，矿渣水泥硬化后氢氧化钙的含量又比较低，因此，矿渣水泥的耐热性比较好。

2）火山灰水泥。火山灰质混合材料的结构特点是疏松多孔，内比表面积大，火山灰水泥的特点是易吸水、泌水性小。在潮湿的条件下养护，可以形成较多的水化产物，水泥石结构比较致密，从而具有较高的抗渗性和耐水性。如处于干燥环境中，由于保水性高，所吸的水分大量地蒸发，体积收缩大，易产生裂缝，因此，火山灰水泥不宜用于长期处于干燥环境和水位变化区的混凝土工程。

3）粉煤灰水泥。粉煤灰与其他天然火山灰相比，结构比较致密，内比表面积小，有很多球形颗粒，吸水能力弱，所以粉煤灰水泥需水量较低，干缩性较小，抗裂性较好。尤其适用于大体积水工混凝土以及地下和海港工程等。

4）复合水泥的特性还与混合材料的品种与掺量有关。复合水泥的性能在以矿渣为主要混合材料时，其性能与矿渣水泥接近；而当以火山灰质材料为主要混合材料时，则接近火山灰水泥的性能。因此，在复合水泥包装袋上应标明主要混合材料的名称。

为了便于识别，硅酸盐水泥和普通水泥包装袋上要求用红字印刷，矿渣水泥包装袋上要求采用绿字印刷，火山灰水泥、粉煤灰水泥和复合水泥则要求采用黑字印刷。

**3. 应用**

硅酸盐水泥、普通水泥、矿渣水泥、火山灰水泥、粉煤灰水泥和复合水泥是建设工程中的常用水泥，它们的主要性能与应用见表 7–5。

**表 7–5　　六种常用水泥的性能与应用**

<table>
<tr><th>项目</th><th>硅酸盐水泥</th><th>普通水泥</th><th>矿渣水泥</th><th>火山灰水泥</th><th>粉煤灰水泥</th><th>复合水泥</th></tr>
<tr><td>主要成分</td><td>硅酸盐水泥熟料，0% ~ 5% 混合材料，适量石膏</td><td>硅酸盐水泥熟料，>5% 且 ≤ 20% 混合材料，适量石膏</td><td>硅酸盐水泥熟料，20% ~ 70% 粒化高炉矿渣，适量石膏</td><td>硅酸盐水泥熟料，> 20% 且 ≤ 40% 火山灰质混合材料，适量石膏</td><td>硅酸盐水泥熟料，> 20% 且 ≤ 40% 粉煤灰，适量石膏</td><td>硅酸盐水泥熟料，> 20% 且 ≤ 50% 两种及两种以上混合材料，适量石膏</td></tr>
<tr><td rowspan="2">性质</td><td rowspan="2">（1）早期、后期强度高；<br>（2）抗冻性、耐磨性好；<br>（3）水化热大；<br>（4）耐腐蚀性差；<br>（5）耐热性差；<br>（6）抗碳化性好</td><td rowspan="2">（1）早期强度较高；<br>（2）抗冻性、耐磨性较好；<br>（3）水化热较大；<br>（4）耐腐蚀性较差；<br>（5）耐热性较差；<br>（6）抗碳化性好</td><td colspan="4">（1）水化热小；<br>（2）对温度敏感，适合蒸汽养护；<br>（3）耐腐蚀性好；<br>（4）抗碳化性差；<br>（5）早期强度低，后期强度高；<br>（6）抗冻性较差</td></tr>
<tr><td>（1）泌水性大、抗渗性差；<br>（2）耐热性较好；<br>（3）干缩较大</td><td>（1）保水性好、抗渗性好；<br>（2）干缩大；<br>（3）耐磨性差</td><td>（1）干缩小、抗裂性好；<br>（2）耐磨性差</td><td>与混合材料的品种及掺量有关</td></tr>
</table>

续表

<table>
<tr><th colspan="2">项目</th><th>硅酸盐水泥</th><th>普通水泥</th><th>矿渣水泥</th><th>火山灰水泥</th><th>粉煤灰水泥</th><th>复合水泥</th></tr>
<tr><td rowspan="7">应用</td><td rowspan="2">优先使用</td><td colspan="2">早期强度要求高的混凝土，有耐磨要求的混凝土，严寒地区反复遭受冻融作用的混凝土，抗碳化性能要求高的混凝土，掺混合材料的混凝土</td><td colspan="4">水下混凝土，海港混凝土，大体积混凝土，耐腐蚀性要求较高的混凝土，高温下养护的混凝土</td></tr>
<tr><td>高强度混凝土</td><td>普通气候及干燥环境中的混凝土，有抗渗要求的混凝土，受干湿循环作用的混凝土</td><td>有耐热要求的混凝土</td><td>有抗渗要求的混凝土</td><td>—</td><td>—</td></tr>
<tr><td rowspan="2">可以使用</td><td rowspan="2">一般工程</td><td rowspan="2">高强度混凝土，水下混凝土，高温养护混凝土，耐热混凝土；在就地取材困难时，是多数工程最后的备选水泥</td><td colspan="4">普通气候环境中的混凝土</td></tr>
<tr><td>抗冻性要求较高的混凝土，有耐磨性要求的混凝土</td><td>—</td><td>—</td><td>—</td></tr>
<tr><td rowspan="3">不宜或不得使用</td><td colspan="2" rowspan="2">大体积混凝土，易受腐蚀的混凝土</td><td colspan="4">掺混合材料的混凝土，低温或冬期施工的混凝土，抗碳化性要求高的混凝土</td></tr>
<tr><td colspan="3">早期强度要求高的混凝土，抗冻性要求高的混凝土</td><td rowspan="2">—</td></tr>
<tr><td>耐热混凝土，高温养护混凝土</td><td>—</td><td>抗渗性要求高的混凝土</td><td colspan="2">干燥环境中的混凝土，有耐磨要求的混凝土</td></tr>
</table>

## 二、铝酸盐水泥

凡以铝酸钙为主的铝酸盐水泥熟料，磨细制成的水硬性胶凝材料称为铝酸盐水泥（Aluminate Cements），代号 CA。

**1. 铝酸盐水泥的分类和矿物组成**

铝矾土和石灰石为铝酸盐水泥生产的主要原材料，通过调整二者的比例，改变水泥的矿物组成，可以得到不同性质的铝酸盐水泥。铝酸盐水泥根据 $Al_2O_3$ 的含量百分数分为四类：

（1）CA-50　$50\% \leqslant Al_2O_3 < 60\%$；

（2）CA-60　$60\% \leqslant Al_2O_3 < 68\%$；

（3）CA-70　$68\% \leqslant Al_2O_3 < 77\%$；

（4）CA-80　$77\% \leqslant Al_2O_3$。

铝酸盐水泥主要熟料矿物成分为铝酸一钙（简写为 CA），二铝酸一钙（简写为 $CA_2$）和少量的七铝酸十二钙（简写为 $C_{12}A_7$）、硅酸二钙（简写为 $C_2S$）及硅铝酸二钙（简写为 $C_2AS$）等。铝酸盐水泥随着 $Al_2O_3$ 含量的提高，会伴随矿物成分 CA 逐渐降低，$CA_2$ 逐

渐提高。CA-50 中 $Al_2O_3$ 含量最低，矿物成分主要为 CA，其含量约占水泥总质量的 70%；CA-80 中 $Al_2O_3$ 含量最高，矿物成分主要为 $CA_2$，其含量占水泥质量的 60%~70%。铝酸一钙（CA）：低 $Al_2O_3$ 含量的铝酸盐水泥，为 CA-50 的最主要矿物成分，水硬活性高，硬化速度快，是铝酸盐水泥主要的强度来源；CA 含量过高的水泥，强度发展在早期，后期强度提高不明显。因此，CA-50 是一种快硬、高强和早强的水泥。

二铝酸一钙（$CA_2$）：在 $Al_2O_3$ 含量高的水泥中，$CA_2$ 的含量高。$CA_2$ 水化硬化慢，早期强度低，但后期强度不断提高。品质优良的铝酸盐水泥一般以 CA 和 $CA_2$ 为主。铝酸盐水泥随着 $CA_2$ 的提高，耐火性能提高。CA-80 是一种高耐火性的水泥。

**2. 铝酸盐水泥的技术要求**

（1）成分。水泥的化学成分按照水泥的质量百分比计应符合表 7-6 的要求。

**表 7-6　　铝酸盐水泥的化学成分**

| 类型 | $Al_2O_3$ | $SiO_2$ | $Fe_2O_3$ | $R_2O(Na_2O+0.658K_2O)$ | S*（全硫） | Cl* |
|---|---|---|---|---|---|---|
| CA-50 | ≥50，<60 | ≤8.0 | ≤2.5 | ≤0.40 | ≤0.1 | ≤0.1 |
| CA-60 | ≥60，<68 | ≤5.0 | ≤2.0 | | | |
| CA-70 | ≥68，<77 | ≤1.0 | ≤0.7 | | | |
| CA-80 | ≥77 | ≤0.5 | ≤0.5 | | | |

* 当用户需要时，生产厂应提供结果和测定方法。

（2）物理性能。

1）细度。比表面积不小于 $300m^2/kg$ 或 0.045mm 筛余不大于 20%，由供需双方商定。

2）凝结时间。对于不同类型的铝酸盐水泥，初凝时间不得早于 30min 或 60min，终凝时间不得迟于 6h 或 18h。

3）强度。各类型铝酸盐水泥不同龄期的抗压强度和抗折强度不得低于表 7-7 中的数值。

**表 7-7　　铝酸盐水泥胶砂强度要求**　　单位：MPa

| 水泥类型 | 抗压强度 | | | | 抗折强度 | | | |
|---|---|---|---|---|---|---|---|---|
| | 6h | 1d | 3d | 28d | 6h | 1d | 3d | 28d |
| CA-50 | 20* | 40 | 50 | — | 3.0* | 5.5 | 6.5 | — |
| CA-60 | — | 20 | 45 | 85 | — | 2.5 | 5.0 | 10.0 |
| CA-70 | — | 30 | 40 | — | — | 5.0 | 6.0 | — |
| CA-80 | — | 25 | 30 | — | — | 4.0 | 5.0 | — |

* 当用户需要时，生产厂应提供结果和测定方法。

**3. 铝酸盐水泥的水化和硬化**

铝酸盐水泥中主要有铝酸一钙 CA 和二铝酸一钙 $CA_2$ 的水化和硬化，其水化产物随温度的不同而不同。

（1）铝酸一钙的水化。当温度低于 20℃时，其主要的反应式为

$$CaO \cdot Al_2O_3+10H_2O \longrightarrow CaO \cdot Al_2O_3 \cdot 10H_2O$$

生成物为水化铝酸一钙（简写为 $CAH_{10}$）。

当温度为 20~30℃时，其主要的反应式为

$$2(CaO \cdot Al_2O_3)+11H_2O \longrightarrow 2CaO \cdot Al_2O_3 \cdot 8H_2O+Al_2O_3 \cdot 3H_2O$$

生成物为水化铝酸二钙（简写为 $C_2AH_8$）和氢氧化铝。

当温度高于 30℃时，其主要的反应式为

$$3(CaO \cdot Al_2O_3)+12H_2O \longrightarrow 3CaO \cdot Al_2O_3 \cdot 6H_2O+2(Al_2O_3 \cdot 3H_2O)$$

生成物为水化铝酸三钙（简写为 $C_3AH6$）和氢氧化铝。

（2）二铝酸一钙的水化。当温度低于 20℃时，其主要的反应式为

$$2(CaO \cdot 2Al_2O_3)+26H_2O \longrightarrow 2(CaO \cdot Al_2O_3 \cdot 10H_2O)+2(Al_2O_3 \cdot 3H_2O)$$

当温度为 20~30℃时，其主要的反应式为

$$2(CaO \cdot 2Al_2O_3)+17H_2O \longrightarrow 2CaO \cdot Al_2O_3 \cdot 8H_2O+3(Al_2O_3 \cdot 3H_2O)$$

当温度高于 30℃时，其主要的反应式为

$$3(CaO \cdot 2Al_2O_3)+21H_2O \longrightarrow 3CaO \cdot Al_2O_3 \cdot 6H_2O+5(Al_2O_3 \cdot 3H_2O)$$

水化产物 $CAH_{10}$ 和 $C_2AH_8$ 为针状或板状结晶，相互交织成坚固的结晶合成体，析出的氢氧化铝凝胶难溶于水，填充于晶体骨架的空隙中，形成致密结构，提高了水泥石的强度。铝酸一钙（CA）水化反应集中在早期，5~7d 后水化物的数量变化很少；二铝酸一钙（$CA_2$）水化反应集中在后期，因而后期的强度能够增加。

$CAH_{10}$ 和 $C_2AH_8$ 是亚稳定相，随时间变化，会逐渐转化为比较稳定的 $C_3AH_6$，此过程随着温度的升高而加快。转化结果使水泥石内析出大量游离水，增大了孔隙度，使强度降低：在长期的湿热环境中，水泥石强度降低明显，可能引起结构的破坏。

**4. 铝酸盐水泥的性能特点与应用**

（1）CA-50 快硬早强，早期强度增长快，24h 即可达到极限强度的 80% 左右。宜用于紧急抢修工程和早期强度要求高的工程，比较适合于冬季施工，而不适合于最小断面尺寸超过 45cm 的构件及大体积混凝土的施工。另外，可用于配制膨胀水泥、自应力水泥和化学建材的添加剂等。

但 CA-50 铝酸盐水泥后期强度可能会下降，特别是在高于 30℃的湿热环境中强度下降更快，甚至会引起结构的破坏，因此结构工程中应慎用。

（2）CA-60 水泥熟料一般以 CA 和 $CA_2$ 为主，CA 能够迅速提高早期强度，$CA_2$ 在后期能够保证强度的发展，因此具有较高的早期强度和后期强度。由于含有一定的 $CA_2$，有较高的耐火性能，可用于配制耐火混凝土。不能用于湿热环境中的工程。

（3）CA-70 和 CA-80 属于低钙铝酸盐水泥，主要成分为二铝酸一钙，耐高温，性能良好，常用来配制耐火混凝土。由于游离的 $\alpha-Al_2O_3$ 晶体熔点高（2040℃），规范允许在磨制 $Al_2O_3$ 含量大于 68% 的水泥（即 CA-70 和 CA-80 水泥）中掺入适量的 $\alpha-Al_2O_3$ 粉以提高水泥的耐火性。

铝酸盐水泥成分为低钙铝酸盐，游离的氧化钙极少，水泥石结构比较致密，适合于有抗硫酸盐侵蚀要求的工程。在 1200~1300℃的高温下，铝酸盐水泥石中脱水产物与磨细耐火骨料发生化学反应，进而变成“陶瓷胶结料”，使得耐火混凝土强度提高，甚至超过加热前所具有的水硬性胶结强度。

铝酸盐水泥不适合碱环境中的工程。铝酸盐水泥与碱性溶液接触，或者与少量碱性化

合物混合时，都会引起不断地侵蚀。

铝酸盐水泥最适宜的硬化温度为15℃左右，环境温度最好不要超过25℃，否则会产生晶型转变，强度降低。铝酸盐水泥水化热集中于早期释放，从硬化开始即需浇水养护，且不宜浇筑大体积混凝土。

## 三、专用水泥和特性水泥

### 1. 中热硅酸盐水泥、低热硅酸盐水泥和低热矿渣硅酸盐水泥

硅酸盐水泥水化时放出大量的热，不适合大体积混凝土工程的施工。掺活性混合材料的硅酸盐水泥，水化热减小，但没有明确的定量规定，而且掺入较多的活性混合材料以后，有些性能（如抗冻性、耐磨性）变差。

《中热硅酸盐水泥、低热硅酸盐水泥、低热矿渣硅酸盐水泥》（GB 200—2003）对三种水泥的定义如下：

（1）以适当成分的硅酸盐水泥熟料，加入适量的石膏，磨细制成的具有中等水化热的水硬性胶凝材料，称为中热硅酸盐水泥（简称中热水泥，Moderate Heat Portland Cement），代号为P · MH。

（2）以适当成分的硅酸盐水泥熟料，加入适量的石膏，磨细制成的具有低水化热的水硬性胶凝材料，称为低热硅酸盐水泥（简称低热水泥，Low Heat Portland Cement），代号为P · LH。

（3）以适当成分的硅酸盐水泥熟料，加入按质量百分比计为20%～60%粒化高炉矿渣、适量的石膏，磨细制成的具有低水化热的水硬性胶凝材料，称为低热矿渣硅酸盐水泥（简称为低热矿渣水泥，Low Heat Portland Slag Cement），代号为P · SLH。

（4）为了降低水泥的水化热和放热速度，必须降低熟料中$C_3A$和$C_3S$的含量，相应地提高$C_4AF$和QS的含量。但是，$C_3S$也不宜过少，否则水泥强度的发展过慢。因此，应着重减少$C_3A$的含量，相应地提高$C_4AF$的含量。国家标准对主种水泥熟料的矿物组成的规定见表7-8。

**表7-8　中热水泥、低热水泥、低热矿渣水泥品质要求**

| 品种 | | 中热水泥 | | 低热水泥 | | 低热矿渣水泥 | |
|---|---|---|---|---|---|---|---|
| $C_3S$含量（%） | | ≤55 | | | | | |
| $C_3A$含量（%） | | ≤6 | | ≤6 | | ≤8 | |
| $C_2S$含量（%） | | | | ≥40 | | | |
| 水化热（$kJ \cdot kg^{-1}$） | 32.5 | | | | | ≤197（3d） | ≤230（7d） |
| | 42.5 | ≤251（3d） | ≤293（7d） | ≤230（3d） | ≤260（7d） | | |

三种水泥的氧化镁、三氧化硫、安定性、碱含量要求同普通水泥。比表面积不低于$250m^2/kg$。凝结时间中初凝不得早于60min，终凝应不迟于12h。中热水泥和低热水泥的强度等级为42.5，低热矿渣水泥强度等级为32.5。水泥各龄期的抗压强度和抗折强度应不低于表7-9中的数值。

表 7-9　　中热水泥、低热水泥、低热矿渣水泥强度要求　　单位：MPa

| 品　种 | 强度等级 | 抗　压　强　度 | | | 抗　折　强　度 | | |
|---|---|---|---|---|---|---|---|
| | | 3d | 7d | 28d | 3d | 7d | 28d |
| 中热水泥 | 42.5 | 12.0 | 22.0 | 42.5 | 3.0 | 4.5 | 6.5 |
| 低热水泥 | 42.5 | — | 13.0 | 42.5 | — | 3.5 | 6.5 |
| 低热矿渣水泥 | 32.5 | — | 12.0 | 32.5 | — | 3.0 | 5.5 |

中热水泥水化热较低，抗冻性与耐磨性较高；低热矿渣水泥水化热更低，早期强度低，抗冻性差；低热水泥性能处于两者之间。

中热水泥和低热水泥适用于大体积水工建筑物水位变动区的覆面层及大坝溢流面以及其他要求低水化热、高抗冻性和耐磨性的工程。

低热矿渣水泥适用于大体积建筑物或大坝内部要求更低水化热的部位。此外，它们具有一定的抗硫酸盐侵蚀能力，可用于低硫酸盐侵蚀的工程。

**2. 膨胀水泥**

膨胀水泥按照膨胀值的大小分为补偿收缩水泥和自应力水泥。膨胀水泥的线膨胀率在1%以下，抵消或补偿了水泥的收缩，被称为无收缩水泥或补偿收缩水泥。水泥水化产生的体积变化所引起的膨胀率较大时（1%～3%），混凝土受到钢筋的约束压应力，称为自应力。在凝结硬化过程中，有约束的条件下能够产生一定自应力的水泥称为自应力水泥。

使水泥石体积产生膨胀的水化反应有：一是在水泥中掺入特定的氧化钙或氧化镁；二是在水泥浆体中形成钙矾石，产生体积膨胀。第一种方法影响因素较多，膨胀性能不够稳定。实际工程中得到广泛应用的是第二种方式得到的水泥制品。

（1）膨胀水泥的种类。膨胀水泥按照水泥的主要矿物成分可分为硫铝酸盐型、铝酸盐型、硅酸盐型等。主要有下面几种。

1）自应力硅酸盐水泥。以适当比例的普通硅酸盐水泥或硅酸盐水泥、铝酸盐水泥和石膏磨制而成的膨胀性的水硬性胶凝材料，称为自应力硅酸盐水泥。如以69%～73%普通水泥、12%～15%铝酸盐水泥、15%～18%二水石膏可制成较高自应力硅酸盐水泥。

① 自应力硅酸盐水泥水化时产生膨胀，主要是因为铝酸盐水泥中铝酸盐和石膏遇水化合，生成钙矾石。由于生成的钙矾石较多，膨胀降低水泥强度，因此还应控制其后期的膨胀量，膨胀稳定期不得迟于28d；同时，28d的自由膨胀率不得大于3%。

② 由于自应力硅酸盐水泥中含有硅酸盐水泥熟料与铝酸盐水泥，凝结时间加快。因此，要求初凝时间不早于30min，终凝不迟于390min，并且规定脱模抗压强度为（12±31）MPa，28d抗压强度不得低于10MPa。

2）明矾石膨胀水泥。以硅酸盐水泥熟料为主，石膏、铝质熟料和粒化高炉矿渣，按照适当的比例磨细制成，具有膨胀性能的水硬性胶凝材料，称为明矾石膨胀水泥（Alunite Expansive Cement）。明矾石的化学式为 $K_2SO_4 \cdot Al_2(SO_4)_3 \cdot 2Al_2O_3 \cdot 6H_2O$。

① 调节明矾石和石膏的混合比例，可制得不同膨胀性能的水泥。

② 根据《明矾石膨胀水泥》（JC/T 311—2004），明矾石膨胀水泥分为32.5、42.5、52.5三个等级。水泥的比表面积应不小于420m$^2$/kg；初凝时间不得早于45min，终凝时间

不得迟于6h；限制膨胀率3d不小于0.015%，28d应不大于0.10%；三氧化硫含量应不大于8.0%；3d不透水性应合格。

3）铝酸盐自应力水泥。

① 铝酸盐自应力水泥是以一定量的铝酸盐水泥熟料和石膏粉生成的大膨胀率胶凝材料。

② 根据《自应力铝酸盐水泥》，按照1∶2标准胶砂28d自应力值分为3.0、4.5MPa和6.0MPa三个级别。水泥的细度为80μm筛的筛余率不得大于10%；初凝时间不早于30min，终凝时间不大于4h。同时，对水泥的自应力、抗压强度、自由膨胀率、三氧化硫含量等作了具体的规定。

4）膨胀硫铝酸盐水泥和自应力硫铝酸盐水泥。以适当比例的生料经煅烧所得，以无水硫铝酸钙和硅酸二钙为主要矿物成分的熟料，加入适量石膏，磨细可以制成膨胀硫铝酸盐水泥或自应力硫铝酸盐水泥。

① 膨胀硫铝酸盐水泥要求：水泥净浆1d自由膨胀率不得小于0.10%，28d不得大于1.00%；初凝时间不得小于30min，终凝时间不得大于3h；比表面积不得低于400m²/kg；强度等级为52.5，应满足1d、3d和28d的抗压强度、抗折强度的要求。

② 自应力硫铝酸盐水泥要求：按照1∶2标准胶砂自由膨胀率7d不大于1.30%，28d不大于1.75%，28d自应力增进率不大于0.0070MPa/d。按照28d的自应力值分为30级、40级、50级三个级别，三个级别的自应力应满足表7-10中的要求。水泥的初凝时间不得早于40min，终凝时间不得迟于240min；比表面积不得小于370m²/kg；抗压强度7d不小于32.5MPa，28d不小于42.5MPa。

**表7-10　　自应力硫铝酸盐水泥各级别各龄期自应力值　　单位：MPa**

| 级　别 | 7d不小于 | 28d | |
|---|---|---|---|
| | | 不小于 | 不大于 |
| 30 | 2.3 | 3.0 | 4.0 |
| 40 | 3.1 | 4.0 | 5.0 |
| 50 | 3.7 | 5.0 | 6.0 |

（2）膨胀水泥的应用。

1）在约束条件下，膨胀水泥所形成的水泥制品结构致密，具有良好的抗渗性和抗冻性。

2）膨胀水泥可用作配制防水砂浆和防水混凝土，浇灌构件接缝及管道接头，堵塞与修补漏洞与裂缝等。自应力水泥可用作自应力钢筋混凝土结构和制造自应力压力管等。

**3. 白色硅酸盐水泥**

由于水泥熟料中的氧化铁和其他着色物质（如氧化锰、氧化钛等）等原因，硅酸盐水泥大多呈灰或灰褐色，氧化铁含量为3%～4%。白色硅酸盐水泥氧化铁的含量一般低于水泥质量的0.5%。此外，其他有色金属氧化物，如氧化锰、氧化铝、氧化钛的含量也不一样，需要控制。

白色硅酸盐水泥（简称白水泥，White Portland Cement）由于原料中氧化铁的含量少，生成硅酸三钙的温度要提高到1550℃左右。因此，为了保证白度，煅烧时应采用重油、天然气、煤气作为燃料。粉磨时不能直接用锈钢板和钢球，应采用白色花岗岩或高强陶瓷衬板，用烧结瓷球等作为研磨体。因此，白水泥的生产成本较高，价格较贵。

白水泥按照3d和28d的抗折强度和抗压强度分为32.5、42.5、52.5三个等级，见表7-11。

表7-11　白水泥强度要求　单位：MPa

| 强度等级 | 抗压强度 | | 抗折强度 | |
|---|---|---|---|---|
| | 3d | 28d | 3d | 28d |
| 32.5 | 12.0 | 32.5 | 3.0 | 6.0 |
| 42.5 | 17.0 | 42.5 | 3.5 | 6.5 |
| 52.5 | 22.0 | 52.5 | 4.0 | 7.0 |

白度是白色水泥的主要技术指标之一，白度通常以与氧化镁标准版的反射率的比值（%）来表示。白色水泥的白度值不低于87。其他技术要求与普通水泥接近。

白色硅酸盐水泥熟料与适量的石膏和耐碱矿物颜料共同磨细，可制成彩色硅酸盐水泥，简称为彩色水泥（Coloured Portland Cement）。常用的颜料有二氧化锰（黑色、褐色）、氧化铁（红色、黄色、褐色、黑色）、赭石（褐色）、氧化铬（绿色）和炭黑（黑色）等。可将颜料直接与白水泥粉末混合拌匀，配制彩色水泥砂浆和混凝土；进行颜色调节，但有时色彩不匀。

白色和彩色水泥具有耐久性好、价格较低和能够使装饰工程机械化等优点，主要用于建筑内外装饰的砂浆和混凝土，如水刷石、水磨石、人造大理石、斩假石等。

**4. 道路硅酸盐水泥**

道路硅酸盐水泥（简称道路水泥，Portland Cement for Road）是由道路硅酸盐水泥熟料、0%~10%活性混合材料和适量石膏磨细制成的水硬性胶凝材料。它是在硅酸盐水泥的基础上，从增加抗折强度、抗冲击性能、耐磨性能、抗冻性和疲劳性能等方面出发，通过合理的配制生料、煅烧等方法来调整水泥熟料的矿物组成比例制成。

《道路硅酸盐水泥》（GB 13693—2005）有如下要求：

（1）成分。

1）氧化镁。水泥中氧化镁的含量应不大于5.0%。

2）三氧化硫。水泥中三氧化硫的含量应不大于3.5%。

3）烧失量。水泥中的烧失量应不大于3.0%。

4）游离氧化钙。熟料中游离氧化钙的含量，旋窑生产时应不大于1.0%，立窑生产时应不大于1.8%。

5）碱含量。用户提出要求时，由供需双方商定。用户要求提供低碱水泥时，水泥中的碱含量应不超过0.60%。

（2）组成。

1）铝酸三钙。熟料中的铝酸三钙含量应不超过5.0%。

2）铁铝酸四钙。熟料中的铁铝酸四钙的含量应不低于16.0%。

（3）物理力学性质。

1）比表面积。比表面积为300~450$m^2/kg$。

2）凝结时间。初凝时间不低于 1.5h，终凝时间不得高于 10h。

3）安定性。用沸煮法检验必须合格。

4）干缩性。28d 干缩率应不大于 0.10%。

5）耐磨性。28d 磨耗量应不大于 $3.00kg/m^2$。

6）强度。道路水泥按 3d、28d 抗折强度和抗压强度分为 32.5、42.5、和 52.5 三个等级，各等级各龄期强度不得低于表 7-12 中的规定数值。

**表 7-12　　道路水泥的等级与各龄期的强度要求**　　单位：MPa

| 强度等级 | 抗压强度 | | 抗折强度 | |
|---|---|---|---|---|
| | 3d | 28d | 3d | 28d |
| 32.5 | 16.0 | 32.5 | 3.5 | 6.5 |
| 42.5 | 21.0 | 42.5 | 4.0 | 7.0 |
| 52.5 | 26.0 | 52.5 | 5.0 | 7.5 |

道路水泥具有早强和高抗折强度的特性，保证了道路混凝土达到设计强度。同时，道路水泥还具有耐磨性好、干缩小、抗冲击性和抗冻性好及抗硫酸盐腐蚀等优点，适用于道路路面、城市广场、机场跑道等工程。

**5. 抗硫酸盐水泥**

抗硫酸盐硅酸盐水泥，主要用于受硫酸盐侵蚀的海港、水利、地下、隧道、引水、道路和桥梁基础等工程。按其抗硫酸盐侵蚀的程度分为中抗硫酸盐硅酸盐水泥和高抗硫酸盐硅酸盐水泥两类。

（1）以特定矿物组成的硅酸盐水泥熟料；加入适量石膏，磨细制成的具有抵抗中等浓度硫酸根离子侵蚀的水硬性胶凝材料，称为中抗硫酸盐硅酸盐水泥（简称中抗硫酸盐水泥，Moderate Sulfate Resistance Portland Cement），代号为 P·MSR。

（2）以特定矿物组成的硅酸盐水泥熟料，加入适量石膏，磨细制成的具有抵抗较高浓度硫酸根离子侵蚀的水硬性胶凝材料，称为高抗硫酸盐硅酸盐水泥（简称高抗硫酸盐水泥，High Sulfate Resistance Portland Cement），代号为 P·HSR。

（3）硅酸盐水泥熟料中最易受硫酸盐腐蚀的成分是 $C_3A$，其次是 $C_3S$，因此应控制抗硫酸盐水泥的 $C_3A$ 和 $C_3S$ 的含量，但 $C_3S$ 的含量不能太低，否则会影响水泥强度的发展速度。$C_3A$ 和 $C_3S$ 的含量限制见表 7-13。

**表 7-13　　水泥中硅酸三钙和铝酸三钙的含量（质量分数）**　　单位：%

| 分　类 | 硅酸三钙含量 | 铝酸三钙含量 |
|---|---|---|
| 中抗硫酸盐水泥 | ≤55.0 | ≤5.0 |
| 高抗硫酸盐水泥 | ≤50.0 | ≤3.0 |

（4）抗硫酸盐水泥的氧化镁含量、安定性、凝结时间、碱含量要求等和普通水泥相同。同时规定三氧化硫含量应不大于 2.5%，比表面积应不小于 $280m^2/kg$，烧失量应不大于 3.0%，不溶物应不大于 1.50%。水泥按照规定龄期的抗压强度和抗折强度划分为

32.5、42.5 两个强度等级，水泥各龄期的抗压强度和抗折强度应不低于表 7-14 中的数值。

表 7-14　　水泥的等级与各龄期的强度　　单位：MPa

| 分　类 | 强度等级 | 抗压强度 | | 抗折强度 | |
|---|---|---|---|---|---|
| | | 3d | 28d | 3d | 28d |
| 中抗硫酸盐水泥 | 32.5 | 10.0 | 32.5 | 2.5 | 6.0 |
| 高抗硫酸盐水泥 | 42.5 | 15.0 | 42.5 | 3.0 | 6.5 |

（5）抗硫酸盐水泥应对其抗蚀能力进行评定。在硫酸盐溶液中，中抗硫酸盐水泥 14d 线膨胀率应不大于 0.060%，高抗硫酸盐水泥 14d 线膨胀率应不大于 0.040%。

## 四、氧化镁水泥

**1. 生产**

碳酸镁一般在 400℃ 开始分解，600~650℃ 时分解反应剧烈进行，实际煅烧温度为 750~850℃。反应式如下：

$$MgCO_3 \xrightarrow{\text{燃烧}} MgO + CO_2\uparrow$$

**2. 性能**

（1）煅烧适度的菱苦土密度为 3.10~3.40g/cm$^3$，堆积密度为 800~900kg/m$^3$。

（2）用水拌和菱苦土时，浆体凝结缓慢，生成的氢氧化镁是一种胶凝能力较差的、松散的物质，因此浆体硬化后强度很低。通常采用氯化镁（$MgCl_2 \cdot 6H_2O$）水溶液代替水进行调拌，此时的主要水化产物是氧氯化镁（$x MgO \cdot y MgCl_2 \cdot z H_2O$）复盐和氢氧化镁。用氯化镁水溶液（卤水）拌和比用水拌和时强度高、硬化快，拌和时氯化镁和菱苦土的适宜质量比为 0.50~0.60。

（3）轻烧氧化镁的技术要求主要有：有效氧化镁含量、凝结时间、体积安定性、抗折和抗压强度等，另外对菱苦土还有细度要求。根据这些指标将镁氧水泥分为Ⅰ级品、Ⅱ级品、Ⅲ级品三个质量等级。其中，轻烧氧化镁试件硬化 1d 和 3d 的抗压和抗折强度应符合表 7-15 中的规定。

表 7-15　　轻烧氧化镁水泥的强度要求　　单位：MPa

| 水泥级别 | | Ⅰ级 | Ⅱ级 | Ⅲ级 |
|---|---|---|---|---|
| 抗折强度 ≥ | 1d | 5.0 | 4.0 | 3.0 |
| | 3d | 7.0 | 6.0 | 5.0 |
| 抗压强度 ≥ | 1d | 25.0 | 20.0 | 15.0 |
| | 3d | 30.0 | 25.0 | 20.0 |

**3. 应用**

（1）镁氧水泥与木材及其他植物纤维有较强的粘结力，而且碱性较弱，不会腐蚀分解纤维。建筑工程中常用其制作菱苦土木丝板、木屑地面和木屑板等代替木材。菱苦土板材

可用于室内隔墙、地面、天花板、内墙，还可用于楼梯扶手、窗台、门窗框等。

（2）镁氧水泥吸湿性大，耐水性差，易变形、泛霜，故其制品不宜用于潮湿环境。另外，含有氯离子且碱性较低，钢筋易锈蚀，故其制品中不宜配置钢筋。

（3）为提高镁氧水泥制品的耐水性，可掺加适量的活性混合材料（如粉煤灰或磨细碎砖等）和改性剂；在制品中掺加适量的石英砂、滑石粉、石屑等可提高强度和耐磨性，但会降低隔热性和增大表观密度；加入泡沫剂可制成轻质多孔的镁氧水泥保温隔热制品；在生产时加入碱性颜料可得不同色彩的制品。

（4）菱苦土在运输储存时应避免受潮和碳化，存期不宜过长，否则将失去胶凝性能。将白云石（$MgCO_3 \cdot CaCO_3$）经过煅烧并磨细可生产出苛性白云石，又名白云灰，其主要成分为氧化镁和碳酸钙。

$$MgCO_3 \cdot CaCO_3 \xrightarrow{650\sim7540^{\circ}C} MgO+CaCO_3+CO_2\uparrow$$

（5）苛性白云石为白色粉末，其性质与菱苦土相似，但凝结较慢，强度较低。强度较高的白云灰其用途与菱苦土相似，低强度的白云灰可用作建筑灰浆。

## 五、各种水泥的选用

各种水泥的选用见表 7-16。

**表 7-16　　常用水泥的选用**

<table>
<tr><th colspan="2">混凝土工程特点或所处环境条件</th><th>优先选用</th><th>可以使用</th><th>不得使用</th></tr>
<tr><td rowspan="5">环境条件</td><td>在普通气候环境中的混凝土</td><td>普通硅酸盐水泥</td><td>矿渣硅酸盐水泥、火山灰质硅酸盐水泥、粉煤灰硅酸盐水泥</td><td>—</td></tr>
<tr><td>在干燥环境中的混凝土</td><td>普通硅酸盐水泥</td><td>矿渣硅酸盐水泥</td><td>火山灰质硅酸盐水泥、粉煤灰硅酸盐水泥</td></tr>
<tr><td>在高湿度环境中或永远处在水中的混凝土</td><td>矿渣硅酸盐水泥</td><td>普通硅酸盐水泥、火山灰质硅酸盐水泥、粉煤灰硅酸盐水泥</td><td>—</td></tr>
<tr><td>严寒地区的露天混凝土、寒冷地区处在水位升降范围内的混凝土</td><td>普通硅酸盐水泥</td><td>矿渣硅酸盐水泥</td><td>火山灰质硅酸盐水泥、粉煤灰硅酸盐水泥</td></tr>
<tr><td>严寒地区处在水位升降范围内的混凝土</td><td>普通硅酸盐水泥</td><td>—</td><td>火山灰质硅酸盐水泥、粉煤灰硅酸盐水泥、矿渣硅酸盐水泥</td></tr>
<tr><td colspan="2">受侵蚀性环境水或侵蚀性气体作用的混凝土</td><td colspan="3">根据侵蚀性介质的种类、浓度等具体条件按专门（或设计）规定选用</td></tr>
<tr><td colspan="2">厚大体积的混凝土</td><td>粉煤灰硅酸盐水泥、矿渣硅酸盐水泥</td><td>普通硅酸盐水泥、火山灰质硅酸盐水泥</td><td>硅酸盐水泥、快硬硅酸盐水泥</td></tr>
</table>

续表

| 混凝土工程特点或所处环境条件 | | 优先选用 | 可以使用 | 不得使用 |
|---|---|---|---|---|
| 工程特点 | 要求快硬的混凝土 | 快硬硅酸盐水泥、硅酸盐水泥 | 普通硅酸盐水泥 | 矿渣硅酸盐水泥、火山灰质硅酸盐水泥、粉煤灰硅酸盐水泥 |
| | 高强（大于C60）的混凝土 | 硅酸盐水泥 | 普通硅酸盐水泥、矿渣硅酸盐水泥 | 火山灰质硅酸盐水泥、粉煤灰硅酸盐水泥 |
| | 有抗渗性要求的混凝土 | 普通硅酸盐水泥、火山灰质硅酸盐水泥 | — | 矿渣硅酸盐水泥 |
| | 有耐磨性要求的混凝土 | 硅酸盐水泥、普通硅酸盐水泥 | 矿渣硅酸盐水泥 | 火山灰质硅酸盐水泥、粉煤灰硅酸盐水泥 |

注 1. 蒸汽养护时用的水泥品种，宜根据具体条件通过试验确定。

2. 复合硅酸盐水泥选用应根据其混合材的比例确定。

## 六、各种水泥的适用范围

各种水泥的适用范围见表7-17。

表7-17　各种水泥的适用范围

| 类别 | 用　途 | 范　围 | 不适范围 | 备　注 |
|---|---|---|---|---|
| 硅酸盐水泥 | 混凝土、钢筋混凝土和预应力混凝土的地上、地下和水中结构 | — | 受侵蚀水（海水、矿物水、工业废水等）及压力水作用的结构 | 使用加气剂可提高抗冻能力 |
| 普通硅酸盐水泥 | | — | | |
| 矿渣硅酸盐水泥 | 混凝土和钢筋混凝土的地上、地下和水中的结构以及抗硫酸盐侵蚀的结构 | — | 需早期发挥强度的结构 | 加强洒水养护，冬期施工注意保温 |
| 火山灰质硅酸盐水泥 | | 高湿条件下的地上一般建筑 | （1）受反复冻融及干湿循环作用的结构；（2）干燥环境中的结构 | 加强洒水养护，冬期施工注意保温 |
| 粉煤灰硅酸盐水泥 | 混凝土和钢筋混凝土的地上、地下和水中的结构；抗硫酸盐侵蚀的结构；大体积水工混凝土 | — | 需早期发挥强度的结构 | 加强洒水养护，冬期施工注意保温 |

续表

| 类别 | 用途 | 范围 | 不适范围 | 备注 |
|---|---|---|---|---|
| 抗硫酸盐硅酸盐水泥 | 受硫酸盐水溶液侵蚀，反复冻融及干湿循环作用的混凝土及钢筋混凝土结构 | 受硫酸盐离子浓度在2500mg/L以下水溶液侵蚀的混凝土及钢筋混凝土结构 | — | 配制混凝土的水灰比应小些 |
| 抗硫酸盐水泥 | | 受硫酸盐（$SO_4^{2-}$）离子浓度在2500～10 000mg/L水溶液侵蚀的混凝土及钢筋混凝土结构 | — | 严格控制水灰比 |
| 快硬硅酸盐水泥 | 要求快硬的混凝土、钢筋混凝土和预应力混凝土结构 | — | — | — |
| 高强硅酸盐水泥 | 要求快硬、高强的混凝土、钢筋混凝土和预应力混凝土结构 | — | — | （1）储存过久，易风化变质；（2）需强烈搅拌，并最好采用预振和加压振捣 |
| 硅酸盐膨胀水泥 | （1）有抗渗性要求的混凝土及砂浆；（2）预制构件的接缝及接头；（3）浇灌地脚螺栓及修补加固 | — | 环境温度高于40℃的结构 | （1）加强早期养护，养护期不少于14d；（2）易风化，储存期不宜过长 |
| 石膏矾土膨胀水泥 | | — | （1）与碱性介质接触的结构；（2）环境温度高于80℃的结构；（3）受反复冻融循环的结构 | （1）不得在负温下施工；（2）不得与石灰及各种硅酸盐水泥混用；（3）储存时严格防潮；（4）施工时养护期不少于14d；（5）施工温度超过30℃时，凝固时间显著缩短，应采取相应措施 |

续表

| 类别 | 用　途 | 范　围 | 不适范围 | 备　注 |
|---|---|---|---|---|
| 矾土水泥（高铝水泥） | （1）耐热（＜1300℃）混凝土；<br>（2）抗腐蚀（如弱酸性腐蚀，硫酸盐、镁盐腐蚀）的混凝土和钢筋混凝土 | （1）特殊需要的抢修抢建工程；<br>（2）在-5℃以上施工的工程 | （1）蒸汽养护的混凝土；<br>（2）连续浇筑的大体积混凝土；<br>（3）与碱液接触的工程；<br>（4）不宜制作薄壁构件 | （1）后期强度有下降。混凝土应以最低强度稳定值作为设计强度；<br>（2）不得与硅酸盐水泥、石灰及碱性物质混合；<br>（3）未经试验不得使用外加剂；<br>（4）钢筋混凝土结构的钢筋保护层应加大1~2cm；<br>（5）在混凝土硬化过程中，环境温度不得超过30℃ |
| 无收缩性不透水水泥 | 喷射砂浆防水层 | — | 非潮湿环境中的结构 | — |
| 石膏矿渣水泥 | （1）水中或潮湿环境中的混凝土结构；<br>（2）地下、水中或井下的抗硫酸盐侵蚀的混凝土结构；<br>（3）大体积混凝土 | — | （1）受反复冻融作用的混凝土结构；<br>（2）需早期发挥强度的结构；<br>（3）钢筋混凝土结构 | （1）不得与各种硅酸盐水泥混合使用；<br>（2）加强养护，养护期至少14~21d，在最初7d内不得受水浸泡或受水冲刷；<br>（3）宜选用较小的坍落度（1~5cm），严格控制水灰比；<br>（4）不宜在10℃以下的温度中施工；<br>（5）储存期不宜过久 |
| 砌筑水泥 | （1）钢筋混凝土预制构件之间的锚固连接；<br>（2）抢修及修补工程的灌孔、接缝、填充补强等 | — | 要求膨胀量大的混凝土不宜使用砌筑水泥 | （1）未经试验不得掺入其他外加剂；<br>（2）可与硅酸盐水泥混合，但混合后即失去其原有特性，不得与其他水泥混用；<br>（3）使用温度不得低于5℃，不得高于40℃；<br>（4）水泥严防受潮 |

# 第三节　砂　浆

## 一、砌筑砂浆的配制要求

（1）水泥进场使用之前，应分批对其强度、安定性进行复验。检验批次宜以同一生产厂家、同一编号为一批。

在使用中若对水泥质量有怀疑或是水泥出厂超过 3 个月（快硬硅酸盐水泥超过一个月），应复查试验，并按其结果使用。

不同品种的水泥，不得混合使用。

水泥的强度及安定性是判定水泥是否合格的两项技术要求，因此在水泥使用前应进行复检。

由于各种水泥成分不一，当不同水泥混合使用后，往往会发生材性变化或强度降低现象，引起工程质量问题，故不同品种的水泥不得混合使用。

（2）砂浆用砂不得含有有害杂物。砂浆用砂的含泥量应满足以下要求。

1）对水泥砂浆和强度等级大于 M5 的水泥混合砂浆，不应超过 5%。

2）对强度等级小于 M5 的水泥混合砂浆，不应超过 10%。

3）人工砂、山砂及特细砂，应经试配后能满足砌筑砂浆技术条件要求。

砂中含泥量过大，不但会增加砌筑砂浆的水泥用量，还可能使砂浆的收缩值增大，耐久性降低，影响砌体质量。对于水泥砂浆，事实上已成为水泥黏土砂浆，但又与一般使用黏土膏配制的水泥黏土砂浆在性质上有一定差异，难以满足某些条件下的使用要求。M5 以上的水泥混合砂浆，如砂子含泥量过大，有可能导致塑化剂掺量过多，造成砂浆强度降低。因而砂子中的含泥量应符合规定。

对人工砂、山砂及特细砂，由于其中的含泥量一般较大，如按上述要求执行，则一些地区的施工用砂要从外地运送，不仅影响施工，又增加工程成本，故经试配能满足砌筑砂浆技术条件时，含泥量可适当放宽。

（3）配制水泥石灰砂浆时，不可采用脱水硬化的石灰膏。

（4）消石灰粉不得直接使用在砌筑砂浆中。

（5）拌制砂浆用水，水质需符合《混凝土用水标准》（JGJ 63—2006）的规定。考虑到目前水源污染比较普遍，当水中含有有害物质时，将会影响水泥的正常凝结，并可能对钢筋产生锈蚀作用。因此，使用饮用水搅拌砂浆时，可不对水质进行检验，否则应对水质进行检验。

## 二、砌筑砂浆配合比

（1）砌筑试配。砌筑砂浆应通过试配来确定配合比。当砌筑砂浆的组成材料有变化时，其配合比也要重新确定。

砂浆的强度对砌体的影响很大，目前不少施工单位不重视砂浆的试配，有的试验室为了图省事，仅对配合比作一些计算，并未按照要求进行试配，因此不能保证砂浆的强度满足设计要求。

（2）砌筑砂浆配合比要求。

1）砌筑砂浆的强度等级可采用 M15、M10、M7.5、M5、M2.5。

2）水泥砂浆拌和物的密度不应小于 $1900kg/m^3$；水泥混合砂浆拌和物的密度不应小于 $1800kg/m^3$。

3）砌筑砂浆稠度、分层度、试配抗压强度必须同时符合要求。

4）砌筑砂浆的稠度应按表 7-18 的规定选用。

表 7-18　砌筑砂浆的稠度

| 种　类 | 砂浆稠度（mm） |
|---|---|
| 烧结普通砖砌体 | 70~90 |
| 轻集料混凝土小型空心砌块砌体 | 60~90 |
| 烧结多孔砖、空心砖砌体 | 60~80 |
| 烧结普通砖平拱式过梁空斗墙、筒拱普通混凝土小型空心砌块砌体加气混凝土砌块砌体 | 50~70 |
| 石砌体 | 30~50 |

5）砌筑砂浆的分层厚度不得大于 30mm。

6）水泥砂浆中水泥用量不应小于 $200kg/m^3$；水泥混合砂浆中水泥和掺加料总量宜为 $300\sim350kg/m^3$。

7）具有冻融循环次数要求的砌筑砂浆，经冻融试验后，质量损失率不得大于 5%，抗压强度损失率不得大于 25%。

（3）配合比计算。

1）砂浆配合比的确定，应按下列步骤进行。

① 计算砂浆试配强度 $f_{m,0}$，MPa。

② 计算出每立方米砂浆中的水泥用量 $Q_c$，kg。

③ 按水泥用量 $Q_c$ 计算每立方米掺加料用量 $Q_d$，kg。

④ 确定每立方米砂用量 $Q_s$，kg。

⑤ 按砂浆稠度选用每立方米砂浆用水量 $Q_w$，kg。

⑥ 进行砂浆试配。

⑦ 确定配合比。

2）砂浆的配制强度，可按下式确定。

$$f_{m,0}=f_2+0.645\sigma$$

式中　$f_{m,0}$——砂浆的试配强度，精确至 0.1MPa，MPa；

$f_2$——砂浆设计强度，精确至 0.1MPa，MPa；

$\sigma$——砂浆现场强度标准差，精确至 0.01MPa，MPa。

3）砌筑砂浆现场强度标准应按下式或表 7-19 确定。

$$\sigma\sqrt{\frac{\sum_{i=1}^{n}f_{m,i}^2-n\mu_{fm}^2}{n-1}}$$

式中 $f_{m,i}$——统计周期内同一品种砂浆等 $i$ 组试件的强度，MPa；

$\mu_{fm}$——统计周期内同一品种砂浆等 $n$ 组试件强度的平均值，MPa；

$n$——统计周期内同一品种砂浆试件的总组数，$n\geqslant25$，当不具有近期统计资料时，其砂浆现场强度标准差 $\sigma$ 可按表 7-19 取用。

**表 7-19**　　**砂浆强度标准差口选用值**　　单位：MPa

| 施工水平 | 砂浆强度等级 | | | | |
|---|---|---|---|---|---|
| | M2.5 | M5.0 | M7.5 | M10.0 | M15.0 |
| 优良 | 0.50 | 1.00 | 1.50 | 2.00 | 3.00 |
| 一般 | 0.62 | 1.25 | 1.88 | 2.50 | 3.75 |
| 较差 | 0.75 | 1.50 | 2.25 | 3.00 | 4.50 |

4）水泥用量的计算应符合下列规定。

① 每立方米的砂浆中的水泥用量，应按下式计算：

$$Q_c=\frac{1000\ (f_{m,0}-\beta)}{\alpha f_{ce}}$$

式中 $Q_c$——每立方米砂浆中的水泥用量，精确到 1kg，kg；

$f_{m,0}$——砂浆的试配强度，精确至 0.1MPa，MPa；

$f_{ce}$——水泥的实测强度，精确至 0.1MPa，MPa；

$\alpha$、$\beta$——砂浆的特征系数，其中 $\alpha=3.03$，$\beta=15.09$。

各地区也可用本地区试验资料确定 $\alpha$、$\beta$ 值，统计用的试验组数不得少于 30 组。

② 在无法取得水泥的实测强度值时，可按下式计算 $f_{ce}$：

$$f_{ce}=\gamma_c f_{ce,k}$$

式中 $f_{ce,k}$——水泥强度等级对应的强度值，MPa；

$\gamma_c$——水泥强度等级的富余系数，该值应按实际统计资料确定，无统计资料时 $\gamma_c$ 取 1.0。

③ 当计算出水泥砂浆中的水泥计算用量不足 $200kg/m^3$ 时，应按 $200kg/m^3$ 采用。

5）水泥混合砂浆的掺加料用量应按下式计算：

$$Q_d=Q_a-Q_c$$

式中 $Q_d$——每立方米砂浆的掺加料用量，精确至 1kg，石灰膏、黏土膏使用时的稠度为 120±5mm，kg；

$Q_a$——每立方米砂浆中水泥和掺加料的总量，精确至 1kg，宜在 $300\sim350kg/m^3$ 之间，kg；

$Q_c$——每立方米砂浆的水泥用量，精确至 1kg，kg。

6）每立方米砂浆中的砂子用量，含水率小于 0.5% 的堆积密度值作为计算值，kg。

7）每立方米砂浆中的用水量，根据砂浆稠度等要求可选用 240~310kg。

8）具体操作时需注意下列事项。

① 混合砂浆中的用水量，不包括石灰膏或黏土膏中的水。

② 当采用细砂或粗砂时，用水量分别取上限或下限。

③ 稠度小于 70mm 时，用水量可小于下限。

④ 施工现场气候炎热或干燥季节，可酌量增加用水量。

（4）水泥砂浆配合比选用。

水泥砂浆材料用量可按表 7-20 选用。

表 7-20　　每立方米水泥砂浆材料用量

| 强度等级 | 每立方米砂浆水泥用量（kg） | 每立方米砂子用量 | 每立方米砂浆用水量（kg） |
|---|---|---|---|
| M2.5～M5 | 200～300 | 1m³ 砂子的堆积密度值 | 270～330 |
| M7.5～M10 | 220～280 | | |
| M15 | 280～340 | | |

注 1. 此表水泥强度等级为 32.5 级，大于 32.5 级水泥用量宜取下限。
2. 根据施工水平，合理选择水泥用量。
3. 当采用细砂或粗砂时，用水量分别取上限或下限。
4. 稠度小于 70mm 时，用水量可小于下限。
5. 施工现场气候炎热或干燥季节，可酌量增加用水量。
6. 试配强度应按配合比计算中的规定。

（5）配合比试配、调整与确定。

1）试配时，应采用工程中实际使用的材料；搅拌时间应符合下列规定。

① 对水泥砂浆和水泥混合砂浆不得小于 120s。

② 对掺用粉煤灰和外加剂的砂浆不得小于 180s。

2）按计算或查表所得配合比进行试拌时，应测定其拌和物的稠度和分层度，当不能满足要求时，应调整材料用量，直到符合要求为止。然后确定为试配时的砂浆基准配合比。

3）试配时，至少应采用三个不同的配合比，其中一个为根据上条的规定得出的基准配合比，其他配合比的水泥用量应按基准配合比分别增加及减少 10%。在保证稠度、分层度合格的条件下，可将用水量或掺加料用量作相应调整。

4）对三个不同的配合比进行调整后，应按《建筑砂浆基本性能试验方法标准》（JG/T 70—2009）的规定成型条件，测定砂浆强度，并选定符合试配强度要求且水泥用量最低的配合比作为砂浆配合比。

## 三、砌筑砂浆的技术性质

（1）和易性。新拌砂浆应具有良好的和易性，砂浆的和易性包括流动性和保水性两方面的含义。流动性是指砂浆在自重或外力作用下产生流动的性质，也称为稠度。新拌砂浆保持其内部水分不泌出流失的能力称为保水性。

（2）强度和强度等级。砂浆以抗压强度作为其强度指标。标准试件尺寸为 70.7mm×70.7mm×70.7mm，一组 6 块，标准养护 28d，测定其抗压强度平均值（MPa）。砌筑砂浆按抗压强度划分为 M20、M15、M10、M7.5、M5.0、M2.5 六个强度等级。砌筑砂浆的强度等级应根据工程类别及不同砌体部位选择。在一般建筑工程中，办公室、教学楼及多层商店等工程宜用 M5.0～M10 的砂浆；食堂、仓库、地下室及工业厂房等多用 M2.5～M10 的砂浆；检查井、雨水井、化粪池等可用 M5.0 砂浆。特别重要的砌体才使用 M10 以上的砂浆。

（3）粘结力。为保证砌体的强度、耐久性及抗震性等，要求砂浆与基层材料之间应有

足够的粘结力。一般情况下，砂浆抗压强度越高，它与基层的粘结力也越强。同时，在粗糙、洁净、湿润的基面上，砂浆粘结力比较强。

## 四、砂浆种类

常用的砌筑砂浆有水泥砂浆、混合砂浆和石灰砂浆等，工程中应根据砌体种类，砌体性质及所处环境条件等进行选用。通常，水泥砂浆用于片石基础、砖基础、一般地下构筑物、砖平拱、钢筋砖过梁、水塔、烟囱等；混合砂浆用于地面以上的承重和非承重的砖石砌体；石灰砂浆只能用于平房或临时性建筑。

**1. 防水砂浆**

防水砂浆是在普通水泥砂浆中掺入防水剂配制而成的，是具有防水功能的砂浆的总称，砂浆防水层又叫刚性防水层，主要是依靠防水砂浆本身的憎水性和砂浆的密实性来达到防水目的。其特点是取材容易、成本低、施工易于掌握。一般适用于不受振动、有一定刚度的混凝土或砖、石砌体的迎水面或背水面；不适用于变形较大或可能发生不均匀沉降的部位，也不适用于有腐蚀的高温工程及反复冻融的砖砌体。

砂浆防水一般称为防水抹面，根据防水机理不同可分为两种：一种是防水砂浆为高压喷枪机械施工，以增强砂浆的密实性，达到一定的防水效果；另一种是人工进行抹压的防水砂浆，主要依靠掺加外加剂（减水剂、防水剂、聚合物等）来改善砂浆的抗裂性与提高水泥砂浆密实度。为了达到高抗渗的目的，对防水砂浆的材料组成提出如下要求：应使用32.5级以上的普通水泥或微膨胀水泥，适当增加水泥用量；应选用级配良好的洁净中砂，灰砂比应控制在1：2.5~1：3.0；水灰比应保持在0.5~0.55；掺入防水剂，一般是氯化物金属盐类或金属皂类防水剂，可使砂浆密实不透水。氯化物金属盐类防水剂，主要有用氯化钙、氯化铝和水按一定比例配成的有色液体。其配合比大致为氯化铝：氯化钙：水=1：10：11。掺加量一般为水泥质量的3%~5%，这种防水剂掺入水泥砂浆中，能在凝结硬化过程中生成不透水的复盐，起促进结构密实的作用，从而提高砂浆抗渗性能。一般可用在园林刚性水池或地下构筑物的抗渗防水。

金属皂类防水剂是由硬脂酸、氨水、氢氧化钾（或碳酸钠）和水按一定比例混合加热皂化而成。这种防水剂主要是起填充微细孔隙和堵塞毛细管的作用，掺加量为水泥质量的3%左右。

**2. 装饰砂浆**

装饰砂浆是指专门用于建筑物室内外表面装饰，以增加建筑物美观为主的砂浆。常以白水泥、彩色水泥、石膏、普通水泥、石灰等为胶凝材料，以白色、浅色或彩色的天然砂、大理石或花岗岩的石屑或特制的塑料色粒为骨料，还可利用矿物颜料调制多种色彩，再通过表面处理来达到不同要求的建筑艺术效果。

装饰砂浆饰面可分为两类：灰浆类饰面和石渣类饰面。灰浆类砂浆饰面是通过水泥砂浆的着色或表面形态的艺术加工来获得一定色彩、线条、纹理质感达到装饰目的的一种方法，常用的做法有拉毛灰、甩毛灰、搓毛灰、扫毛灰［图7-2（a）］、喷涂、滚涂、弹涂［图7-2（b）］、拉条、假面砖、假大理石等。石渣类砂浆饰面是在水泥浆中掺入各种彩色石渣作骨料，制出水泥石渣浆抹于墙体基层表面，常用的做法有水刷石、斩假石、拉假石、干贴石、水磨石［图7-2（c）］等。

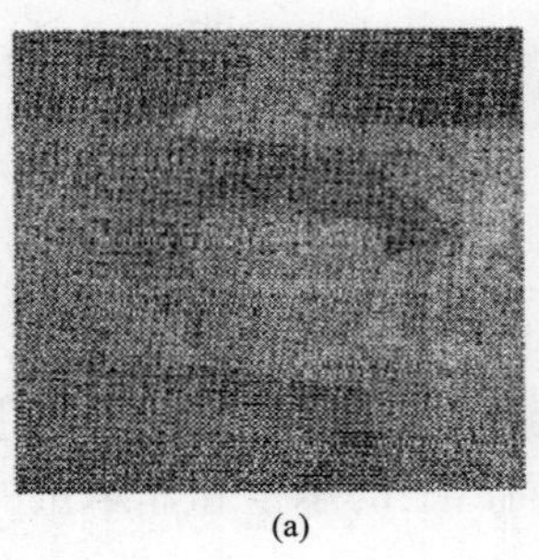
(a)

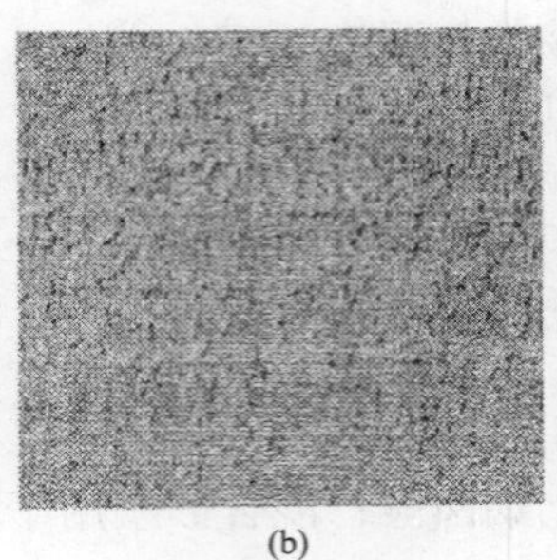
(b)

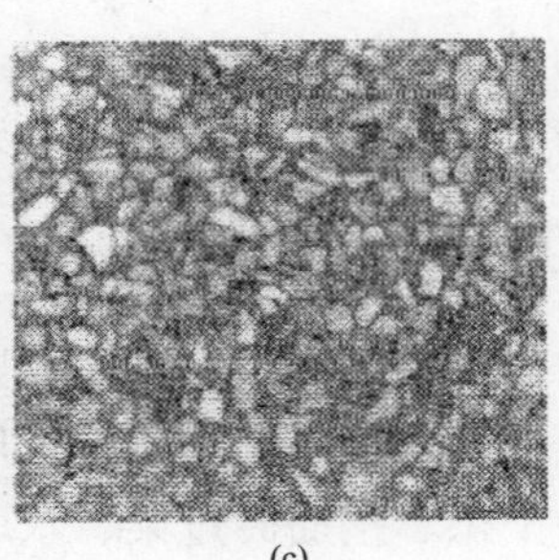
(c)

图 7-2　装饰砂浆

(a) 扫毛效果；(b) 弹涂效果；(c) 水磨石

**3. 抹面砂浆**

抹面砂浆也称抹灰砂浆，用以涂抹在建筑物或建筑构件的表面，兼有保护基层、满足使用要求和增加美观的作用。常用的抹面砂浆有石灰砂浆、水泥混合砂浆、水泥砂浆、麻刀石灰浆（简称麻刀灰）、纸筋石灰浆（简称纸筋灰）等。

抹面砂浆的主要组成材料仍是水泥、石灰或石膏、天然砂等，对这些原材料的质量要求同砌筑砂浆。但根据抹面砂浆的使用特点，对其主要技术要求不是抗压强度，而是和易性及其与基层材料的粘结力，为此常需多用一些胶结材料，并加入适量的有机聚合物以增强粘结力。另外，为减少抹面砂浆因收缩而引起开裂，常在砂浆中加入一定量的纤维材料。

工程中配制抹面砂浆和装饰砂浆时，常在水泥砂浆中掺入占水泥质量 10% 左右的聚乙烯醇缩甲醛胶（俗称 107 胶）或聚醋酸乙烯乳液等。砂浆常用的纤维增强材料有麻刀、纸筋、稻草、玻璃纤维等。为了保证抹灰表面的平整，避免裂缝和脱落，施工应分两层或三层进行，各层抹灰要求不同，所用的砂浆也不同。底层砂浆主要起与基层粘结作用。砖墙抹灰，多用石灰砂浆；有防水、防潮要求时用水泥砂浆；板条或板条顶棚的底层抹灰，多用混合砂浆或石灰砂浆；混凝土墙、梁、柱顶板等底层抹灰多用混合砂浆。中层砂浆主要起找平作用，多用混合砂浆或石灰砂浆。面层主要起装饰作用，多采用细砂配制的混合砂浆、麻刀石灰浆或纸筋石灰浆。在容易碰撞或潮湿的地方应采用水泥砂浆；一般园林给排水工程中的水井等处可用 1：2.5 水泥砂浆。各种抹面砂浆配合比参考及应用范围见表 7-21。

表 7-21　　各种抹面砂浆配合比参考及应用范围

| 材　料 | 配合比（体积比） | 应 用 范 围 |
|---|---|---|
| 石灰：砂 | 1：2~1：4 | 用于砖石墙面（檐口、勒脚、女儿墙及潮湿房间的墙除外） |
| 石灰：黏土：砂 | 1：4：4~1：1：8 | 干燥环境的墙表面 |
| 石灰：水泥：砂 | 1：0.5：4.5~1：1：5 | 用于檐口、勒脚、女儿墙外脚处及比较潮湿的部位 |
| 水泥：砂 | 1：3~1：2.5 | 用于浴室、潮湿房子的墙裙、勒脚及比较潮湿的部位 |
| 水泥：砂 | 1：2~1：1.5 | 用于地面、天棚或墙面面层 |
| 水泥：砂 | 1：0.5~1：1 | 用于混凝土地面随时压光 |
| 水泥：白石子 | 1：2~1：1 | 用于水磨石（打底用 1：2.5 水泥砂浆） |
| 水泥：白云灰：白石子 | 1：(0.5~1)：(1.5~2) | 用于水刷石（打底用 1：0.5：3.5） |
| 水泥：白石子 | 1：1.5 | 用于剁石（打底用 1：2：2.5 水泥砂浆） |

## 五、砂浆在园林工程中的应用

砂浆体现在硬质景观中主要体现了面层结合、防水作用以及面层处理上的特色景观效果（图 7-3 和图 7-4）。

图 7-3　水泥砂浆用在园路

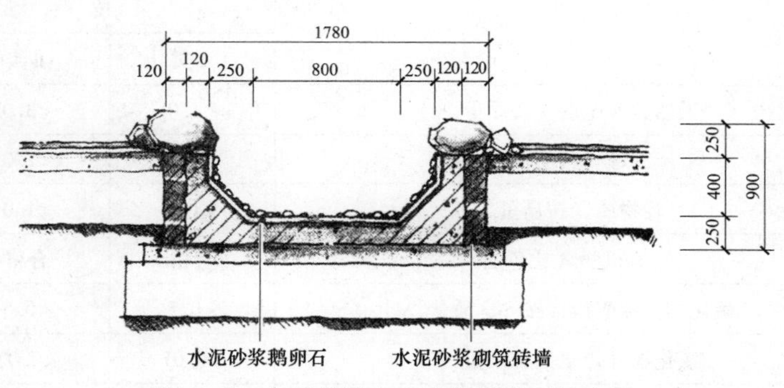


图 7-4　水泥砂浆在水池底嵌卵石的应用

# 第四节　混　凝　土

## 一、常用混凝土组成的材料要求

**1. 水泥**

（1）应选用品质稳定的硅酸盐水泥或普通硅酸盐水泥；对于环境作用不利条件下的混凝土，宜采用硅酸盐水泥或低热水泥；在有充分证明条件时，也可选用其他水泥。

（2）不同强度等级、品种的水泥不宜混合存放、使用。当对水泥质量有怀疑（如受潮等）或存放时间超过 3 个月，应重新取样检验，并按其复验结果使用。

（3）水泥的含碱量应符合下列要求。

1）当集料具有碱—硅酸反应活性时，不应超过 0.6%。

2）C40 及以上混凝土，不宜超过 0.6%。

**2. 细集料**

（1）细集料应采用级配良好、质地坚硬、吸水率小、颗粒洁净的河砂，河砂不易得到时，也可用硬质岩石加工的符合国家标准的人工砂。

细集料不宜采用海砂，不得不采用海砂时，应配备便利的冲洗设施，冲洗后的细集料，其氯离子含量等技术指标必须符合表 7-22 的规定。

氯盐锈蚀环境严重作用下的混凝土，不宜采用抗渗性较差的岩质（如花岗岩、砂岩等）做细集料。

（2）砂按规格可分为粗、中、细三种细度模数，见表 7-23。

（3）砂按用途可分为Ⅰ类、Ⅱ类、Ⅲ类。Ⅰ类宜用于强度等级大于 C60 的混凝土；Ⅱ类宜用于强度等级为 C30～C60 及有抗冻、抗渗或其他要求的混凝土；Ⅲ类宜用于强度等级小于 C30 的混凝土和建筑砂浆。

（4）砂的技术要求。

1）砂的级配应符合表 7-24 中所规定的级配范围。

2）砂的其他技术指标要求，见表 7-22。

**表 7-22　　砂（细集料）技术指标**

| 项目 | | 技术要求 | | |
|---|---|---|---|---|
| | | Ⅰ类 | Ⅱ类 | Ⅲ类 |
| 有害物质 | 天然砂含泥量（按质量,%） | <1.0 | <3.0 | <5.0 |
| | 云母（按质量,%） | <1.0 | <2.0 | <2.0 |
| | 轻物质（按质量,%） | <1.0 | <1.0 | <1.0 |
| | 有机物（比色法） | 合格 | 合格 | 合格 |
| | 硫化物及硫酸盐（按 S03 质量,%） | <0.5 | <0.5 | <0.5 |
| | 氯化物（以氯离子质量,%） | <0.01 | <0.02 | <0.06 |
| 亚甲蓝试验 | 人工砂（MB 值小于 1.4 或合格）石粉含量（按质量,%） | <3.0 | <5.0 | <7.0 |
| | 人工砂（MB 值大于 1.4 或不合格）石粉含量（按质量,%） | <1.0 | <3.0 | <5.0 |
| | 天然砂、人工砂泥块含量（按质量,%） | <0 | <1.0 | <2.0 |
| 坚固性（硫酸钠溶液法经 5 次循环后）质量损失小于% | | <8 | <8 | <10 |
| 人工砂粒单级最大压碎值（%） | | <20 | <25 | <30 |
| 表观密度（$kg/m^3$） | | | >2500 | |

续表

| 项　目 | 技 术 要 求 | | |
|---|---|---|---|
| | Ⅰ类 | Ⅱ类 | Ⅲ类 |
| 松散堆积密度（kg/m$^3$） | >1350 | | |
| 空隙率（%） | <47 | | |
| 碱集料反应 | 经碱集料反应试验后，由砂制备的试件无裂缝、酥裂、胶体外溢等现象，在规定的试验龄期膨胀率小于0.10% | | |

注　当碱集料反应不符合表中要求时，应按有关采取抑制碱集料反应的技术措施。该含量可根据使用地区和用途，在试验验证的基础上，由供需双方协商确定。

**表 7-23　砂 的 分 类**

| 砂　组 | 粗　砂 | 中　砂 | 细　砂 |
|---|---|---|---|
| 细度模数 | 3.7~3.1 | 3.0~2.3 | 2.2~1.6 |

**表 7-24　砂的分区及级配范围**

| 标准筛筛孔尺寸（mm） | 级 配 区 | | |
|---|---|---|---|
| | 1 | 2 | 3 |
| | 累计筛余（%） | | |
| 9.5 | 0 | 0 | 0 |
| 4.75 | 10~0 | 10~0 | 10~0 |
| 2.36 | 35~5 | 25~0 | 15~0 |
| 1.18 | 65~35 | 50~10 | 25~0 |
| 0.60 | 85~71 | 70~41 | 40~16 |
| 0.30 | 95~80 | 92~70 | 85~55 |
| 0.15 | 100~90 | 100~90 | 100~90 |

注　1. 表中除4.75、0.6mm筛孔外，其余各筛孔累计筛余允许超出分界线，但其总量应小于5%。

2. 人工砂中0.15mm筛孔的累计筛余：1区可以放宽到100~85，2区可以放宽到100~80，3区可以放宽到100~75。

3. 配不同等级的混凝土宜优先选2区砂；1区砂宜提高砂率以配低流动性混凝土；3区砂宜适当降低砂率，以保证混凝土的强度。

4. 对于高强泵送混凝土用砂宜选用中砂，细度模数宜为2.9~2.6。

### 3. 粗集料

（1）混凝土的粗集料应采用质地坚实、均匀洁净、级配合理、粒形良好、吸水率小的碎石，也可采用碎卵石，低标号混凝土还可采用卵石。氯盐锈蚀环境严重作用下的混凝土，不宜采用抗渗性较差的岩质（如花岗岩、砂岩等）做粗集料。

粗集料的技术指标应符合表7-25的要求。

表 7-25　　粗集料的技术指标

| 项目 | | 技术要求 | | |
|---|---|---|---|---|
| | | R235 | Ⅱ级 | Ⅲ级 |
| 碎石压碎指标（%） | | <10 | <20 | <30 |
| 卵石压碎指标（%） | | <12 | <16 | <16 |
| 坚固性（按质量损失计，%） | | <5 | <8 | <12 |
| 针片状颗粒含量（按质量计，%） | | <5 | <15 | <25 |
| 有害物质 | 含泥量（按质量计，%） | <0.5 | <1.0 | <1.5 |
| | 泥块含量（按质量计，%） | <0 | <0.5 | <0.7 |
| | 有机物含量（按质量计，%） | 合格 | 合格 | 合格 |
| | 硫化物及硫酸盐（按SO3质量计，%） | <0.5 | <1.0 | <1.0 |
| 岩石抗压强度 | | 火成岩 80MPa，变质岩>60MPa，水成岩 30MPa | | |
| 观密度 | | >2500kg/m$^3$ | | |
| 松散堆积密度率 | | >1350kg/m$^3$ | | |
| 空隙率 | | <47% | | |
| 碱集料反应 | | 经碱集料反应试验后，试件无裂缝、酥裂、胶体外溢等现象，在规定试验龄期的膨胀率应小于 0.10% | | |

注　1. R235 宜用于强度等级 C60 的混凝土；Ⅱ级宜用于强度等级 C30~C60 及有抗冻、抗渗或其他要求的混凝土；Ⅲ级宜用于强度等级小于 C30 的混凝土。

2. 岩石的抗压强度与混凝土强度等级之比不应小于 1.5 倍，或制成的混凝土其性能（如弹模、抗渗等）应高于设计、规范要求。

3. 材料的坚固性还应符合表 7-26 的要求。

（2）粗集料应采用二级或多级配。粗集料的颗粒级配，宜采用连续级配或连续级配与单粒级配合使用。在特殊情况下，通过试验证明混凝土无离析现象时，也可采用单粒级。粗集料的级配范围应符合表 7-26 的要求。

表 7-26　　碎石或卵石的颗粒级配规格　　单位：mm

| 级配情况 | 公称粒级 | 累计筛余（按质量百分率计） | | | | | | | | | | | |
|---|---|---|---|---|---|---|---|---|---|---|---|---|---|
| | | 方孔筛筛孔尺寸 | | | | | | | | | | | |
| | | 2.36 | 4.75 | 9.50 | 16.0 | 19.0 | 26.5 | 31.5 | 37.5 | 53 | 63.0 | 75.0 | 90 |
| 连续级配 | 5~10 | 95~100 | 80~100 | 0~15 | 0 | — | — | — | — | — | — | — | — |
| | 5~16 | 95~100 | 85~100 | 30~60 | 0~10 | 0 | — | — | — | — | — | — | — |
| | 5~20 | 95~100 | 90~100 | 40~80 | — | 0~10 | — | — | — | — | — | — | — |
| | 5~25 | 95~100 | 90~100 | — | 30~70 | — | — | — | — | — | — | — | — |
| | 5~31.5 | 95~100 | 90~100 | 70~90 | — | 15~45 | — | 0~5 | 0 | — | — | — | — |
| | 5~40 | — | 95~100 | 70~90 | — | 30~65 | — | — | 0~5 | 0 | — | — | — |
| 单粒级 | 10~20 | — | 95~100 | 85~100 | — | 0~15 | — | — | — | — | — | — | — |
| | 16~31.5 | — | 95~100 | — | 80~100 | — | — | 0~10 | — | — | — | — | |
| | 20~40 | — | — | 95~100 | — | 80~100 | — | — | 0~10 | — | — | — | — |
| | 31.5~63 | — | — | — | 95~100 | — | — | 75~100 | 45~75 | — | 0~10 | 0 | — |
| | 40~80 | — | — | — | — | 95~100 | — | — | 70~100 | — | 30~60 | 0~10 | 0 |

(3) 粗集料最大粒径应按混凝土结构情况及施工方法选取，但最大粒径不得超过结构最小边尺寸的1/4和钢筋最小净距的3/4；在两层或多层密布钢筋结构中，不得超过钢筋最小净距的1/2，最大粒径不得超过100mm；混凝土实心板的集料最大粒径不宜超过板厚的1/3且不得超过40mm。氯盐锈蚀环境严重作用下的混凝土，粗集料粒径不宜超过2.5mm（大体积混凝土除外），且不得超过保护层厚度的2/3。

(4) 混凝土结构物处于表7-27所列条件下时，应对碎石或卵石进行坚固性试验，试验结果应符合表内的规定。

表7-27　碎石或卵石的坚固性试验

| 混凝土所处环境条件 | 在溶液中循环次数 | 试验后质量损失不宜大于（%） |
|---|---|---|
| 寒冷地区，经常处于干湿交替状 | 5 | 5 |
| 严寒地区，经常处于干湿交替状 | 5 | 3 |
| 混凝土处于干燥条件，但粗集料风化或软弱颗粒过多 | 5 | 12 |
| 混凝土处于干燥条件，但有抗疲劳、耐磨、抗冲击要求高或强度大于C40 | 5 | 5 |

注 1. 有抗冻、抗渗要求的混凝土用硫酸钠法进行坚固性试验不合格时，可进行直接冻融试验。
2. 处在冻融循环下的重要工程混凝土应进行坚固性和抗冻融试验。坚固性试验结果失重率应小于10%。

(5) 施工前宜对所用的碎石或卵石进行碱活性检验，在条件允许时尽量避免采用有碱活性反应的集料，或采取必要的防碱措施。

**4. 水**

(1) 拌制混凝土宜采用饮用水，一般能满足要求，使用时可不经试验。

(2) 当采用其他水源时，水质应符合表7-28的规定。

表7-28　拌和用水的品质指标

| 项　目 | 预应力混凝土 | 钢筋混凝土 | 素混凝土 |
|---|---|---|---|
| pH值 | ≥5.0 | ≥4.5 | ≥4.5 |
| 不溶物（mg/L） | ≤2000 | ≤2000 | ≤5000 |
| 可溶物（mg/L） | ≤2000 | ≤5000 | ≤10000 |
| 氯化物（以$Cl^-$计，mg/L） | ≤500 | ≤1000 | ≤3500 |
| 硫酸盐（以$SO_4^{2-}$计，mg/L） | ≤600 | ≤2000 | ≤2700 |
| 碱含量（rag/L） | ≤1500 | ≤1500 | ≤1500 |

注 1. 对于设计使用年限为100年的结构混凝土，氯离子含量不得超过500mg/L；对使用钢丝或经热处理钢筋的预应力混凝土，氯离子含量不得超过350mg/L。
2. 碱含量按$Na_2O+0.658K_2O$计算值来表示。采用非碱活性集料时，可不检验碱含量。

(3) 被检验水样应与饮用水样进行水泥凝结时间对比试验。对比试验的水泥初凝时间差及终凝时间差均不应大于30min。

(4) 被检验水样应与饮用水样进行水泥胶砂强度对比试验，被检验水样配制的水泥胶砂3d和28d强度不应低于饮用水配制的水泥胶砂3d和28d强度的90%。

（5）混凝土拌和用水不应有漂浮明显的油脂和泡沫，不应有明显的颜色和异味。

（6）未经处理的海水严禁用于钢筋混凝土和预应力混凝土的拌制、养护。

**5. 掺合料**

掺合料主要为粉煤灰、磨细矿渣、硅灰等。使用时应保证其产品品质稳定，来料均匀。

（1）掺合料在运输与存储中，应有明显标志，严禁与水泥等其他材料混淆。

（2）施工需要掺用掺合料（粉煤灰、磨细矿渣、硅灰等），使用前应通过试配检验，确定其掺量。

（3）严禁使用已结硬、结团的或失效的掺合料用于混凝土工程中。

（4）应采取有效措施防止由于在混凝土中掺入掺合料而产生的不利影响。例如，掺入硅粉后应加强降温和保湿养生，避免混凝土的温缩、干缩和自缩裂缝产生。

**6. 外加剂**

（1）外加剂的品种应根据设计和施工要求选择，应采用减水率高、坍落度损失小、能明显改善混凝土性能的质量稳定产品。工程使用的外加剂与水泥、矿物掺合料之间应有良好的相容性。

（2）试配掺外加剂的混凝土时，应采用工程使用的原材料，按设计与施工要求进行检测，检测条件应与施工条件相同，当材料或混凝土性能变化时，应重新进行试配。

（3）所采用的外加剂，应对人员、环境无毒作用，其质量应符合《混凝土外加剂》（GB 8076—2008）的规定，其中主要外加剂的性能应符合表 7-29 的要求。

**表 7-29　外加剂的性能指标**

| 性能要求 | | 高效减水剂 | 早强减水剂 | 引气减水剂 | 缓凝高效减水剂 | 早强剂 | 泵送剂 | |
|---|---|---|---|---|---|---|---|---|
| 减水率（%） | | ≥15 | ≥8 | ≥12 | ≥15 | — | 坍落度增加大于 100mm | |
| 泌水率（%） | | ≤90 | ≤95 | ≤70 | ≤100 | ≤100 | 泌水率≤90 | |
| 含气量（%） | | ≤4.0 | ≤3.0 | >3.0 | <4.5 | — | ≤4.5 | |
| 凝结时间（min） | 初凝 | -90~+120 | -90~+90 | -90~+120 | >+90 | -90~+90 | 坍落度保留值 | 30min≥150mm |
| | 终凝 | | | | — | | | 60min≥120mm |
| 抗压强度比（%） | 1d | ≥140 | ≥140 | — | — | ≥135 | — | |
| | 3d | ≥130 | ≥130 | ≥115 | ≥125 | ≥130 | ≥90 | |
| | 7d | ≥125 | ≥110 | ≥110 | ≥125 | ≥110 | ≥90 | |
| | 28d | ≥120 | ≥105 | ≥100 | ≥120 | ≥100 | ≥90 | |
| 收缩率比（%） | 28d | ≤120 | ≤120 | ≤120 | ≤120 | ≤120 | ≤125 | |
| 抗冻标号 | | 50 | 50 | 200 | 50 | 50 | 50 | |
| 对钢筋锈蚀作用 | | 对钢筋无锈蚀作用 | | | | | | |

注　1. 表中的减水率、泌水率、凝结时间、抗压强度比、收缩率比等数据为掺外加剂混凝土与基准混凝土差值或比值。

2. 凝结时间“-”表示提前，“+”表示延缓。

3. 泵送剂基准混凝土坍落度为（80±10）mm。泵送剂性能指标值仅为参考值。

(4) 每批外加剂使用前应复验，其效果应与试配时一致，否则应立即停止使用。

(5) 钢筋混凝土结构的混凝土中掺入外加剂还应满足以下条件。

1) 不得掺用含氯盐外加剂。

2) 掺引气剂或引气减水剂混凝土的含气量宜为3.5%~5.5%。

3) 宜用卧式、行星式，或逆流式搅拌机搅拌，搅拌时间宜控制在3~5min。

4) 凝结时间应适应混凝土的运输和浇筑需要。

5) 外加剂应存放在专用仓库或固定的场所妥善保管，不同品种外加剂应有标记，并应分别储存。粉状外加剂在运输和储存过程中应注意防水、防潮。严禁使用已结硬、结团的外加剂用于混凝土工程中。

(6) 膨胀剂。

1) 公路工程宜用硫铝酸钙类膨胀剂，但此类膨胀剂不得掺于硫铝酸盐水泥、铁铝酸盐水泥和高铝水泥中。

2) 膨胀剂性能应符合《混凝土外加剂应用技术规范》(GB 50119—2013) 的规定。

3) 膨胀剂适用于有边界、有约束条件下的混凝土结构和填充性混凝土使用过程中应根据原材料情况及混凝土质量检验的结果予以验证或调整。遇有下列情况之一时，应重新进行配合比设计：① 对混凝土性能指标有特殊要求时；② 水泥、外加剂或矿物掺合料等原材料品种、质量有显著变化时。

## 二、混凝土的种类

### 1. 按用途分

按用途可分为结构混凝土、防水混凝土、道路混凝土、耐酸混凝土、耐热混凝土、装饰混凝土、膨胀混凝土、大体积混凝土及防辐射混凝土等。

### 2. 按强度分

按强度可将混凝土分为普通混凝土、高强混凝土与超高强混凝土。

普通混凝土的强度等级通常在C60以下。高强混凝土的强度等级大于或者等于C60。超高强混凝土的抗压强度一般在100MPa以上。

### 3. 按施工方法分

按施工方法可分为预拌混凝土（商品混凝土）、泵送混凝土、碾压混凝土、离心混凝土、挤压混凝土、压力灌浆混凝土、喷射混凝土及热拌混凝土等。

### 4. 按胶凝材料分

根据混凝土中胶凝材料品种不同，将混凝土分为石膏混凝土、水泥混凝土、水玻璃混凝土、菱镁混凝土、沥青混凝土、硅酸盐混凝土、聚合物水泥混凝土及聚合物浸渍混凝土等品种。此类混凝土的名称中通常有胶凝材料的名称。

### 5. 按配筋情况分

按配筋情况可分为素混凝土、钢筋混凝土、预应力混凝土、钢纤维混凝土等。

### 6. 按体积密度分

根据体积密度大小将混凝土分为重混凝土、普通混凝土与轻混凝土。

重混凝土的体积密度大于2800kg/m$^3$。通常采用密度很大的重质集料，如重晶石、铁矿石、钢屑等配制而成，具有防射线功能，亦称为防辐射混凝土。

普通混凝土通常都是水泥混凝土，其体积密度为2000~2800kg/m$^3$，通常在2400kg/m$^3$左右。采用水泥与天然砂石配制，是工程中应用最广的混凝土，主要用于建筑工程的承重结构材料。

轻混凝土的体积密度小于2000kg/m$^3$。主要用做轻质结构材料和保温隔热材料。

## 三、混凝土的特点

（1）混凝土和钢筋具有良好粘结性能，并且能较好地保护钢筋不锈蚀。

基于以上优点，混凝土在钢筋混凝土结构中应用广泛。但混凝土也具有抗拉强度低（为抗压强度的1/20~1/10）、变形性能较差、导热系数大［约为1.8W/（m·K）］、体积密度大（约为2400kg/m$^3$）、硬化较缓慢等缺点。在工程中尽可能利用混凝土的优点，采取相应的措施避免混凝土缺点对使用的影响。

（2）混凝土拌和物具有很好的可塑性，可以依据需要浇筑成任意形状的构件，即混凝土具有良好的可加工性。

（3）水泥混凝土中70%体积比以上为天然砂石，采用就地取材原则，可以大大降低混凝土的成本。

（4）混凝土具有抗压强度高、耐火、耐久、维修费用低等许多优点，混凝土硬化后的强度能达100MPa以上，是一种较好的结构材料。

## 四、装饰混凝土

装饰混凝土主要有彩色混凝土、清水混凝土、外露集料混凝土等。彩色混凝土是在水泥混凝土表面经过喷涂色彩或其他工艺处理，使其改变单一色调，具有线型、质感和宜人的色彩。混凝土的最大优点是具备多功能性，可以将混凝土塑造成任何形状，染成任何颜色，其组织结构可以从粗糙一直到高度光洁。混凝土适用于各种装饰风格，既可以体现出现代感觉，也可以达到古色古香的效果。

### 1. 装饰混凝土的原材料

装饰混凝土的原材料与水泥混凝土基本相同，只是在原材料的颜色上有不同的要求。通过掺加颜料或采用不同颜色的原材料及不同的施工方法即可达到不同的装饰效果。水泥是装饰混凝土的主要原材料。如采用混凝土本色，一个工程应选用一个工厂同一批号的产品，并一次备齐。除了性能应符合国家标准外，颜色必须一致。如在混凝土表面喷刷涂料，可适当放宽对颜色的要求。

粗、细集料应采用同一来源的材料，要求洁净、坚硬，不含有毒杂质。制作露集料混凝土时，集料的颜色应一致。颜料应选用不溶于水，与水泥不发生化学反应，耐碱、耐光的矿物颜料，其掺量不应降低混凝土的强度，一般不超过6%。有时也采用具有一定色彩的集料代替颜料。外加剂的选择与水泥混凝土相同，但应注意某些品种的外加剂会与颜料发生化学反应引起过早褪色。

### 2. 装饰混凝土的使用

混凝土可通过着色、染色、聚合以及环氧涂层等化学处理达到酷似大理石、花岗石和石灰石的效果。对混凝土的艺术处理方法有很多，比如在混凝土表面做出线型、纹饰、图

案、色彩等，以满足建筑立面、楼地面或屋面不同的美化效果。

（1）整体彩色混凝土。整体彩色混凝土一般采用白色水泥或彩色水泥、白色水泥或彩色石子、白色或彩色石屑以及水等配制而成。混凝土整体着色既可满足建筑装饰的要求，又可满足建筑结构基本坚固性能的要求。

（2）立面彩色混凝土。立面彩色混凝土是通过模板，利用水泥混凝土结构本身的造型、线型或几何外形，取得简单、大方和明快的立面效果，使混凝土获得装饰性。如果在模板构件表面浇筑出凹凸纹饰，可使建筑立面更加富有艺术性。

（3）彩色混凝土面砖。彩色混凝土面砖包括路面砖、人行道砖和车行道砖，造型可分为普通型砖和异型砖，其形状有方形、圆形、椭圆形、六角形等，表面可做成各种图案，又称花阶砖。水泥混凝土花砖强度高、耐久性好、制作简单、成本低，既可用于室内，也可用于室外。按用途分有地面花砖和墙面花砖。采用彩色混凝土面砖铺路，可使路面形成多彩美丽的图案和永久性的交通管理标志。

（4）表面彩色混凝土。表面彩色混凝土是在混凝土表面着色，一般采用彩色水泥和白色水泥、彩色与白色石子及石屑，再与水按一定比例配制成彩色饰面材；制作时先铺于模板底，厚度不小于10mm，再在其上浇筑水泥混凝土。此外，还有一种在新浇筑混凝土表面上干撒着色硬化剂显色，或采用化学着色剂掺入已硬化混凝土中，生成难溶且抗磨的有色沉淀物。

**3. 高性能混凝土**

高性能混凝土（HPC）通过提高强度、减少混凝土用量，从而节约水泥、砂、石的用量；通过改善和易性来改善浇筑密实性能，降低噪声和能耗；提高混凝土耐久性，延长构筑物的使用寿命，进一步节约维修和重建费用，减少对自然资源无节制的使用。高性能混凝土中的水泥组分应为绿色水泥，其含义是指在水泥生产中资源利用率和二次能源回收率均提高到最高水平，并能够循环利用其他工业的废渣和废料；技术装备上更加强化了环境保护的技术和措施；粉尘、废渣和废气等的排放几乎接近于零。最大限度地节约水泥熟料用量，从而减少水泥生产中的“副产品”——二氧化碳、二氧化硫、氧化氮等气体，以减少环境污染保护环境。随着粉体加工技术的日益成熟，工业废料如矿渣、粉煤灰、天然沸石、硅灰和稻壳灰等制造超细粉后掺入混凝土中，可提高混凝土性能、改善体积稳定性和耐久性，减少温度裂缝，抑制碱集料反应。在提高经济效益的同时还能达到节约资源和能源、改善劳动条件和保护环境的目的。

## 五、再生骨料混凝土

再生骨料混凝土指以废混凝土、废砖块、废砂浆作骨料，加入水泥砂浆拌制的混凝土。利用再生骨料配制再生混凝土是发展绿色混凝土的主要措施之一。积极利用城市固体垃圾，特别是拆除的旧建筑物和构筑物的废弃物混凝土、砖、瓦及废物，以其代替天然砂石料，减少砂石料的消耗，发展再生混凝土，可节省建筑原材料的消耗，保护生态环境，有利于混凝土工业的可持续发展。但是，再生骨料与天然骨料相比，孔隙率大、吸水性强、强度低，与天然骨料配置的混凝土的特性相差较大，这是应用再生骨料混凝土时需要注意的问题。采用再生粗骨料和天然砂组合，或再生粗骨料和部分再生细骨料、部分天然砂组合，制成的再生混凝土强度较高，具有明显的环境效益和经济效益。

## 六、生态环保型混凝土

制造水泥时煅烧碳酸钙排出的二氧化碳和含硫气体，会形成酸雨，产生温室效应；城市大密度的混凝土建筑物和铺筑的道路，缺乏透气性、透水性，对温度、湿度的调节性能差，导致城市热岛效应；混凝土浇捣振动噪声是城市噪声的来源之一。因此，新型的混凝土不仅要满足作为结构材料的要求，还应尽量减少给地球环境带来的压力和不良影响，能够与自然协调，与环境共生。生态环保型的混凝土开发成为混凝土的主要发展方向。生态友好型混凝土能够适应生物生长、调节生态平衡、美化环境景观、实现人类与自然的协调共生。目前研究开发的生态环保型混凝土的功能有污水处理、降低噪声、防菌杀菌、吸收去除 $NO_x$，阻挡电磁波以及植草固沙、修筑岸坡等。

**1. 透水混凝土**

透水性混凝土具有 15%~30% 的连通孔隙，具有透气性和透水性，用于铺筑道路、广场、人行道等，能扩大城市的透水、透气面积，减少交通噪声，调节城市空气的温度和湿度，维持地下水位和促进生态平衡。透水性混凝土使用的材料有水泥、骨料、混合材、外加剂和水，与一般混凝土基本相同，根据用途、使用场合不同；有时不使用混合材和外加剂。

传统的混凝土材料对环境带来诸多负面的影响。在可持续发展背景下开发绿色混凝土材料，减少对环境的负面效应，营造更加舒适的生存环境是时代赋予的使命。未来可从以下方面来促进绿色混凝土的应用。

（1）研究改进熟料矿物组分，对传统的熟料矿物、水泥进行改性、改型，发展生产能耗低的新品种，调整水泥产品结构，发展满足配制高性能混凝土和绿色高性能混凝土要求的水泥，并尽量减少混凝土中的水泥用量；改进、提高和发展水泥生产工艺及技术装备，采用新技术、新工艺、新装备改造和淘汰落后的技术和装备，以提高水泥质量，达到节能、节约资源的目的。

（2）大力发展人造骨料，特别是利用工业固体废弃物如粉煤灰、煤矸石生产制造轻骨料；积极利用城市固体垃圾，特别是拆除的旧建筑物和构筑物的废弃物，如混凝土、砖、瓦及废物，以其代替天然砂石料，减少砂石料的消耗。

（3）加强混凝土科研开发、标准制定、工程设计和施工等人员的环保意识，加大绿色概念的宣传力度，促进混凝土工程领域各个环节的高度重视。研究和制定绿色混凝土的设计规程、质量控制方法、验收标准、施工工艺等。制定有关国家法律、政策，以保护和鼓励使用绿色高性能混凝土，成立有关绿色高性能混凝土专门的研究、开发、推广、质量检验和控制的机构。

**2. 低碱混凝土**

pH 在 12~13，呈碱性的混凝土对用于结构物来说是有利的，具有保护钢筋不被腐蚀的作用，但不利于植物和水中生物的生长。开发低碱性、内部具有一定的空隙、能够提供植物根部或生物生长所必需的养分存在的空间、适应生物生长的混凝土是生态环保型混凝土的一个重要研究方向。

目前开发的有多孔混凝土及植被混凝土，可用于道路、河岸边坡等处。多孔混凝土也称为无砂混凝土，它具有粗骨料，没有细骨料，直接用水泥作为粘结剂连接粗骨料，其透

气和透水性能良好，连续空隙可以作为生物栖息繁衍的地方。植被混凝土以多孔混凝土为基础，通过在多孔混凝土内部的孔隙加入各种有机、无机的养料来为植物提供营养，并且加入了各种添加剂来改善混凝土内部性质以适合植物生长，还在混凝土表面铺了一层混有种子的客土；提供种子早期的营养。

## 七、“绿色”沥青混凝土

使用沥青混凝土并不是典型的可持续规划的手段，实际上，它常常被认为是生态友好型发展的对立面。负责任的设计师应该想出有效的办法，在利用沥青混凝土已被证实的好处的同时，减轻它对环境的不利影响。景观设计师就有很多有效手段可以将沥青混凝土铺装对环境的冲击降到最小。

透水沥青混凝土（图 7-5）与传统沥青混凝土相比，具有很大的环境优势。正如其名，透水沥青混凝土允许水流透过其中的孔隙渗进路基层，而不是在其表面快速流动，汇入雨水排水系统。使用透水沥青混凝土有 3 个重要的优点：① 减缓雨水进入排水系统的速率；② 增加了渗入土壤的水量，减少了径流水量；③ 能够过滤掉一部分路面和停车场径流中固有的污染物，如固体颗粒、金属、汽油、润滑油等，从而提高水质。

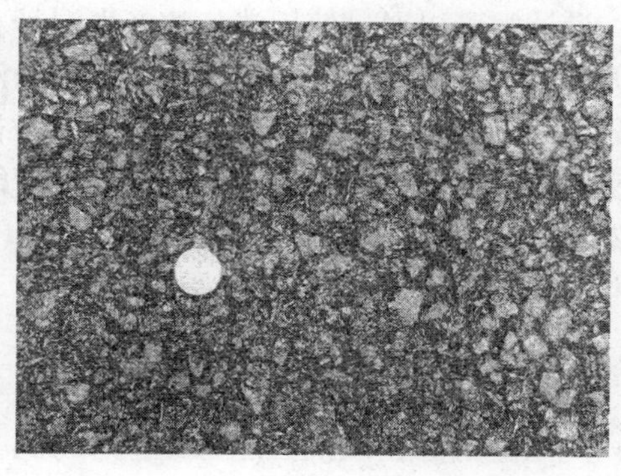

图 7-5　透水沥青混凝土是限制雨水径流和净化水质的有效手段

从视觉特点来说，透水沥青混凝土与一般沥青混凝土相似，但是带有轻微的、疏松的肌理。这是由其中的孔隙形成的，正是这些孔隙才使水流能够快速渗透。这种面层按视觉特点分类被归入“开放型”类别。

透水沥青混凝土的关键是以加强的骨料作为基础，这是一种粒大的、规格一致的压碎石，这样形成的铺装其空隙率大约为 40%。这里使用的骨料颗粒必须严格一致。如果颗粒大小差别过大，或使用了含有各种大小颗粒的“密实”骨料，都会导致渗水效果减弱。因为混进去的杂质会堵塞合格颗粒之间的孔隙，明显减缓渗水速度。在透水沥青混凝土路面的整个生命周期中，能否保持渗水孔隙不被破坏，是决定透水沥青混凝土性能表现的关键因素。很重要的一点是路基在施工时不能使用传统的压实手段，这样才能保持高渗透率。因为路基没有压实而损失的稳定性则由加厚的骨料基础来补偿（图 7-6）。

温拌沥青混凝土技术是人们降低混合物温度，淘汰热拌混凝土的尝试。温拌沥青混凝土要求环境温度在-1.1~37.8℃，低于传统的热拌沥青混凝土。低温的好处有：① 减少能量消耗；② 减少温室气体排放；③ 减少众所周知的热拌沥青混凝土施工中的刺激性气味和有毒废气排放。

温拌沥青混凝土是一个相当新的技术，是在全球减少温室气体排放的共识中应运而生的。现在发展这项技术面临的最大挑战是如何使其达到甚至超过热拌混凝土的强度和耐久性，这样才能发挥其显著的环境效益。

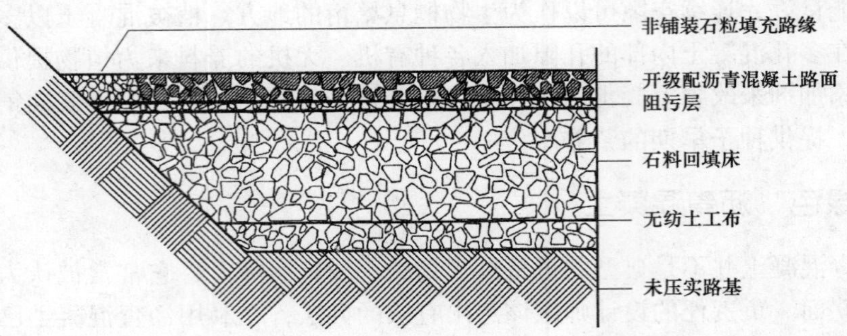

图 7-6　透水沥青混凝土路面结构详图

设计师可以通过使用浅色的沥青混凝土来减少城市热岛效应。深色的路面和屋顶会在白天吸收热量，夜间释放热量。空气中的污染物不可避免地成为包围城市区域热岛的组成部分，大大降低了空气质量。城市地区被困住的热量和低质量的空气促进了空调的使用，这反过来又消耗更多的能源。浅色的表面能够更好地反射太阳辐射，驱散热量和空气中的污染物。

## 八、钢筋混凝土

混凝土由水泥、石子、砂子和水按一定比例拌和而成，经振捣密实，凝固后坚硬如石，抗压能力好，但抗拉能力差，容易因受拉而断裂导致破坏，为此常在混凝土构件的受拉区内配置一定数量的钢筋，使混凝土和钢筋牢固结合成一个整体，共同发挥作用，这种配有钢筋的混凝土称为钢筋混凝土（图 7-7）。钢筋混凝土是由钢筋和混凝土两种不同性能的建筑材料组合而共同工作的组合体，主要是利用了混凝土的抗压能力和钢筋的抗拉能力产生的共同作用。

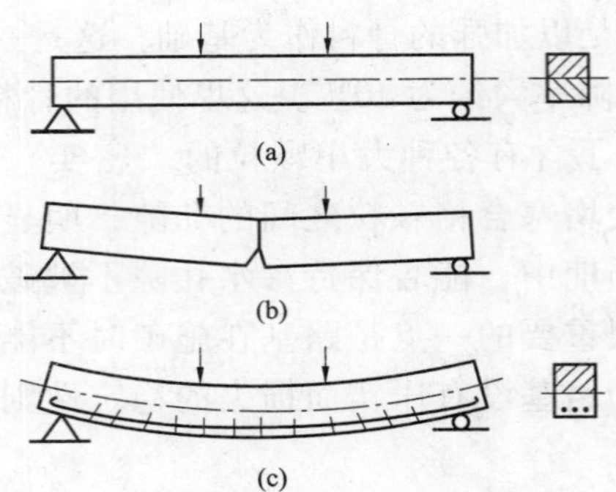

图 7-7　混凝土梁及钢筋混凝土梁

（a）荷载简图；（b）混凝土梁破坏；（c）钢筋混凝土破坏

钢筋混凝土结构广泛应用于园林建筑中。

## 九、混凝土在园林工程中的应用

混凝土在园林工程中应用广泛，常见的亭、廊、平台、景墙、花架、水池、铺地等大

多数涉及承重结构的硬质景观元素，都由混凝土作为支撑材料。

常见景观小品中，混凝土的应用如图 7-8~图 7-12 所示。

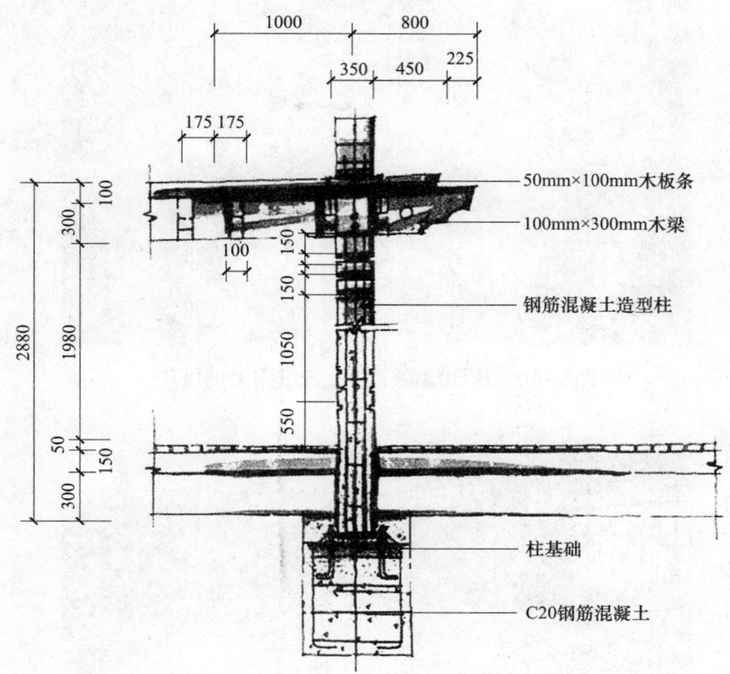


图 7-8 单臂花架剖面结构

图 7-9 透水混凝土材料在绿道上的应用

图 7-10　压印混凝土在人行道路上的应用

图 7-11　混凝土嵌草砖

图 7-12　与砖石铺装相比，沥青混凝土铺装是一个耐用又经济的选择

# 第八章

# 防水类材料

## 第一节 沥 青

沥青属于憎水性材料，它不透水，也几乎不溶于水、丙酮、乙醚、稀乙醇，能够溶于汽油、苯、二硫化碳、四氯化碳和三氯甲烷等有机溶液中。沥青具有良好的粘结性、塑性、不透水性和耐化学腐蚀性，并具有一定的耐老化作用。

在土木工程中，沥青是应用广泛的防水材料和防腐材料，主要应用于屋面、地面、地下结构的防水，木材、钢材的防腐。在建筑防水工程中，主要应用于制造防水涂料、卷材、油膏、胶黏剂和防锈、防腐涂料等。一般是石油沥青和煤沥青应用最多。沥青还是道路工程中应用广泛的路面结构胶结材料，它与不同组成的矿质材料按比例配合后可以建成不同结构的沥青路面，高速公路应用较为广泛。

### 一、沥青的种类

**1. 天然沥青**

石油原油渗透到地面，其中轻质组分被蒸发，进而在日光照射下被空气中的氧气氧化，再经聚合而成为沥青矿物。按形成的环境可分为岩沥青、湖沥青、海底沥青等，岩沥青是石油不断地从地壳中冒出，存在于山体、岩石裂隙中长期蒸发凝固而形成的天然沥青。主要组分有树脂、沥青质等胶质。

**2. 煤沥青**

煤沥青是焦炭炼制或是制煤气时的副产品，在干馏木材等有机物时所得到的挥发物，经冷凝而成的黏稠液体再经蒸馏加工制成的沥青。根据不同的黏度残留物，分为软煤沥青和硬煤沥青。

用于制造涂料、沥青焦、油毛毡等，也可用作燃料及沥青炭黑的原料。其很少应用于屋面工程，但由于它的抗腐蚀性好，因而适用于地下防水工程和防腐蚀材料。

严格将热温度控制在180℃以下，以免造成煤沥青的有效成分损失，使煤沥青变质、发脆。煤沥青不能与石油沥青掺混使用，以免造成沉渣现象。煤沥青有毒性，在使用过程中必须进行劳动保护，以防止蒸汽中毒。

**3. 石油沥青**

石油沥青是石油原油或石油衍生物，经蒸馏提炼出轻质油后的残留物，再经过加工而得到的产品。

沥青的主要组分是油分、树脂和地沥青质。油分：为浅黄色和红褐色的黏性液体，相对分子质量和密度最小，能够赋予沥青以流动性。树脂：又称脂胶，为黄色至黑褐色半固体黏稠物质，相对分子质量比油分大，比地沥青小，沥青脂胶中绝大部分属于中性树脂。树脂能够赋予石油沥青良好的黏性和塑性。中性树脂的含量越高，石油沥青的品质越好。地沥青质：为深褐色至黑色的硬而脆的不溶性固体粉末。其相对密度大于 1。地沥青质是决定石油沥青热稳定性和黏性的重要组成部分，其含量越高，沥青的软化度越高，黏性越大，但沥青也越硬脆。

油分和树脂可以互溶，树脂能够浸润地沥青质，而在地沥青质的表面形成薄膜。

根据国家标准规定，建筑石油沥青分为 30 号和 15 号。该沥青黏度较高，主要用于建筑工程的防水、防潮、防腐材料、胶结材料等。

一般情况下，道路石油沥青分为 200、180、140、100 甲、100 乙、60 甲、60 乙七个标号。黏度较小，黑色，固体，具有良好的流变性、持久的黏附性、抗车辙性、抗推挤变形能力，延度 40~100cm。

专用石油沥青主要分为 1 号、2 号、3 号，3 号主要用于配置涂料。

建筑石油沥青的黏性较高，主要用于建筑工程。道路石油沥青的黏性较低，主要用于路面工程，其中 60 号沥青也可与建筑沥青掺和，应用于屋面工程。

## 二、主要特性

**1. 抗老化、抗高温**

天然岩沥青本身的软化点达到 300℃以上，加入到基质沥青后，使其具有良好的抗高温、抗老化性能。

**2. 抗碾压**

岩沥青改性剂可以有效提高沥青路面的抗车辙能力，推迟路面车辙的产生，降低车辙深度和疲劳剪切裂纹的出现。

**3. 耐抗性**

青川岩沥青中，氮元素以官能团形式存在，这种存在使岩沥青具有很强的浸润性和对自由氧化基的高抵抗性，特别是与集料的黏附性及抗剥离性得到明显的改善。

## 三、改性沥青

现在技术越来越先进，随着新型化学合成材料的广泛发展，对沥青进行改性已成必然。改性沥青是掺加橡胶、树脂、高分子聚合物、磨细的橡胶粉或其他填料等外掺剂（改性剂），或采取对沥青轻度氧化加工等措施，使沥青或沥青混合料的性能得以改善制成的沥青结合料。到目已发现许多材料对石油沥青具有不同程度的改性作用，如：热塑橡胶类有 SBS、SEBS 等，热塑性塑料类有 APP（APAO、APO）等，合成胶类的有 SBR、BR、CR 等；同时发现不同的改性材料的改性效果不一样。研究证明，以 SBS、APP（APAO、APO）作为改性沥青的工程性最好，生产的产品质量最稳定，对产品的耐老化性改善最显著。同时，以 SBS 或 APP 改性的沥青，只有在其添加量达到微观上形成的连续网状结构后，才能得到低温性能及耐久性优良的改性沥青。

**1. 使用 APP 改性沥青**

（1）APP 是无规聚丙烯的英文简称，是生产等规聚丙烯的副产物。室温下 APP 是白色的液体，无明显熔点，加热至 130℃开始变软，170℃变为黏稠液体。

（2）聚丙烯具有优越的耐弯曲疲劳性，良好的化学稳定性，对极性有机溶性很稳定，这些都有利于 APP 的改性。可显著提高沥青的软化点，改善沥青的感温性，使感温区域变宽。同时，改善低温性，提高抗老化性能。

**2. 使用 SBS 树脂改性沥青**

（1）SBS 树脂是目前用量最大、使用最普遍和技术经济性能最好的沥青用高聚物。SBS 改性沥青是以基质沥青为原料，加入一定比例的 SBS 改性剂，通过剪切、搅拌等方法使 SBS 均匀地分散于沥青中，同时，加入一定比例的专属稳定剂，形成 SBS 共混材料，利用 SBS 良好的物理性能对沥青作改性处理。

（2）SBS 树脂改性沥青的主要特性：耐高温、抗低温；弹性和韧性好，抗碾压能力强；不需要硫化，既节能又能够改进加工条件；具备较好的相容性，加入沥青中不会使沥青的黏度有很大的增加；对路面的抗滑和承载能力显著增强作用；减少路面因紫外线辐射而导致的沥青老化现象；减少因车辆渗漏柴油、机油和汽油而造成的破坏。这些特性大大增加了交通安全性能。

（3）SBS 树脂改性沥青对沥青性能的要求。沥青作为 SBS 改性的基质材料，其性能对改性效果产生重要影响。其要求具备几个条件：① 有足够的芳香粉以满足聚合物改性剂在沥青中溶胀、增塑、分解的需要；② 沥青质含量不能过高，否则会导致沥青的网状结构发达，成为固态，使能够溶解 SBS 的芳香粉饱和度减少；③ 蜡含量不能过高，否则会影响 SBS 对沥青的改性作用；④ 组分间比例恰当，一般以（沥青质+饱和度）/（芳香粉+胶质）= 30% 左右为好；⑤ 软化点不可过高，针入度不可过小，一般选用针入度大于 140mm 的沥青。

## 四、沥青密封材料

**1. 性能**

沥青密封材料直接决定着密封材料的技术性能好坏，其具有下面一些性能。

（1）耐水性。在水的作用下和被水浸润后其基本性能不变，在压力水作用下具有不透水性。常用不透水性、吸水性指标表示。

（2）耐候性。耐候性是在人工老化试验机中进行的，老化试验机是人工模拟大自然的恶劣环境条件，加速老化的进行，用老化系数表示。老化系数是用沥青密封材料在老化前后的延伸率变化表示的。

（3）耐寒性。耐寒性是沥青密封材料在低温下适应接缝的伸缩运动的性能。沥青密封材料随温度的降低，弹性变小，延伸度降低，以至成为坚硬的脆性物质。耐寒性是用建筑密封材料的低温柔性来进行评价的。以未破坏时的温度来表示。我国各地对沥青密封材料的耐寒性要求不一。在制定耐寒性指标时，规定沥青密封材料的耐寒温度为零下 10℃、零下 20℃和零下 30℃三个指标。一般对耐热度要求较高的地方，耐寒性要求也比较高；耐热度要求较低的地方，耐寒温度较低。

（4）耐热性。耐热性就是沥青密封材料的感温性，其感温性很强，随着温度的升高而软化，强度降低，永久伸长率得到增大，以致发生流淌，造成接缝漏水。其评价方法主要是耐热度，以℃来表示。主要表示了沥青密封材料对经受最高温度和温度变动及变动频率影响的适应性。我国规定沥青密封材料的耐热度标准为70℃和80℃，以适应南方和北方地区不同的使用要求。

（5）保油性。对于沥青密封材料有保油性要求。保油性是表示沥青密封材料在嵌缝后，向被接触部位发生油分渗失的程度，是用滤纸上的渗油幅度和渗油张数来评价的，渗油幅度越小，渗油张数越少保油性越好。保油性在一定程度上反映了可塑性变化的情况。油分的渗出和挥发，沥青密封材料的可塑性变小，黏着性和耐久性变差，体积收缩率加大。

（6）挥发性。挥发性是用嵌填在培养皿中的沥青密封材料试样，在（80±2）℃的恒温箱内恒温5h，用其重量减少的百分率来评价的，挥发率越小越好。

在沥青密封材料中，含有大量的能挥发的物质，如软化剂、增塑剂、稀释剂等，都有一定的挥发速度。其挥发速度同周围的环境条件有关，在潮湿的条件下，挥发率很小，体积收缩率也小；随着存放时间的增长，挥发量也逐渐增大，体积收缩率也相应地增大。收缩大的在嵌缝后会产生裂缝，以及粘结性和耐久性降低。

（7）粘结性。粘结性是沥青密封材料的重要性能之一。它表示了沥青密封材料与其结构物的粘结能力。如果粘结不好，则易发生剥离，产生裂缝，就很难发挥出防水密封的作用。同时它的大小取决于沥青密封材料同基层之间的相互作用，其中包括物理吸附和化学吸附。

粘结性是用粘结水泥砂浆试块之间的沥青密封材料，经张拉后的延伸长度来评价的，用mm表示。

**2. 组成**

沥青材料和改性沥青材料是沥青密封材料的主要原材料。为了提高沥青材料的塑性、柔韧性和延伸性，常常加入软化剂或增塑剂、成膜剂和矿物填充剂等。

（1）石油沥青。石油沥青主要决定着石油沥青密封材料的技术性能，多选用含蜡量少，树脂含量高，对成膜剂和软化剂相溶性好，针入度指数在-2～+2之间的溶凝胶型沥青。

（2）煤焦油。煤焦油同样是制备沥青密封材料的主要原料之一。它是用煤进行炼焦或制造煤气时，排出的挥发性物质经冷却而得到的副产品，为褐色至黑色的油状物。煤焦油是由极其复杂的化合物组成的，所含化合物达一万种以上，主要为芳香烃化合物。

根据煤干馏的温度不同，可分为高温煤焦油、中温煤焦油和低温煤焦油。在建筑密封材料中，以高温煤焦油应用的最多。

高温煤焦油是由煤经高温干馏而制得的黑色油状产物。干馏温度范围在800～1200℃。

中温煤焦油同样是煤经干馏而得到的黑褐色油状物，干馏温度为660～750℃。中温煤焦油的比重较大，产量较大，挥发物含量较大，含烷烃、烯烃和高级酚较多，含芳香烃较少。

低温煤焦油的干馏温度在450～650℃。这种煤焦油的特点是在20℃时，比重为0.9～1.2g/cm$^3$，主要成分是烷烃和环烷烃，萘和蒽含量较少，酸性油分占20%～40%，酚含量约在30%，含碳量极少。

（3）软化剂。在沥青密封材料中所用的软化剂主要有石油系软化剂、煤焦油系软化剂、松焦系软化剂和脂肪系软化剂。

1）石油系软化剂。石油系软化剂是石油加工过程中所得到的产物，主要有机械油、变压器油、重油和石油树脂等。它是由烷烃、环烷烃和芳香烃组成的。烷烃和环烷烃对石油沥青密封材料的软化效果较芳香烃好。

2）煤焦油系软化剂。煤焦油系软化剂是由煤经干馏而制得的油状产物，主要有煤焦油、液体苯并呋喃一茚树脂等。液体苯并呋喃一茚树脂是由煤焦油的160~185℃馏分聚合而成的树脂。

3）松焦系软化剂。松焦系软化剂为干馏松根，松干除去松节油后的残留物，是一种高黏度的植物性焦油，属芳香族和极性化合物，含有多种酚类、松节油、松脂等。

4）脂肪系软化剂。脂肪系软化剂包括植物和动物的油，大多为高碳直链烃，含有不饱和双键，动物油较植物油链烃饱和程度大，主要有棉籽油、蓖麻油、菜籽油、桐油和鱼油等。

（4）增塑剂。增塑剂是增加沥青密封材料的塑性物质。它通常是沸点较高的、难挥发的液体，或低熔点固体。在沥青密封材料中使用的增塑剂应同沥青材料，改性材料有较好的相溶性，增塑效果大，耐热、耐光性好，耐寒性好，挥发性小，价廉易得。在沥青密封材料中常用的增塑剂有邻苯二甲酸二丁酯、邻苯二甲酸二辛酯、磷酸酯类、脂肪酸酯类。

（5）成膜剂。在沥青密封材料中可应用的成膜剂很多，大多数为含有不饱和双键的植物油和动物的油。这些油类又可根据其分子中含双键的数目不同，分为干性油、半干性油和不干性油。一般地讲，双键数目超过6个的为干性油，双键数目在4~6个的为半干性油，双键数目小于4个的为不干性油。常用的成膜剂有蓖麻油、桐油、鱼油、亚麻仁油等。

（6）矿物填充剂。矿物填充剂是沥青密封材料中常用的原材料之一。它可以增加体积、降低成本，对耐热性、可塑性都有一定的作用。常用的填充剂有粉状的大理石粉、滑石粉等，纤维状的石棉绒。

## 第二节 防 水 卷 材

防水卷材是将沥青类或高分子类防水材料浸渍在胎体上制作成的防水材料产品，是一种可以卷曲的片状材料，在工程中应用广泛。我国防水卷材使用量约占整个防水材料的90%。

### 一、卷材种类

一般情况下是根据其组成材料分类，主要分为沥青防水卷材、高聚物改性沥青防水卷材和合成高分子防水卷材。还有是根据胎体的不同，分为无胎体卷材、纸胎卷材、玻璃纤维胎卷材、玻璃布胎卷材和聚乙烯胎卷材。

不管是哪种分类方式，其主要作用都是达到抵御外界雨水、地下水渗漏的目的。所以防水卷材主要是用于建筑墙体、屋面以及隧道、公路、垃圾填埋场等处，抵御外界雨水、地下水渗漏的一种可卷曲成卷状的柔性建材产品。

## 二、主要性能

为了适应各种环境，如潮湿的、干燥的、防晒的等，在制作防水卷材时，应该考虑到其应具有的特性，我国的防水卷材主要有以下几个方面的性能：

（1）柔韧性。在低温条件下保持柔韧性有利于施工，同时，较好的柔韧性使材料不容易断裂。常用柔度、低温弯折性等指标表示。

（2）耐水性。在水的作用下和被水浸润后其性能基本不变，在压力水作用下具有不透水性，常用不透水性、吸水性等指标表示。

（3）高强度的承载力，延伸性，一般情况下都不会变形。

（4）温度稳定性。能耐高温低温，在高温低温作用下不发生各种如破裂、起泡、滑动等现象。即在一定温度变化下保持原有性能的能力。常用耐热度、耐热性等指标表示。

## 三、应用性卷材

通过对卷材性能的介绍，了解到防水卷材独特的优点，但是对于不同类型的防水卷材，又有一定的区别，现在根据情况分别介绍一些典型的类别。

**1. 高分子卷材**

与沥青卷材相比，高分子卷材是一种新型的防水卷材，属于高档防水卷材，采用单层防水体系，适合于一些防水等级要求较高、维修施工不便的防水工程。

高分子卷材是以合成橡胶、合成树脂或二者的共混体为基料，加入适量的化学助剂和填充剂等，采用密炼、挤出或压延等橡胶或塑料的加工工艺所制成的可卷曲片状防水材料。是从20世纪80年代开始生产新型高分子卷材，三元乙丙橡胶防水卷材（EPDM）和聚氯乙烯（PVC）生产及应用量最大。

高分子卷材材料的特性有以下5点：

（1）耐臭氧、耐紫外线、耐气候老化、耐久性等性能好，耐老化性能优异。色泽鲜艳，可冷粘贴施工，污染小，防水效果极佳。

（2）匀质性好。采用工厂机械化生产，能较好地控制产品质量。

（3）耐腐蚀性能良好。耐酸、碱、盐等化学物质的侵蚀作用，具有良好的耐腐蚀性能。

（4）耐热性好。在100℃以上温度条件下，卷材不会流淌和产生集中性气泡。

（5）拉伸强度高。拉伸强度一般都在3MPa以上，最高的拉伸强度可达10MPa左右，满足卷材在搬运、施工和应用的实际需要。断裂伸长率大，断裂伸长率一般都在200%以上，最高可达500%左右，适应结构伸缩或开裂变形的需要。

高分子卷材与沥青卷材相比具有很多的优势，但也有其不足之处，比如：粘结性差，对施工技术要求高，搭接缝多，接缝粘结不善易产生渗漏的问题；后期收缩大，大多数合成高分子防水卷材的热收缩和后期收缩均较大，常使卷材防水层产生较大内应力加速老化，或产生防水层被拉裂、搭接缝拉脱翘边等缺陷，同时其价格高等。

在高分子卷材中有一种比较特殊的系列——聚乙烯丙纶防水卷材，它除了完全具有合成高分子卷材的全部优点外，其自身最突出的特点是其表面的网状结构，使其具有了自己独特的使用性能——水泥粘结。同时因高分子复合卷材可用水泥直接粘结，因此在施工过

程中不受基层含水率的影响，只要无明水即可施工。这是其他防水卷材所不具备的。

**2. 沥青卷材**

沥青防水卷材是用原纸、纤维毡等胎体材料浸涂沥青，表面撒布粉状、粒状或片状材料制成可卷曲的片状防水材料，属于传统的防水卷材。其特点是成本低，但拉伸强度和延伸率低，温度稳定性差，高温易流淌，低温易脆裂；耐老化性较差，使用年限短，属于低档防水卷材。

根据沥青卷材的原料可分为有胎卷材和无胎卷材。有胎卷材：用厚纸、石棉布、棉麻织品等胎料浸渍石油沥青制成的卷状材料，包括油纸和油毡。无胎卷材：石棉、橡胶粉等掺入沥青材料中，经碾压制成的卷状材料。

APP改性沥青防水卷材指以聚酯毡或玻纤毡为胎基，无规聚丙烯（APP）或聚烯烃类聚合物（APAO、APO）作改性沥青为浸涂层，两面覆以隔离材料制成的防水卷材。

不同的性能、不同的原料分类不一样。根据胎体材料不同，分为聚酯毡胎、玻纤毡胎和玻纤增强聚酯毡胎。根据上表面隔离材料不同，分为聚乙烯膜（PE）、细砂（S）和矿物粒（片）料（M）三种。根据卷材物理力学性能分为Ⅰ型和Ⅱ型。

沥青卷材作为抵御雨水，防止外界水的重要材料，对其使用的材料规格和标准有一定的要求。一般情况下APP沥青防水卷材规格为幅宽1000mm；聚酯胎卷材厚度为3mm和4mm，玻纤胎卷材为3、4mm和5mm，每卷面积为$10m^2$（2mm）、$7.5m^2$和$5m^2$。

## 四、产品选择

（1）根据胎基识别卷材质量。一般从产品的断面上进行目测，具体方法可将选购的产品用手撕裂，观察断面上露出的胎基纤维，复合胎撕开后断面上有网格布的筋露出，此时就可断定该产品一定是复合胎卷材，是什么样的复合胎卷材需借助物性试验——可溶物含量检验来观察其裸露后的胎基。而单纯的聚酯胎、玻纤胎的卷材撕裂后断面仅有聚酯或玻纤的纤维露出。

（2）产品名称和外包装标志。按产品标准规定，产品外包装上应标明企业名称、产品标记，生产日期或批号、生产许可证号、储存与运输注意事项，对于产品标记应严格按标准进行，与产品名称一致，决不能含糊其辞或标记不全及无生产标记。

（3）注意产品价格。卷材产品竞争激烈，市场上出现很多同类的产品，甚至不加主要的材料，而是用废旧材料等来替代。故选购时注意，尽量避免挑选明显低于市场价的产品。

## 五、卷材使用要求

（1）对于特别防水卷材比如铺贴防水卷材的要求稍微严格，它的基层面（找平层）必须打扫干净，并洒水保证基层温润，屋面防水找平层应符合《屋面工程质量验收规范》（GB 50207—2012）规定，地下防水找平层应符合《地下工程防水规范》（GB 50108—2008）规定。

（2）防水卷材铺贴应采用满铺法，胶粘剂涂刷在基层面上应均匀，不露底，不堆积；胶粘剂涂刷后应随即铺贴卷材，防止时间过长影响粘结质量。

（3）铺贴防水卷材不得起皱折，不得用力拉伸卷材，边铺贴边排除卷材下面的空气和多余的胶粘剂，保证卷材与基层面以及各层卷材之间粘结密实。铺贴防水卷材的搭接宽度不得小于100mm。上下两层和相邻两幅卷材接缝应错开1/3幅度。

## 六、卷材的固定系统

卷材是整个工程防水的第一道屏障，对整个工程起着至关重要的作用，所以了解它的固定系统至关重要。固定系统主要有以下几种：

（1）空铺压重系统。空铺压重（松铺压重）固定屋面系统用鹅卵石、混凝土板、土砖和砂浆、铺板和支撑件重压卷材，以抵抗风载荷。具有施工简单快捷、系统成本低、保护防水层、延缓防水层老化等特点，广泛运用于停车场屋面、地下屋顶板、上人屋面等。

（2）机械固定系统。机械固定卷材防水屋面系统分为轻钢屋面机械固定系统和混凝土屋面机械固定系统。系统具有防水极佳、自重超轻、受天气影响小、极易维修、色彩丰富美观、环保等特点。构造简单，只有隔气层、保温板、防水卷材（复背衬）三个层次，系统成本低、通用性广。

（3）彩色卷材屋面系统。坡屋面系统可应用在混凝土、轻钢、木质基层上。系统具有防水极佳、自重超轻、施工快捷、极易维修、色彩丰富美观、环保等特点。结构简单，只有隔气层、保温板、防水卷材（复背衬）三个层次。可采用机械固定法、胶粘固定法施工。

（4）胶粘固定系统。胶粘固定卷材防水屋面系统分为轻钢屋面胶粘固定系统和混凝土屋面胶粘固定系统。系统采用带背胶或涂胶的高分子PVC/TPO防水卷材作为屋面覆盖层。

具有防水极佳、自重超轻、保温性能好、无冷桥、不破坏基层、极易维修、色彩丰富美观、环保等特点。构造简单，只有隔气层、保温板、防水卷材（复自粘胶）三个层次。

## 七、沥青防水卷材的适用范围

沥青防水卷材俗称油毡，是指用原纸、纤维织物、纤维毡等胎体材料浸涂沥青，表面撒布粉状、粒状或片状材料制成可卷曲的片状防水材料。常用沥青防水卷材的特点及适用范围见表8-1。

表8-1　常用沥青防水卷材的特点及适用范围

| 卷材名称 | 特　点 | 适 用 范 围 |
|---|---|---|
| 石油沥青纸胎油毡 | 传统的防水材料，低温柔韧性差，防水层耐用年限较短，但价格较低 | 三毡四油、二毡三油叠层设的屋面工程 |
| 玻璃布胎沥青油毡 | 抗拉强度高，胎体不易腐烂，材料柔韧性好，耐久性比纸胎提高一倍以上 | 多用作纸胎油毡的增强附加层和突出部位的防水层 |
| 玻纤毡胎沥青油毡 | 具有良好的耐水性、耐腐蚀性和耐久性，柔韧性也优于纸胎沥青油毡 | 常用作屋面或地下防水工程 |
| 黄麻胎沥青油毡 | 抗拉强度高，耐水性好，但胎体材料易腐烂 | 常用作屋面增强附加层 |
| 铝箔胎沥青油毡 | 有很高的阻隔蒸汽的渗透能力，防水功能好，具有一定的抗拉强度 | 与带孔玻纤毡配合或单独使用，宜用于隔气层 |

# 第三节 涂 料

建筑涂料是指用于建筑物（墙面和地面）表面涂刷的颜料，建筑涂料以其多样的品种、丰富的色彩、良好的质感可满足各种不同的要求。同时，由于建筑涂料还具有施工方便、高效且方式多样（刷涂、辊涂、喷涂、弹涂）、易于维修更新、自重小、造价低，可在各种复杂墙面作业的优点，成为建筑上一种很有发展前途的装饰材料。由于全球范围内环保意识的加强，具有环保适用性的绿色涂料将成为世界环保型涂料的主流产品。

## 一、建筑材料的种类

建筑涂料品种繁多，主要有以下几种分类方法：

（1）按涂膜厚度、形状与质感分类，厚度小于1mm的建筑涂料称为薄质涂料，涂膜厚度为1~5mm的为厚质涂料。按涂膜形状与质感可分为平壁状涂层涂料、砂壁状涂层涂料、凹凸立体花纹涂料。

（2）按在建筑上的使用部位分类，可分为内墙涂料、外墙涂料、顶棚涂料、地面涂料、门窗涂料等。

（3）按主要成膜物质的化学组成分类，可分为有机高分子涂料（包括溶剂型涂料、水溶性涂料、乳液型涂料）、无机涂料，以及无机、有机复合涂料。

（4）按涂料的特殊功能分类，可分为防火涂料、防水涂料、防腐涂料、防霉涂料、弹性涂料、变色涂料、保温涂料。

## 二、常用建筑涂料

### 1. 聚氨酯系地面涂料

聚氨酯是聚氨基甲酸酯的简称。聚氨酯地面涂料分薄质罩面涂料与厚质弹性地面涂料两类。前者主要用于木质地板或其他地面的罩面上光；后者用于刷涂水泥地面，能在地面形成无缝且具有弹性的耐磨涂层，因此称为弹性地面涂料。

聚氨酯弹性地面涂料是以聚氨酯为基料的双组分常温固化型的橡胶类溶剂型涂料。甲组分是聚氨酯预聚体，乙组分由固化剂、颜料、填料及助剂按一定比例混合、研磨均匀制成。两组分在施工应用时按一定比例搅拌均匀后，即可在地面上涂刷。

涂层固化是靠甲、乙组分反应、交联后而形成具有一定弹性的彩色涂层。该涂料与水泥、木材、金属、陶瓷等地面的粘结力强，整体性好，且弹性变形能力大，不会因地基开裂、裂纹而导致涂层的开裂。它色彩丰富，可涂成各种颜色，也可在地面做成各种图案；耐磨性很好，且耐油、耐水、耐酸、耐碱，是化工车间较为理想的地面材料；其重涂性好，便于维修，但施工相对较复杂。

原材料具有毒性，施工中应注意通风、防火及劳动保护。聚氨酯地面涂料固化后，具有一定的弹性，且可加入少量的发泡剂形成含有适量泡沫的涂层。因此，步感舒适，适用于高级住宅、会议室、手术室、放映厅等的地面，但价格较贵。

### 2. 聚酯酸乙烯乳胶漆

聚酯酸乙烯乳胶漆属于合成树脂乳液型内墙涂料，是以聚酯酸乙烯乳液为主要成膜物质，加入适量着色颜料、填料和其他助剂经研磨、分散、混合均匀而制成的一种乳胶型涂料。

该涂料无毒无味，不易燃烧，涂膜细腻、平滑、色彩鲜艳，涂膜透气性好、装饰效果良好，价格适中，施工方便，耐水性、耐碱性及耐候性优于聚乙烯醇系内墙涂料，但较其他共聚乳液差，主要作为住宅、一般公用建筑等的中档内墙涂料使用。不直接用于室外，若加入石英粉、水泥等可制成地面涂料，尤其适用于水泥旧地坪的翻修。

**3. 多彩内墙涂料**

多彩内墙涂料简称多彩涂料，是目前国内外流行的高档内墙涂料。目前生产的多彩涂料主要是水包油型（即水为分散介质，合成树脂为分散相），较其他三种类型（油包水型、水包油型、水包水型）储存稳定性好，应用也最广泛。

水包油型多彩涂料分散相为多种主要成膜物质配合颜料及助剂等混合而成，分散介质为含稳定剂、乳化剂的水。两相界面稳定互不相溶，且不同基料间亦不互溶，即形成在水中均匀分散、肉眼可见的不同颜色基料微粒的稳定悬浮体状态，涂装后显出具有立体质感的多彩花纹涂层。

多彩涂料色彩丰富，图案变化多样，立体感强，装饰效果好，具有良好的耐水性、耐油性、耐碱性、耐洗刷性、较好的透气性，且对基层适应性强，是一种可用于建筑物内墙、顶棚的水泥混凝土、砂浆、石膏板、木材、钢板、铝板等多种基面的高档建筑涂料。

**4. 彩色砂壁状外墙涂料**

彩色砂壁状外墙涂料又称彩砂涂料，是以合成树脂乳液（一般为苯乙烯、丙烯酸酯共聚乳液或纯丙烯酸酯共聚乳液）为主要成膜物质配合彩色骨料（粒径小于2mm的彩色砂粒、彩色陶瓷料等）或石粉构成主体，外加增稠剂及各种助剂配制而成的粗面厚质涂料。

彩色砂壁状外墙涂料由于采用高温烧结的彩色砂粒、彩色陶瓷或天然带色石屑为骨料，涂层具有丰富的色彩和质感，同时由于丙烯酸酯在大气中及紫外光照射下不易发生断链、分解或氧化等化学变化，因此，其保色性、耐候性比其他类型的外墙涂料有较大的提高。

当采用不同的施工工艺时，可获得仿大理石、仿花岗石质感与色彩的涂层，又被称仿石涂料、石艺漆。彩色砂壁状建筑涂料主要用于办公楼、商店等公用建筑的外墙面，是一种良好的装饰保护性外墙涂料。

**5. 沥青类防水涂料**

沥青类防水涂料是以沥青为基料配制而成的水乳型或溶剂型防水涂料。乳化沥青的储存期不能过长（一般3个月左右），否则容易引起凝聚分层而变质。储存温度不得低于0℃，不宜在-5℃以下施工，以免水结冰而破坏防水层，也不宜在夏季烈日下施工，因表面水分蒸发过快而成膜，膜内水分蒸发不出而产生气泡。

乳化沥青主要适用于防水等级较低的建筑屋面、混凝土地下室和卫生间防水、防潮；粘贴玻璃纤维毡片（或布）作屋面防水层；拌制冷用沥青砂浆和混凝土铺筑路面等。常用品种是石灰膏沥青、水性石棉沥青防水材料等。

**6. 改性沥青类防水涂料**

改性沥青类防水涂料指以沥青为基料，用合成高分子聚合物进行改性，制成的水乳型或溶剂型防水涂料。改性沥青类防水涂料在柔韧性、抗裂性、拉伸强度、耐高低温性能、使用寿命等方面比沥青类涂料都有很大改善。

这类涂料常用产品有氯丁橡胶沥青防水涂料、水乳型橡胶沥青防水涂料、APP 改性沥青防水涂料、SBS 改性沥青防水涂料等。这类涂料广泛应用于各级屋面和地下及卫生间等的防水工程。

**7. 绿色涂料**

涂料在施工和使用过程中能够造成室内空气质量下降以及有可能含有影响人体健康的有害物质的特点，《室内装饰装修材料内墙涂料中有害物质限量》(GB 6566—2001)对VOC、游离甲醛、可溶性重金属（铅、镉、铬、汞）及苯、甲苯、乙苯、二甲苯含量作了严格限制，认为合成树脂乳液水性涂料相对于有机溶剂型涂料来说，有机挥发物极少，是典型的绿色涂料。

水溶性涂料由于含有未反应完全的游离甲醛在涂刷及养护过程中逐渐释放出来，会对人体造成危害，属于淘汰产品。目前，绿色生态类涂料的研制和开发正加快进行并初具规模，如引入纳米技术的改性内墙涂料、杀菌性建筑涂料等。

**8. 其他装饰涂料**

(1) 清漆。俗称凡立水，一种不含颜料的透明涂料，多用于木器家具涂饰。

(2) 厚漆。厚漆又称为铅油，是采用颜料与干性油混合研磨而成，需加清油溶剂。厚漆遮覆力强，与面漆粘结性好，用于涂刷面漆前打底，也可单独作面层涂刷。

(3) 清油。清油又称为熟油，以亚麻油等干性油加部分半干性植物油制成的浅黄色黏稠液体。一般用于厚漆和防锈漆，也可单独使用。清油能在改变木材颜色基础上保持木材原有花纹，一般主要做木制家具底漆。

(4) 防锈漆。对金属等物体进行防锈处理的涂料，在物体表面形成一层保护层，分为油性防锈漆和树脂防锈漆两种。

# 第四节　塑　料

## 一、塑料的种类

按树脂的合成方法，可分为聚合物塑料和缩聚物塑料；按受热时塑料所发生的变化不同，可分为热塑性塑料和热固性塑料。热塑性塑料加热时具有一定流动性，可加工成各种形状，分为全部聚合物塑料、部分缩聚物塑料两种。热固性塑料加热后会发生化学反应，质地坚硬失去可塑性，包括大部分缩聚物塑料。

## 二、常用的塑料

**1. 热固性塑料**

(1) 玻璃纤维增强塑料（玻璃钢）：由合成树脂粘结玻璃纤维制品而制成的一种轻质高强的塑料，一般采用热固性树脂为胶结材料，使用最多的是不饱和聚酯树脂，作为结构和采光材料使用。

（2）聚酯树脂：分为不饱和聚酯树脂和饱和聚酯树脂（线型聚酯）。不饱和聚酯树脂用于生产玻璃钢、涂料和聚酯装饰板等。饱和聚酯树脂用来制成纤维或绝缘薄膜材料等。

（3）酚醛塑料（PF）：用于生产各种层压板、玻璃钢制品、涂料和胶粘剂等。

**2. 热塑性塑料**

（1）聚甲基丙烯酸甲酯（PMMA）有机玻璃：是透光性最好的一种塑料。制作有机玻璃、板材、管件、室内隔断等。

（2）聚苯乙烯塑料（PS）：用于生产水箱、泡沫隔热材料、灯具、发光平顶板等。

（3）聚氯乙烯塑料（PVC）：硬质聚氯乙烯塑料具有强度高、抗腐蚀性强、耐风化性能好等特点，可用于百叶窗、天窗、屋面采光板、水管、排水管等，制成泡沫塑料做隔声保温材料等。软质聚氯乙烯塑料材质较软，耐摩擦，具有一定弹性，易加工成形，可挤压成板、片、型材作地面材料等。

（4）聚乙烯塑料（PE）：主要用于防水、防潮材料和绝缘材料等。

（5）聚丙烯塑料（PP）：用于生产管材、卫生洁具等建筑制品。

## 三、常用的建筑塑料制品

（1）塑料装饰板。

1）防火板：又称塑料贴面板，是由表层纸、色纸、多层牛皮纸构成。表层纸和色纸经过三聚氰胺树脂浸染。防火板用于室内外的门面、墙裙、包柱、家具等处的贴面装饰。

2）覆塑装饰板：以塑料贴面板或塑料薄膜为面层，以胶合板等为基层，采用胶粘剂热压而成。有覆塑胶合板、覆塑中密度纤维板、覆塑刨花板。覆塑装饰板用于建筑内装修及家具。

3）阳光板：采用聚碳酸酯合成着色剂开发的一种新型室外顶棚材料，有中空板和实心板两类，中空板一般中心成条状气孔。其具有透明度高、质轻、抗冲击、隔声、难燃等特点。

4）铝塑板：铝塑板又称为铝塑复合板，上下层为高纯度铝合金板，中间为低密度聚乙烯芯板，是复合一体的新型墙面装饰材料，具有轻质高强、优异的光洁度、易清洗、良好的加工性等特点。

5）塑料壁纸：以纸或其他材料为基材，表面进行涂塑后，再经印花、压花或发泡处理等工艺制成的墙面装饰材料。具有装饰效果好，粘贴方便的特点。

6）塑料地板：有 PVC 塑料地板、石棉塑料地板、软质 PVC 地卷材、CPE 地卷材等，具有质轻、耐磨、防潮、有弹性、易清洁等优点，广泛应用于室内地面装饰。

7）硬质 PVC 板材：平板、波形板、格子板、异型板等，不透明 PVC 波形板可用于外墙装饰。

（2）塑料管件及管材：按用途分为受压管和无压管，按主要原料分为聚氯乙烯管、聚乙烯管、聚丙烯管、玻璃钢管等，用于建筑排水管、给水管、雨水管、电线穿线管、天然气输送管等。

（3）塑料门窗：分为全塑料门窗、喷塑钢门窗、塑钢门窗。不需要粉刷油漆，维修保养方便。塑钢是以聚氯乙烯（PVC）树脂为主要原料经挤出而成的型材。

# 第五节　坡屋面刚性防水材料

## 一、混凝土瓦

混凝土瓦又称为水泥瓦，是用水泥和砂子为主要原料，经配料、模压成形、养护而成。其分为波形瓦、平瓦和脊瓦等，平瓦的规格尺寸为385mm×235mm×14mm；脊瓦长469mm，宽175mm；大波瓦尺寸为2800mm×994mm×6mm；中波瓦尺寸为1800mm×745mm×6mm；小波瓦尺寸为780mm×180mm×2（6）mm。

波形瓦是以水泥和温石棉为原料，经过加水搅拌、压滤成形，养护而成的。具有防水、防腐、耐热、耐寒、绝缘等性能。

## 二、黏土瓦

黏土瓦是以黏土为主要原料，加水搅拌后，经模压成形，再经干燥、焙烧而成，如图8-1（a）所示。其原料和生产工艺与黏土砖相近，主要类型有平瓦、槽形瓦、波形瓦、鳞形瓦、小青瓦、用于屋脊处的脊瓦等。

黏土瓦的规格尺寸为400mm×240mm~360mm×220mm，脊瓦的长度大于300mm，宽度大于180mm，高度为宽度的1/4。常用平瓦的单片尺寸为385mm×235mm×15mm，每平方米挂瓦16片，通常每片干重3kg。黏土瓦成本低，施工方便，防水可靠，耐久性好，是传统坡屋面的防水材料。

## 三、油毡瓦

油毡瓦又称为沥青瓦，是以玻璃纤维薄毡为胎料，用改性沥青为涂敷材料而制成的一种片状屋面材料，如图8-1（b）所示。其表面通过着色或散布不同色彩的矿物粒料制成彩色油毡瓦。其特点是质量轻，可减少屋面自重，施工方便，具有相互粘结的功能，有很好的抗风能力，用于别墅、园林等处仿欧建筑的坡屋面防水工程。

## 四、琉璃瓦

园林建筑和仿古建筑中常用到各种琉璃瓦或琉璃装饰制品。琉璃制品是以难熔黏土为原料，经配料、成形、干燥、素烧、表面施釉，再经釉烧而制成。

常用的瓦类制品有板瓦、筒瓦、滴水、瓦底、勾头、脊筒瓦等［图8-1（c）］。釉色主要有金黄、翠绿、浅棕、深棕、古铜、钴蓝等。琉璃瓦表面色泽绚丽光滑，古朴华贵。

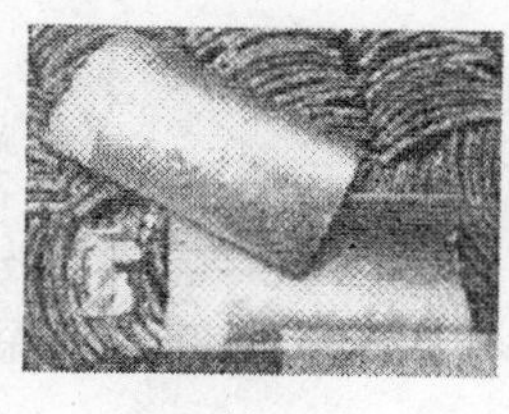
(a)

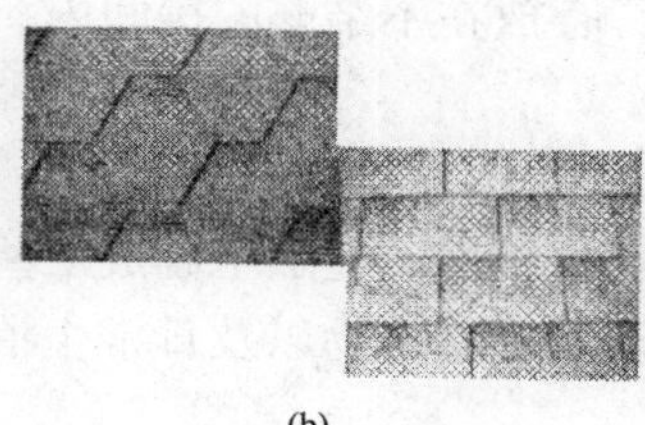
(b)

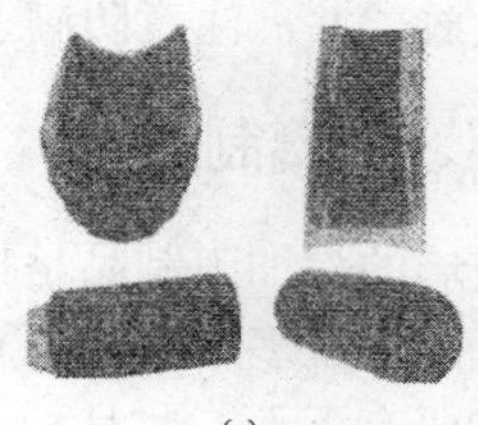
(c)

图8-1　各种材料瓦
（a）黏土瓦；（b）油毡瓦；（c）琉璃瓦

# 第九章

# 玻璃、绝热高分子材料、糯米

## 第一节 玻　璃

### 一、普通平板玻璃

普通平板玻璃是未经进一步加工的钠钙硅酸盐质平板玻璃制品。其透光率为 85% ~ 90%，也称单光玻璃、净片玻璃，是建筑工程中用量最大的玻璃，也是生产多种其他玻璃制品的基础材料，故又称原片玻璃。它主要用于一般建筑的门窗，起透光、保温、隔声、遮挡风雨等作用。

**1. 普通平板玻璃**

根据国家标准，拉引法玻璃、浮法玻璃的透光率不得低于表 9-1 的要求。

**表 9-1　　拉引法玻璃、浮法玻璃的透光率**

| 品　种 | 玻璃厚度（mm） | | | | | | | | | |
|---|---|---|---|---|---|---|---|---|---|---|
| | 2 | 3 | 4 | 5 | 6 | 8 | 10 | 12 | 15 | 19 |
| 拉引法玻璃（%） | 88 | 87 | 86 | 84 | | | | | | |
| 浮法玻璃（%） | 89 | 88 | 87 | 86 | 84 | 82 | 81 | 78 | 76 | 72 |

按其外观质量划分成优等品、一等品、合格品三个级别，各级玻璃均不允许有裂口存在。

**2. 应用**

（1）大部分普通平板玻璃被直接用作各级各类建筑的采光材料，还有一部分作为深加工玻璃制品的基础原料用于制作各种功能各异的玻璃制品。

（2）普通平板玻璃是采用木箱或集装箱（架）包装，在储存运输时，必须箱盖向上，垂直立放，并需注意防潮、防雨，存放在不结露的房间内。

### 二、玻璃制品

玻璃的深加工制品是指将普通平板玻璃经加工制成某些具有特殊性能的玻璃。玻璃的深加工品种繁多，功能各异，广泛用于建筑物以及日常生活中。建筑中使用的玻璃深加工制品主要有下面一些品种。

**1. 安全玻璃**

（1）夹层玻璃。

1）夹层玻璃是由两片或多片玻璃之间嵌夹透明塑料薄片，经加热、加压黏合而成。生产夹层玻璃的原片可采用一等品的拉引法平板玻璃或浮法玻璃，也可为钢化玻璃、夹丝抛光玻璃、吸热玻璃、热反射玻璃或彩色玻璃等，玻璃厚度可为 2、3、5、6mm 和 8mm。夹层玻璃的层数有 3 层、5 层和 7 层，最多可达 9 层，达 9 层的玻璃一般子弹不易穿透，称为防弹玻璃。

2）夹层玻璃按形状可分为平面和曲面两类。按抗冲击性、抗穿透性可分 L1 和 L2 两类。按夹层玻璃的特性分为多个品种：如破碎时能保持能见度的减薄型，可减少日照量和眩光的遮阳型，通电后保持表面干燥的电热型，防弹型，玻璃纤维增强型，报警型，防紫外线型以及隔声夹层玻璃等。夹层玻璃的抗冲击性能比平板玻璃高几倍，破碎时只产生辐射状裂纹而不分离成碎片，不致伤人。它还具有耐久、耐热、耐湿、耐寒和隔声等性能，适用于有特殊安全要求的建筑物的门窗、隔墙，工业厂房的天窗和某些水下工程等。

（2）夹丝玻璃。夹丝玻璃是将平板玻璃加热到红热软化状态，再将预热处理的金属丝（网）压入玻璃中而制成。夹丝玻璃的表面可以是压花或磨光的，颜色可以是无色透明或彩色的。与普通平板玻璃相比，它的耐冲击性和耐热性好，在外力作用和温度剧变时，破而不散，而且具有防火、防盗功能。

夹丝玻璃适用于公共建筑的阳台、楼梯、电梯间、走廊、厂房天窗和各种采光屋顶。

（3）钢化玻璃。钢化玻璃又称强化玻璃，按钢化原理不同分为物理钢化和化学钢化两种。经过物理（淬火）或化学（离子交换）钢化处理的玻璃，可使玻璃表面层产生的残余压缩应力为 70~180MPa，而使玻璃的抗折强度、抗冲击性、热稳定性大幅提高。物理钢化玻璃破碎时，不像普通玻璃那样形成尖锐的碎片，而是形成较圆滑的微粒状，有利于人身安全，因此，可用作高层建筑物的门窗、幕墙、隔墙、桌面玻璃、炉门上的观察窗以及汽车风挡、电视屏幕等。

**2. 吸热玻璃**

吸热玻璃与普通平板玻璃相比能吸收更多太阳热辐射，减轻太阳光的强度，具有反眩效果，并且能吸收一定的紫外线。

吸热玻璃已广泛用于建筑物的门窗、外墙以及用作车、船挡风玻璃等，起到隔热、防眩、采光及装饰等作用。它还可以按不同用途进行加工，制成磨光、夹层、镜面及中空玻璃。在外部围护结构中，用它配制彩色玻璃窗；在室内装饰中，用以镶嵌玻璃隔断，装饰家具，增加美感。

吸热玻璃两侧温差较大，热应力较高，易发生热炸裂，使用时应使窗帘、百叶窗等远离玻璃表面，以利通风散热。

## 三、中空玻璃

（1）中空玻璃是将两片或多片平板玻璃相互间隔 6~12mm 镶于边框中，且四周加以密封，间隔空腔中充填干燥空气或惰性气体，也可在框底放置干燥剂。为获得更好的声控、光控和隔热等效果，还可充以各种能漫射光线的材料、电介质等。

（2）中空玻璃可以根据要求，选用各种不同性能和规格的玻璃原片，如浮法玻璃、钢化玻璃、夹层玻璃、夹丝玻璃、压花玻璃、彩色玻璃、热反射玻璃等制成。中空玻璃往往具有良好的绝热、隔声效果，而且露点低、自重轻（仅为相同面积混凝土墙的 1/30~1/16），适用于需要采暖、空调、防止噪声、防止结露，以及需要无直射阳光和特殊光的建筑物，如住宅、学校、医院、旅馆、商店、恒温恒湿的实验室以及工厂的门窗、天窗和玻璃幕墙等。目前已研制出在两片玻璃板的真空间放置支承物以承受大气压力的真空玻璃，其保温隔热性优于中空玻璃。

## 四、热反射玻璃

（1）热反射玻璃是具有较高的热反射能力而又保持良好透光性的平板玻璃，它是采用热解、真空蒸镀和阴极溅射等方法，在玻璃表面涂以金、银、铝、铬、镍、铁等金属或金属氧化物薄膜，或采用电浮法等离子交换方法，以金属离子置换玻璃表层原有离子而形成热反射膜。热反射玻璃也称镜面玻璃，有金色、茶色、灰色、紫色、褐色、青铜色和浅蓝色等颜色。

（2）热反射玻璃具有良好的隔热性能，热反射率高，反射率可达到 30% 以上，而普通玻璃仅 7%~8%。6mm 厚浮法玻璃的总反射热为 16%，同样条件下，吸热玻璃的总反射热为 40%，而热反射玻璃则可达 61%，因而常用它制成中空玻璃或夹层玻璃以增加其绝热性能。镀金属膜的热反射玻璃还有单向透像的作用，即白天能在室内看到室外景物，而室外却看不到室内的景象。

（3）热反射玻璃主要用于有绝热要求的建筑物门窗、玻璃幕墙、汽车和轮船的玻璃等。

## 五、自洁净玻璃

自洁净玻璃是一种新型的生态环保型玻璃制品，从表面上看与普通玻璃并无差别，但是其通过在普通玻璃表面镀上一层纳米级 $TiO_2$ 晶体的透明涂层后，玻璃在紫外光照射下会表现出光催化活性、光诱导超亲水性和杀菌的功能。通过光催化活性可以迅速将附着在玻璃表面的有机污物分解成无机物而实现自洁净，而光诱导超亲水性会使水的接触角在 5°以下而使玻璃表面不易挂住水珠，从而隔断油污与 $TiO_2$ 薄膜表面的直接接触，保持玻璃的自身洁净。

自洁净玻璃可应用于高档建筑的室内浴镜、卫生间整容镜、高层建筑物的幕墙、照明玻璃、汽车玻璃等，用自洁净玻璃制成的玻璃幕墙可长久保持清洁明亮、光彩照人，并大大减少保洁费用。

## 六、结构玻璃

结构玻璃是作为建筑物中的墙体材料或地面材料使用，包括玻璃砖、玻璃幕墙、异型玻璃和仿石玻璃等。

（1）玻璃砖。玻璃砖有实心和空心两类，它们均具有透光不透视的特点。空心玻璃砖又有单腔和双腔两种，都具有较好的绝热、隔声效果，而且双腔玻璃砖的绝热隔声性能更佳，它在建筑上的应用更广泛。

实心玻璃砖用机械压制方法成型。空心玻璃砖则用箱式模具压制成箱形玻璃元件，再将两块箱形玻璃加热熔接成整体的空心砖，中间充以干燥空气，再经退火、涂饰侧面而成。

玻璃砖具有透光不透视、保温隔声、密封性强、不透灰、不结露、能短期隔断火焰、抗压耐磨、光洁明亮、图案精美、化学稳定性强等特点。玻璃砖主要用作建筑物的透光墙体，如建筑物隔墙、淋浴隔断、门厅、通道等。某些特殊建筑为了防火或严格达到控制室内温度、湿度等要求，不允许开窗，使用玻璃砖既可满足上述要求，又解决了室内采光问题。

（2）玻璃幕墙。所谓幕墙建筑，是用一种薄而轻的建筑材料把建筑物的四周围起来代替墙壁。作为幕墙的材料不承受建筑物荷载，只起围护作用，它或悬挂或嵌入建筑物的金属框架内。目前多用玻璃作幕墙。使用玻璃幕墙代替非透明的墙壁，使建筑物具有现代化的气息，更具有轻快感，从而营造出一种积极向上的空间气氛。

（3）异型玻璃。

1）异型玻璃是近年新发展起来的一种新型建筑玻璃，它是采用硅酸盐玻璃，通过压延法、浇筑法和辊压法等生产工艺制成，一般为大型长条玻璃构件。

2）异型玻璃有无色的和彩色的、配筋的和不配筋的、表面带花纹的和不带花纹的、夹丝的和不夹丝的以及涂层的等多种类型。其外形主要有槽形、波形、箱形、肋形、三角形、Z 形和 V 形等。异型玻璃有良好的透光、隔热、隔声和机械强度等优良性能，主要用作建筑物外部竖向非承重的围护结构，也可用作内隔墙、天窗、透光屋面、阳台和走廊的围护屏壁以及月台、遮雨棚等。

## 七、饰面玻璃

饰面玻璃是指用于建筑物表面作为装饰的玻璃制品，包括板材和砖材，主要品种如下：

（1）镭射玻璃。镭射玻璃是以玻璃为基材的新一代建筑装饰材料，其特征在于经特种工艺处理，玻璃背面出现全息或其他几何光栅，在光源照射下，形成物理衍射分光而出现艳丽的七色光，且在同一感光点或感光面上会因光线入射角的不同而出现色彩变化，使被装饰物显得华贵高雅，富丽堂皇。

镭射玻璃的颜色有银白、蓝、灰、紫、红等多种颜色。按其结构可分为单层和夹层。

镭射玻璃适用于酒店、宾馆和各种商业、文化、娱乐设施的装饰，用作内外墙、柱面、地面、桌面、台面、幕墙、隔断、屏风等。使用时应注意当用于地面时应采用钢化玻璃夹层光栅玻璃。

（2）压花玻璃。

1）压花玻璃是将熔融的玻璃在急冷中通过带图案花纹的辊轴滚压而成的制品。可一面压花，也可两面压花。压花玻璃分为普通压花玻璃、真空冷膜压花玻璃和彩色膜压花玻璃三种，一般规格为 800mm×700mm×3mm。

2）压花玻璃具有透光不透视的特点，这是由于其表面凹凸不平，当光线通过时产生漫射，因此，从玻璃的一面看另一面物体时，物像模糊不清。压花玻璃表面有各种图案花纹，具有一定的艺术装饰效果，多用于办公室、会议室、浴室、卫生间以及公共场所分离室的门窗和隔断等处，使用时应将花纹朝向室内。

（3）磨砂玻璃。磨砂玻璃又称毛玻璃，指经研磨、喷砂或氢氟酸溶蚀等加工，使表面（单面或双面）成为均匀粗糙的平板玻璃。其特点是透光不透视，且光线不刺眼，用于要求透光而不透视的部位，如建筑物的卫生间、浴室、办公室等的门窗及隔断，也可作黑板或灯罩。

（4）玻璃锦砖。

1）玻璃锦砖又称玻璃马赛克或玻璃纸皮石，它是含有未熔融的微小晶体（主要是石英）的乳浊状半透明玻璃质材料，是一种小规格的饰面玻璃制品。其一般尺寸为20mm×20mm、30mm×30mm、40mm×40mm，厚4~6mm，背面有槽纹，有利于与基面粘结。为便于施工，出厂前将玻璃锦砖按设计图案反贴在牛皮纸上，贴成305.5mm×305.0mm见方，称为一联。

2）玻璃锦砖颜色绚丽，有透明、半透明、不透明三种。它的化学稳定性、急冷急热稳定性好，雨天能自洗，经久常新，吸水率小，抗冻性好，不变色，不积尘，而且成本低，是一种良好的外墙装饰材料。

## 第二节　绝热、吸声材料

### 一、常用的绝热材料

绝热材料按其化学组成，可分为无机型、有机型、复合型三大类型，见表9-2。

无机绝热材料是用矿物质原材料制成的，常呈纤维状、松散粒状和多孔状，可制成板、片、卷材或有套管型制品。有机绝热材料是用有机原材料（各种树脂、软木、木丝、刨花等）制成。一般说来，无机绝热材料的表观密度大，不易腐蚀，耐高温；而有机绝热材料吸湿性大，不耐久，不耐高温，只能用于低温绝热。

表9-2　　绝热材料

| 类别 | | 内容 |
|---|---|---|
| 无机保温隔热材料 | 石棉及其制品 | 石棉为常见的保温隔热材料，是一种纤维状无机结晶材料，石棉纤维具有极高的抗拉强度，并具有耐高温、耐腐蚀、绝热、绝缘等优良特性，是一种优质绝热材料。通常将其加工成石棉粉、石棉板、石棉毡等制品，用于热表面绝热及防火覆盖 |
| | 矿棉及其制品 | 岩棉和矿渣棉统称为矿棉。岩棉是由玄武岩、火山岩等矿物在冲天炉或电炉中熔化后，用压缩空气喷吹法或离心法制成；矿渣棉是以工业废料矿渣为主要原料，熔融后，用高速离心法或压缩空气喷吹法制成的一种棉丝状的纤维材料。矿棉具有质轻、不燃、绝热和电绝缘等性能，且原料来源广，成本较低，可制成矿棉板、矿棉保温带、矿棉管壳等。<br>矿棉用于建筑保温大体可包括墙体保温、屋面保温和地面保温等几个方面。其中墙体保温最为重要，可采用现场复合墙体和工厂预制复合墙体两种形式。矿棉复合墙体的推广对我国尤其是“三北”地区的建筑节能具有重要的意义 |
| | 膨胀珍珠岩及其制品 | 珍珠岩是一种酸性火山玻璃质岩石，内部含有3%~6%的结合水，当受高温作用时，玻璃质由固态软化为黏稠状态，内部水则由液态变为一定压力的水蒸气向外扩散，使黏稠的玻璃质不断膨胀，当迅速冷却达到软化温度以下时就形成一种多孔结构的物质，称为膨胀珍珠岩。其具有表观密度轻、导热系数低、化学稳定性好、使用温度范围广、吸湿能力小，且无毒、无味、吸声等特点，占我国保温材料年产量的一半左右，是国内使用最为广泛的一类轻质保温材料 |

续表

| 类　别 | | 内　容 |
|---|---|---|
| 无机保温隔热材料 | 膨胀蛭石及其制品 | 膨胀蛭石是由天然矿物蛭石，经烘干、破碎、焙烧（850~1000℃），在短时间内体积急剧膨胀（6~20倍）而成的一种金黄色或灰白色的颗粒状材料，具有表观密度小、导热系数小、防火、防腐、化学性能稳定、无毒无味等特点，因而是一种优良的保温、隔热建筑材料。在建筑领域内，膨胀蛭石的应用方式和方法与膨胀珍珠岩相同，除用作保温绝热填充材料外，还可用胶结材料将膨胀蛭石胶结在一起制成膨胀蛭石制品，如水泥膨胀蛭石制品、水玻璃膨胀蛭石制品等 |
| | 泡沫玻璃 | 泡沫玻璃是以天然玻璃或人工玻璃碎料和发泡剂配制成的混合物，经高温煅烧而得到的一种内部多孔的块状绝热材料。玻璃质原料在加热软化或熔融冷却时，具有很高的黏度，此时引入发泡剂，体系内有气体产生，使黏流体发生膨胀，冷却固化后，便形成微孔结构。泡沫玻璃具有均匀的微孔结构，孔隙率高达80%~90%，且多为封闭气孔，因此，具有良好的防水抗渗性、不透气性、耐热性、抗冻性、防火性和耐腐蚀性。大多数绝热材料都具有吸水透湿性，随着时间的增长，其绝热效果也会降低，而泡沫玻璃的导热系数则长期稳定，不因环境影响发生改变。实践证明，泡沫玻璃在使用20年后，其性能没有任何改变。同时，其使用温度较宽，其工作温度一般在-200~430℃，这也是其他材料无法替代的 |
| | 玻璃棉及其制品 | 玻璃棉是以石灰石、萤石等天然矿物和岩石为主要原料，在玻璃窑炉中熔化后，经喷制而成的。建筑业中常用的玻璃棉分为两种，即普通玻璃棉和超细玻璃棉。普通玻璃棉的纤维长度一般为50~150mm，直径为12μm，而超细玻璃棉细得多，一般在4μm以下，其外观洁白如棉，可用来制作玻璃棉毡、玻璃棉板、玻璃棉套管及一些异型制品。我国的玻璃棉制品较少应用于建筑保温，主要原因是生产成本较高，在较长一段时间内，建筑保温仍会以矿棉及其他保温材料为主体 |
| 有机保温绝热材料 | 泡沫塑料 | 泡沫塑料是高分子化合物或聚合物的一种，是以各种树脂为基料，加入各种辅助料经加热发泡制得的轻质、保温、隔热、吸声、防震材料。由于这类材料造价高，且具有可燃性，因此应用上受到一定的限制，今后随着这类材料性能的改善，将向着高效、多功能方向发展 |
| | 碳化软木板和植物纤维复合板 | 碳化软木板是以一种软木橡树的外皮为原料，经适当破碎后再在模型中成型，在300℃左右热处理而成。由于软木树皮层中含有无数树脂包含的气泡，所以成为理想的保温、绝热、吸声材料，且具有不透水、无味、无毒等特性，并且有弹性，柔和耐用，不起火焰只能阴燃。植物纤维复合板是以植物纤维为主要材料加入胶结料和填料而制成：如木丝板是以木材下脚料制成的木丝，加入硅酸钠溶液及普通硅酸盐水泥混合，经成型、冷压、养护、干燥而制成。甘蔗板是以甘蔗渣为原料，经过蒸制、加压、干燥等工序制成的一种轻质、吸声、保温材料 |
| | 反射型保温绝热材料 | 我国建筑工程的保温绝热，目前普遍采用的是利用多孔保温材料和在围护结构中设置普通空气层的方法来解决。但在围护结构较薄的情况下，仅利用上述方法来解决保温隔热问题是较为困难的，反射型保温绝热材料为解决上述问题提供了一条新途径。如铝箔波形纸保温隔热板，它是以波形纸板为基层，铝箔作为面层经加工而制成的，具有保温隔热性能、防潮性能，吸声效果好，且质量轻、成本低，可固定在钢筋混凝土屋面板下及木屋架下作保温隔热天棚用，也可以设置在复合墙体内，作为冷藏室、恒温室及其他类似房间的保温隔热墙体使用 |

## 二、吸声材料

**1. 穿孔板组合共振吸声结构**

在各种穿孔板、狭缝板背后设置空气形成吸声结构，也属于空腔共振吸声结构，其原理同共振器相似，它们相当于若干个共振器并列在一起，这类结构取材方便，并有较好的装饰效果，所以使用广泛。穿孔板具有适合于中频的吸声特性。穿孔板还受其板厚、孔径、穿孔率、孔距、背后空气层厚度的影响，它们会改变穿孔板的主要吸声频率范围和共振频率。若穿孔板背后空气层还填有多孔吸声材料的话，则吸声效果更好。

**2. 多孔吸声材料**

多孔吸声材料的构造特征是，材料从表到里具有大量内外连通的微小间隙和连续气泡，有一定的通气性。这些结构特征和隔热材料的结构特征有区别，隔热材料要求有封闭的微孔。当声波入射到多孔材料表面时，声波顺着微孔进入材料内部，引起孔隙内的空气振动，由于空气与孔壁的摩擦，空气的黏滞阻力使振动空气的动能不断转化成微孔热能，从而使声能衰减。在空气绝热压缩时，空气与孔壁间热交换，由于热传导的作用，也会使声能转化为热能。

凡是符合多孔吸声材料构造特征的，都可以当成多孔吸声材料来利用。目前，市场上出售的多孔吸声材料品种很多。有呈松散状的超细玻璃棉、矿棉、海草、麻绒等；有的已加工成毡状或板状材料，如玻璃棉毡、半穿孔吸声装饰纤维板、软质木纤维板、木丝板；另外还有微孔吸声砖、矿渣膨胀珍珠岩吸声砖、泡沫玻璃等。

**3. 共振吸声结构**

共振吸声结构又称共振器，它形似一个瓶子，结构中间封闭有一定体积的空腔，并通过有一定深度的小孔与声场相联系。受外力激荡时，空腔内的空气会按一定的共振频率振动，此时开口颈部的空气分子在声波作用下，像活塞一样往复振动，因摩擦而消耗声能，起到吸声的效果。

如腔口蒙一层细布或疏松的棉絮，可有助于加宽吸声频率范围和提高吸声量。也可同时用几种不同共振频率的共振器，加宽和提高共振频率范围内的吸声量。共振吸声结构在厅堂建筑中应用极广。

**4. 薄膜、薄板共振吸声结构**

皮革、人造革、塑料薄膜等材料因具有不透气、柔软、受张拉时有弹性等特点，将其固定在框架上，背后留有一定的空气层，即构成薄膜共振吸声结构。某些薄板固定在框架上后，也能与其后面的空气层构成薄板共振吸声结构，当声波入射到薄膜、薄板结构时，声波的频率与薄膜、薄板的固有频率接近时，膜、板产生剧烈振动，由于膜、板内部和龙骨间摩擦损耗，使声能转变为机械运动，最后转变为热能，从而达到吸声的目的。由于低频声波比高频声波容易使薄膜、薄板产生振动，所以薄膜、薄板吸声结构是一种很有效的低频吸声结构。

**5. 空间吸声体**

空间吸声体是一种悬挂于室内的吸声结构。它与一般吸声结构的区别在于：它不是与顶棚、墙体等壁面组成吸声结构，而是自成体系。空间吸声体常用形式有平板状、圆柱状、圆锥状等，它可以根据不同的使用场合和具体条件，因地制宜地设计成各种形状，既

能获得良好的声学效果，又能获得建筑艺术效果。

**6. 帘幕**

纺织品中除了帆布一类因流阻很大、透气性差而具有膜状材料的性质以外，大都具有多孔材料的吸声性能，只是由于它的厚度一般较薄；仅靠纺织品本身作为吸声材料使用起不到较好的吸声效果。如果帘幕、窗帘等离开墙面和窗玻璃有一定的距离，即如多孔材料背后设置了空气层，尽管没有完全封闭，对高中频甚至低频的声波都具有一定的吸收作用。

## 第三节　橡　　胶

**1. 天然橡胶**

天然橡胶的主要成分是异戊二烯的高聚物。它采自橡胶植物（如三叶橡胶树、杜仲树、橡胶草）的浆汁，在浆汁中加入少量醋酸、氯化锌或氟硅酸钠即凝固。凝固体经压制后成为生橡胶。天然生橡胶常温下弹性很大，低于10℃时逐渐结晶变硬。耐拉伸，伸长率约为12倍。电绝缘性良好。在光及氧的作用下会逐渐老化。易溶于汽油、苯、二硫化碳及卤烃等溶剂，但不溶于水、酒精、丙酮及乙酸乙酯。由于生橡胶性软，遇热变黏，又易老化而失去弹性，易溶于油及有机溶剂，为克服这些缺点，常在生橡胶里面加硫，经硫化处理得到软质橡胶（熟橡胶）。若用30%~40%的硫，得到的是硬质橡胶。

橡胶经硫化后，其强度、变形能力和耐久性均有提高，但可塑性降低。

天然橡胶一般作为橡胶制品的原料，配制胶粘剂和制作橡胶基防水材料等。

**2. 合成橡胶**

天然橡胶的年产量有限，远远不能满足社会日益发展的需要，因而合成橡胶工业得到了迅速的发展。合成橡胶主要是二烯烃的高聚物，它的综合性能虽不如天然橡胶，但它也具有某些天然橡胶所不具备的特性，加上原料来源较广，因此目前广泛使用的是合成橡胶。按其性能和用途，合成橡胶可分为：

（1）氯丁橡胶（CR）。氯丁橡胶是由氯丁二烯聚合而成的，为黑色或琥珀色的弹性体，它的物理机械性能和天然橡胶相似，耐老化、耐臭氧、耐候性、耐油性、耐化学腐蚀性及耐热性比天然橡胶好。耐燃性好，粘结力较高，最高使用温度为120~150℃。用氯丁橡胶可制造各种模型制品、胶布制品、电缆、电线和胶粘剂等。

（2）丁基橡胶（ⅡR）。也称异丁橡胶。丁基橡胶是以异丁烯与少量异戊二烯为单体，在低温下（-95℃）聚合的共聚物。它为无色的弹性体，透气性为天然橡胶的1/20~1/10，它是耐化学腐蚀、耐老化、不透气性和绝缘性最好的橡胶，且耐热性好，吸水率小，抗撕裂性能好。但在常温下弹性较小，只有天然橡胶的1/4，黏性较差，难与其他橡胶混用。丁基橡胶耐寒性较好，脆化温度为-79℃，最高使用温度为150℃。可用于制造汽车内胎、气囊等不透气制品，也可制作电气绝缘制品、化工设备衬里等，还可用作浅色或彩色橡胶制品。

（3）TN橡胶（NBR）。TN橡胶是丁二烯和丙烯腈的共聚物，为淡黄色的弹性体，密度随丙烯腈含量增加而增大。耐热性、耐油性较天然橡胶好，抗臭氧能力强。但耐寒性不如天然橡胶和丁苯橡胶，且成本较高。丁腈橡胶为一种耐油橡胶，可用来制造输油胶管、油料容器的衬里和密封胶垫，制造输送温度达140℃的各种物料输送带和减震零件等。

（4）丁苯橡胶（SBR）。它是目前产量最大、应用最广的合成橡胶。丁苯橡胶是丁二烯与苯二烯的共聚物，为浅黄褐色的弹性体，具有优良的绝缘性，在弹性、耐磨性和抗老化性方面均超过天然橡胶，溶解性与天然橡胶相似，但耐热性、耐寒性、耐挠曲性和可塑性较天然橡胶差，脆化温度为-50℃，最高使用温度为80~100℃。能与天然橡胶混合使用。丁苯橡胶用于制造汽车的内外胎、运输带和各种硬质橡胶制品。

**3. 再生橡胶**

再生橡胶是以废旧橡胶制品和橡胶工业生产的边角废料为原料，经再生处理而得到具有一定生橡胶性能的弹性体材料。再生处理主要是脱硫。脱硫并不是把橡胶中的硫磺分离出来，而是通过高温使橡胶产生氧化解聚，使大体型网状橡胶分子结构适度地氧化解聚，变成大量的小体型网状结构和少量链状物。这样虽破坏了原橡胶的部分弹性，但却获得部分黏性和塑性。再生橡胶价格低，大量用作轮胎垫带、橡胶配件等，还可与沥青等制作沥青再生油毡，用于屋面、地下防水层等。

## 第四节　糯　米

### 一、特性

**1. 强度大、韧性好、防渗性优越**

试验表明，糯米浆对碳酸钙方解石结晶体的大小和形貌有明显的调控作用，在一定浓度范围内，糯米浆浓度越大，生成的方解石结晶度越低，颗粒越小，结构也越致密，同时，糯米淀粉能够很好地粘结碳酸钙纳米颗粒并填充其微孔隙。

这些为糯米灰浆具有强度大、韧性好、防渗性优越等良好力学性能创设微观基础。另一方面，受糯米浆包裹而反应不全的石灰又抑制了细菌的滋生，使糯米成分长期不腐。

某文物保护材料实验室在研究石质文物的生物矿化保护材料时发现：石灰中加入3%的糯米浆以后，它的抗压强度提高了30倍，表面硬度提高了2.5倍，耐水浸泡性大于68d以上。这是由于糯米浆对石灰的碳酸化反应有调控作用，同时糯米浆和生成的碳酸钙颗粒之间也有协同作用。重庆荣昌县包河镇的一座高10m、采用了糯米灰浆作黏合材料的清代石塔，尽管倾斜度已达45°，但历经300余年却至今未倒塌，这说明糯米灰浆的韧性竞比现代水泥还要好。单轴抗压试验、劈裂抗拉试验结果也表明，掺合糯米浆的三合土的承载能力明显高于未掺糯米浆的三合土。

**2. 加固性优良**

试验发现，由糯米浆和石灰水组成的清液具有较好的渗透加固和混合加固性能，并且不会改变被加固对象的外观。糯米—石灰清液是一种透明溶液，其中石灰（氧化钙）的量以饱和溶液为佳，清液中糯米浆的浓度对加固效果有明显影响。从抗压强度与表面硬度的测量结果发现，当糯米浆浓度为4%时，加固效果接近最佳状态。糯米浆能够提高氢氧化钙的胶结效果和耐水浸泡性，糯米浆与氢氧化钙的结合和由此形成的微结构是传统灰浆能够抵抗自然界雨水冲刷和潮湿破坏的主要原因。

由于籼糯米糕的硬度、胶粘性、咀嚼性均显著大于血糯米糕和粳糯米糕，所以在工程

中常常选用籼糯米作工程胶凝材料。一般所讲的糯米多指普通糯米，即南方的籼糯，呈不透明的白色，其质柔黏。经过数千年的实践和发展，中国古代传统建筑灰浆以其良好的粘接力、强度和耐久性及其与建筑物本体的和谐性、环境友好性等优点为世人称道。

**3. 粘接性优异**

糯米的主要成分支链淀粉由单糖连接成树枝状并互相缠绕，难溶于水，形成稳定的胶体。支链淀粉加热糊化后，分子中的链松散而具有较高的黏度。由于糯米中几乎全部是支链淀粉，以至于煮熟后吃起来特别柔软黏糯。糯米淀粉凝胶透明度高，黏弹性好。不同品种糯米淀粉结晶度、特性黏度存在差异。产地对糯米淀粉蛋白质残留量、特征黏度和凝胶松弛时间、高弹模量均有影响。

## 二、储存

(1) 糯米的主要成分为淀粉。随着储存时间的延长，糯米淀粉分子从无序转向有序，淀粉的直线部分趋于平行排列，由无定态转向结晶态，从而发生老化回生的现象。不同品种的糯米，脂肪、蛋白质、淀粉等含量不同，这影响着糯米淀粉的老化性质。脂肪抑制支链淀粉分子的老化，蛋白贡却会加速淀粉老化。糯米的支链淀粉结构的不同决定其淀粉分子有序化的速度和程度，决定其淀粉老化重结晶的大小、多少，从而影响着淀粉的老化情况。

(2) 糯米淀粉一般需存放在密闭、阴凉、干燥、通风的地方，而夏季需要低温密封存放。对于糯米粉，则一般需要经过自然干燥处理，让糯米粉中的淀粉维持完全生淀粉状态，这样的糯米淀粉的仪化现象发生充分，其制品黏性强、品质好。但是，自然干燥处理后所得的糯米粉，由于其水分含有量高，易受霉菌、酵母等微生物侵染而引起变质和腐败，其常温下可能的储存时间较短，一般为1d，冷藏下最大期限为3d。

(3) 糯米淀粉较好的储存方法是，将糯米浸泡于水中充分吸水后，其水分含量达15%~30%，将糯米和糖类（糖醇、还原淀粉水解物和从糖类中选择的1种或2种糖类）按重量比4∶1以上的比例混合，浸泡糯米，然后粉碎加工成粉状，再装在防潮性包装袋或包装容器内，不进行加热干燥处理，这样可以使糯米粉长期保存。防潮性包装袋选用防潮玻璃纸、聚乙烯、聚酯、聚偏二氯乙烯、聚碳酸酯等热可塑性树脂薄膜和铝箔以及上述材料的复合薄膜制包装袋。而防潮性容器主要选用铝罐、钢铁制罐等罐类、瓶类和上述热可塑性树脂材料制作加工的成形容器。

(4) 糯米淀粉储藏过程中，凝胶的高弹模量增大，松弛时间和黏度系数减小。淀粉结晶度高、支链淀粉含量较高、直链淀粉含量较低、支链淀粉分子量大的糯米淀粉凝胶的松弛时间较大，黏性较大，储藏稳定性好。

(5) 选用籼糯米时，以米粒呈不透明的乳白或蜡白色，形状为长椭圆形，相对细长，硬度较小的为佳。

## 三、工程应用

**1. 改良剂**

(1) 糯米汁可改良多种土，其中黏土经糯米汁改良后渗透系数下降了两个数量级，粉土经糯米汁改良后渗透系数降低了一个数量级，特别是渗透性极小的土经糯米汁改良后渗

透系数进一步降低。糯米汁可使土体的耐久性得到改善。

（2）糯米不仅是一种粮食，还是一种重要的工程材料，是工程应用最多、最广的一种米，也是工程应用中唯一的一种米。以糯米为重要构成材料的糯米灰浆具有耐久性好、自身强度和粘结强度高、韧性强、防渗性好等优良性能。今天，挖掘糯米灰浆的工程价值不仅是弘扬中华文化的需要，也是修复古建筑的需要，更是科学利用传统技术来解决现代城市风景园林生态建设的需要。理应得到足够重视。

**2. 胶凝粘结剂——糯米灰浆**

（1）糯米灰浆在中国古代墓室、城建、雕刻及水利工程等方面应用非常广泛。糯米灰浆所筑的墙基防水防潮，坚固如水泥。河南少林寺墓塔群中的宋塔、明塔，“万里长城”的基石，明太祖朱元璋在南京筑的城墙都是用糯米加石灰调制成灰浆砌筑而成，“筑京城用石秫（即糯米）粥固其外……斯金汤之固也”（马生龙，《凤凰台记事》）。用糯米灰浆层层包涂在墓室棺材的外边四周，其硬度不亚于水泥，不透水，不开裂，坚如石。侗族聚落用糯米和生土及猕猴桃藤汁液拌合物装饰鼓楼的装饰吉祥物，体现侗文化生态。

（2）于清代用糯米灰浆修筑的浙江余杭鱼鳞石塘，抵御海浪侵蚀至今300余年，依然坚固。北京卢沟桥南北两岸，用糯米灰浆建筑河堤数里，使北京南郊自此免去水患之害。直到近代，糯米灰浆还在使用，如广东开平碉楼。

（3）为了使糯米灰浆的胶凝性能更优秀，可以在糯米灰浆中加入添加剂，以增大其强度。试验表明，将纸筋加入糯米灰浆后，纸筋纤维空腔所储存的自由水，在灰浆内部起到“内养护”的作用，同时纸筋纤维在糯米灰浆中乱向交错分布，补充增强糯米灰浆的强度，提高其耐冻融性，从而大大提高灰浆的碳化程度，使其结构更加致密，使灰浆的28d和90d抗压强度分别比空白样品最大提高354%和114%，耐冻融性提高至10个循环仍完好无损。如将6%的硫酸铝加入糯米灰浆，在硫酸铝—糯米灰浆的硬化过程中，钙矾石晶体的生成及其固相体积膨胀，填充了灰浆的部分孔隙，使灰浆的结构更为致密，同时可使糯米灰浆的7d收缩率减少到3.8%，从而使其强度提高、干燥收缩性得以改善。所以，在古建修复、桥梁、水利工程等砖石质文化遗产保护和修复工程中，可采用6%的硫酸铝或3%的纸筋作为糯米灰浆的添加剂，以增加其强度。

# 第十章

# 园林工程施工材料分类

## 第一节　园路工程材料

### 一、园路材料种类

常见的铺装材料是沥青，使用沥青进行铺装的历史，最早出现在古巴比伦王国。据记载，古巴比伦当时曾用砖和沥青铺设修建过道路。除沥青外，还有一些材料也被广为使用，如水泥，大理石、花岗岩等天然石材，陶瓷材料，木材，丙烯树脂、环氧树脂等高分子材料等。

沥青、水泥和高分子材料主要作为黏合料与骨材和颜料一起使用。这种铺装园路的物理性能受材料的影响，但感受更多的是性能受掺入的骨材及添加材料的影响。与此相反，石材、木材及陶瓷材料更多的是制成块状使用。

园路铺装中使用的材料分类如图 10-1 所示。

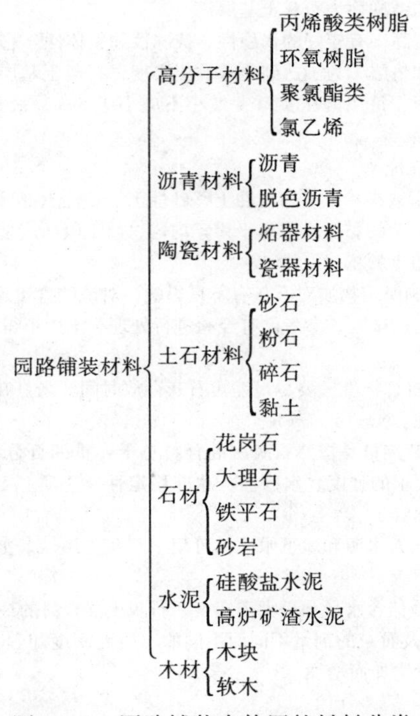


图 10-1　园路铺装中使用的材料分类

## 二、园路基层材料

园路基层材料常用碎（砾）石、灰土或各种工业废渣等，见表 10-1。

表 10-1　　园路基层材料

| 类别 | 内　容 |
| --- | --- |
| 干结碎石 | 干结碎石基层是指在施工过程中不洒水或少洒水，依靠充分压实或用嵌缝料充分嵌挤使石料间紧密锁结所构成的具有一定强度的结构，厚度通常为 8~16cm，适用于园路中的主路等。<br>材料规格要求：要求石料强度不低于 8 级，软硬不同的石料不宜掺用；碎石最大粒径视厚度而定，通常不宜超过厚度的 0.7 倍，0.5~20mm 粒料占 5%~15%，50mm 以上的大粒料占 70%~80%，其余为中等粒料。<br>选料时，应先将大小尺寸大致分开，分层使用。长条、扁片的含量不宜超过 20%，否则要就地打碎作为嵌缝料使用。结构内部空隙要尽量填充粗砂、石灰土等材料（具体数量根据试验确定），其数量在 20%~30% |
| 天然级配砂砾 | 天然级配砂砾是用天然的低塑性砂料，经摊铺整型、洒适当水、碾压后所形成的基层结构，其具有一定的密实度和强度。它的厚度一般为 10~20cm，若厚度超过 20cm 需分层铺筑，适用于园林中各级路面，特别是有载荷要求的嵌草路面，如草坪停车场等。<br>材料规格要求：砂砾要求颗粒坚韧，粒径大于 20mm 的粗集料含量应占 40% 以上，其中最大粒径不可大于基层厚度的 0.7 倍，即使基层厚度要大于 14cm，砂石材料最大粒径一般也不能大于 10cm。粒径 5mm 以下颗粒的含量应小于 35%，塑性指数不大于 7 |
| 石灰土 | 在粉碎的土中，掺入适量的石灰，按一定的技术要求把土、灰、水三者拌和均匀，在最佳含水量的条件下成型的结构称为石灰土基层。<br>石灰土力学强度高，有较好的水稳性、抗冻性和整体性。它的后期强度也很高，适合各种路面的基层、底基层和垫层。为了达到要求的压实度，石灰土基层要用不小于 12t 的压路机或用铲等压实工具进行碾压。每层的压实厚度最小不应小于 8cm，最大也不应大于 20cm，如超过 20cm，应分层铺筑。<br>材料规格要求如下。<br>（1）土。塑性指数在 4 以上的粉性土、砂性土、黏性土都可用于修筑石灰土。<br>1）塑性指数 7~17 的黏性土类易于粉碎均匀，便于碾压成型，铺筑效果比较好。人工拌和，应筛除 1.5cm 以上的土颗粒。<br>2）土中的盐分和腐殖物质对石灰有不良影响，对硫酸含量超过 0.8% 或腐殖质含量超过 10% 的土类，都要事先通过试验，参考已有经验进行处理。土中不得含有树根、杂草等物。<br>（2）石灰。<br>1）石灰质量应符合标准。要尽量缩短石灰存放时间，最好在出厂后 3 个月内使用，否则就需采取封土等有效措施。<br>2）石灰土的石灰剂量是按熟石灰占混合料总干容重的百分率计算的。石灰剂量的大小可根据结构层所在位置要求的强度、水稳性、冰冻稳定性及土质、石灰质量、气候及水文条件等因素，参照已有经验来确定。<br>（3）水。一般露天水源和地下水源都可用于石灰土施工。如对水质有疑问，应事先进行试验，经鉴定后方可使用。<br>（4）混合料的最佳含水量和最大密实度。石灰土混合料的最佳含水量和最大密实度（即最大干容重），是随土质及石灰的剂量不同而不同的。最大密度随着石灰剂量的增加而减少，最佳含水量则随着石灰剂量增加而增加 |

续表

| 类别 | 内　容 |
|---|---|
| 煤渣石灰土 | 煤渣石灰土也称二渣土，是煤渣、石灰（或电石渣、石灰下脚）、土三种材料在一定配比下，经拌和压实后形成强度较高的一种基层。<br>煤渣石灰土具有石灰土的全部优点，同时还因其有粗粒料做骨架，使它的强度、稳定性和耐磨性都好于石灰土。另外由于它的早期强度高还有利于雨季施工，它的隔温防冻、隔泥排水性能也比石灰土要好，适合地下水位较高或靠近湖边的道路铺装场地。煤渣石灰土对材料的要求不太严，允许范围比较大。一般最小压实厚度不应小于 10cm，但也不宜超过 20cm，大于 20cm 时要分层铺筑。<br>材料规格要求如下。<br>（1）煤渣。锅炉煤渣或机车炉渣均可使用。要求煤渣中未燃尽的煤质（烧失量）不超过 20%，煤渣中无杂质。颗粒略有级配，一般大于 40mm 的粒径不应超过 15%（若用铧犁或重耙拌和，粒径可适当放宽），小于 5mm 粒径不应超过 60%。<br>（2）石灰。氧化钙含量大于 20% 的消石灰、电石渣或石灰下脚均可使用。若用石灰下脚，在使用前，需先进行化学分析及强度试验，防止有害物质混入。<br>（3）土。一般可就地取土，但必须符合对土的要求。人工拌和时土应筛除粒径 15mm 以上的土块。<br>（4）煤渣石灰土混合料的配比。煤渣石灰土混合料的配比要求不严，可较大范围内变动，对强度影响不大 |
| 二灰土 | 二灰土是用石灰、粉煤灰、土按一定的配比混合，加水拌匀后碾压而成的一种基层结构，其强度比石灰土还高，且具有一定的板体性和较好的水稳性。在产粉煤灰的地区很有推广的价值。由于二灰土是由细料组成，对水敏感性强，初期强度低，在潮湿寒冷季节结硬较慢，因此冬季或雨季施工较困难。为了达到要求的压实度，二灰土每层厚度最小不宜小于 8cm，最大不宜超过 20cm，大于 20cm 时要分层铺筑。<br>材料规格要求如下。<br>（1）石灰。二灰土对石灰活性氧化物的含量要求不高，一般氧化钙含量大于 20% 便可使用。若用电石渣或石灰下脚，与煤渣石灰土的要求相同。<br>（2）粉煤灰。粉煤灰是电厂煤粉燃烧后的残渣，呈黑色粉末状，80% 左右的颗粒粒径小于 0.074mm，密度在 600~750kg/m$^3$，因粉煤灰是用水冲排出的，所以含水量较大，应堆置一定时间，晾干后再使用。粉煤灰颗粒粗细不同，颗粒越细对水敏感性越强，施工越不容易掌握含水量，因此要选用粗颗粒。<br>（3）土。土质对二灰土的影响很大。土的塑性指数越高，二灰土的强度也越高，因此要尽量采用黏性土，但塑性指数也不应大于 20。用铧犁和重耙（或手扶拖拉机带旋耕犁）拌和时，土可不过筛。<br>（4）混合料配比。合理的配比要通过抗压强度试验确定。一般经验配比为石灰、粉煤灰与土比为 12：35：53，相应的体积比为 1：2：2 |

## 三、园路结合层材料

园路结合层材料常用 M7.5 水泥、白灰、混合砂浆或 1：3 的白灰砂浆。砂浆摊铺宽度应大于铺装面 5~10cm，已拌好的砂浆应当日用完。

也可用粒径 3~5cm 的粗砂均匀摊铺而成。若用特殊的石材铺地，如整齐石块和条石块，结合层常采用 M10 水泥砂浆。

## 四、园路面层材料

面层材料要坚固、平稳、耐磨损，且具有一定的粗糙度，便于清扫，见表 10-2。

表 10-2　园林面层材料

| 类别 | 内　容 |
| --- | --- |
| 水泥混凝土 | 按照路面的铺装方式，常见的水泥路面材料有以下几种。<br>（1）普通抹灰材料。用普通灰色水泥配成 1：2 或 1：2.5 水泥砂浆，在混凝土面层浇筑后、尚未硬化前进行抹面处理，抹面厚度为 1~1.5cm。<br>（2）彩色水磨石地面材料。彩色水磨石地面材料是用彩色水泥石子浆罩面，再经过磨光处理后制成的装饰性路面。按照设计，在平整后，粗糙或已基本硬化的混凝土路面面层上弹线分格，用玻璃条、铝合金条（或铜条）做分格条，然后在路面上刷上一道素水泥浆，再用（1：1.25）~（1：1.50）彩色水泥细石子浆铺面，厚度为 0.8~1.5cm。铺好后拍平，表面用滚筒压实，待出浆后再用抹子抹面 |
| 片块状材料 | 片块状材料用于路面面层，在面层与道路基层之间所用的结合层做法有用湿性的水泥砂浆、石灰砂浆或混合砂浆作为材料，用干性的细砂、石灰粉、水泥粉砂、灰土（石灰和细土）等作为结合材料或垫层材料两种。<br>具体片块材料有瓷砖、红砖、切石板、步石、鹅卵石、细石子等。<br>（1）红砖。红砖的硬度同自然石、混凝土、石板相比要差，且有易磨损的缺点，但其具有色彩鲜艳和易于施工的特点，用在专供行人步行的通道仍是比较理想的材料。<br>上等的红砖铺园路时，橙红的砖与绿油油的草坪形成强烈的对比，相互辉映，使庭园的景色清新悦目。未烧熟的砖呈黄红色，烧过头的火砖色泽较深，若以混合的方式排列，显得独树一帜，若要求整齐，就要选用颜色、品质均一的标准红砖。<br>（2）切石板。适于加工切板的石材有花岗岩、安山岩、黏板岩等。<br>（3）鹅卵石。鹅卵石是指直径为 6~15cm、形状圆滑的河川冲刷石。<br>（4）洗石子。洗石子的粒径通常在 5~10mm，卵圆形，颜色有黑、灰、白、褐等，可选用单色或混合色应用。混合色往往较能与环境调和，故用得普遍。洗石子地面处理除了用普通的水泥之外，还可用白色或加有红色、绿色着色剂的水泥，使石子洗出的格调更加特殊。<br>（5）步石。步石的材质大致可分为自然石、加工石及人工石等。自然石的选择以呈平圆形或角形的花岗岩最为普遍。加工石依照加工程度的不同，有保留自然外观而略作修整的石块，有经机械切片而成的石板等。人工石是指水泥砖、混凝土制砖块或平板等，通常形状工整一致。无论采用何种材质，最基本的步石条件是：路面要平坦、不滑，不易磨损或断裂，一组步石的石板在形色上要类似且调和，不可差距太大。步石的尺寸有 30cm 直径的小块到 50cm 直径的大块，厚度在 6cm 以上为佳 |
| 地面镶嵌与拼花材料 | 用不同颜色、不同大小、不同形状的石子铺地拼花 |
| 嵌草路面材料 | 嵌草路面有两种类型：一是在块料铺装时，在块料之间留出空隙，在其间种草，如冰裂纹嵌草路面、人字纹嵌草路面、空心砖纹嵌草路面等；二是制作成可嵌草的各种纹样的混凝土铺地砖 |
| 木材路面材料 | （1）圆木椿。铺地用的木材以松、杉、桧为主，直径在 10cm 左右。木椿的平均长度应为 15cm。<br>（2）木铺。用于铺地的木材有正方形的木条、木板，圆形的、半圆形的木桩等。若在潮湿近水的场所使用，应选择耐湿防腐的木料。<br>一般用于铺装木板路面的木材，除了无须防腐处理的红杉等木材外，还有很多可加压注入防腐剂的普通木材。若要使用和处理防腐剂，应尽量选择对环境无污染的种类。同时，在选择进口木材时，要从全球环境保护的角度出发，引入一些通过植树造林后可持续利用、管理的品种。外部环境中常用木材的特性见表 10-3 |

表 10-3 外部环境常用木材的特性

| 木材名称 | 颜色 | 木材的物理参数（$10^4$Pa） | 密度（$g/cm^3$） | 木材特征与用途 |
|---|---|---|---|---|
| 柏树（产于日本） | 淡红色 | 弯曲强度 7350；耐压强度 3920；剪切强度 735 | | 气味芳香，木质有光泽，易加工、修饰，耐久性强，耐潮湿；高大成熟者无节，价格高，幼木耐久性差，需作防腐处理；适用于长凳、栅栏、建筑材料、家具、雕塑等 |
| 贾拉（产于澳大利亚西部） | 红褐色 | 弯曲强度 12 250；耐压强度 5978；剪切强度 1960 | 0.9 | 耐腐蚀性强，对白蚁等害虫的抗病能力强；加工制作容易；无须防腐剂；木材表面易出树胶（黑线）；用于地板、木桥、栈桥、建材、高级家具 |
| 波恩高西（产于西非） | 深红褐色 | 弯曲强度 17 444；耐压强度 8869；剪切强度 2303 | 1.1 | 耐腐朽性强，对白蚁等害虫的抗病能力强；不易燃，无须防腐剂；难干燥，易干裂、变形，加工困难；适用于栈桥桥墩、地板龙骨、枕木、木桥 |
| 红杉木（产于北美） | 红褐色 | 弯曲强度 6889；耐压强度 4234；剪切强度 647 | 0.45 | 具有一定的耐腐蚀性，耐久性强，对白蚁的抗病能力强；加工容易，无须防腐剂；不适合做大型构筑物，木质柔软，分泌丹宁；适用于露台、长凳、标志牌、栅栏、花架、玩具器械、建筑物、浴室内外墙等 |
| 伊派（产于南美） | 浅褐色或红褐色 | 弯曲强度 19 600；耐压强度 10 290；剪切强度 1960 | 1.08 | 坚硬、防虫防火性强；少翘曲、开裂，无须防腐剂；木质较硬，难加工；适用于地板、地板龙骨、栈桥、室内隔断、门扉 |
| 美国黄松（产于北美） | 浅色 | 弯曲强度 8408；耐压强度 5116；剪切强度 804 | 0.54 | 易干燥，强度高，适合做结构材料；耐久性一般，对白蚁的抗病能力差；易开裂，需作防腐处理；适用于建筑的结构材料、栅栏、挡土材料、枕木等 |

常用地面面层材料见表 10-4。

表 10-4 常用地面面层材料

| 类别 | 名称 | 规格要求（mm） | 特征及使用场合 |
|---|---|---|---|
| 天然材料 | 石板 | 规格大小不一，但角块不宜小于 200~300，厚度不宜小于 50 | 破碎或成一定形状的砌板，粗犷、自然，可拼嵌成各种图案，适于自然式小路或重要的活动场地，不宜通行重车 |
| | 乱石 | 石块大小不一，面层应尽量平整，以利于行走，有突出路面的棱角必须凿除，边石要尽量大些以使牢固 | 自然，富野趣、粗犷，多用于山间林地、风景区僻野小路，长时间在此路面行走易疲劳 |
| | 地（条）石 | 大石块面大于 200，厚 100~150，小石块面 80~100，厚 200 | 坚固、古朴、整齐的块石铺地肃穆、庄重，适于古建筑物和纪念性建筑物附近，但造价较高 |
| | 碎大理石片 | 规格不一 | 质地富丽、华贵，装饰性强，适于露天、室内园林铺地，由于表面光滑，坡地不宜使用 |
| | 卵石 | 根据需要，规格不一 | 细腻、圆润、耐磨、色彩丰富、装饰性强、排水性好，适于各种甬道、庭院铺装，但易松动脱落，施工时要注意长扁拼配，表面平整，以便清扫 |

续表

| 类别 | 名称 | 规格要求（mm） | 特征及使用场合 |
|---|---|---|---|
| 人造材料 | 混凝土砖 | 机砖 400×400×75、400×400×100、500×500×100，标号为 200 号~250 号；小方砖 250×250×50，标号 250 号 | 坚固、耐用、平整，反光率大，路面要保持适当的粗糙度；可做成各种彩色路面；适用于广场，庭院、公园干道，各种形状的花砖适用于公园的各种环境 |
| | 水磨石 | 根据需要规格不一 | 装饰性好，粗糙度小，可与其他材料混合使用 |
| | 斩假石 | | 粗犷，仿花岗石，质感强，浅入淡出 |
| | 沥青混凝土 | | 拼块铺地可塑性强，操作方便，耐磨；平整、面光，养护管理简便，但当气温高时，沥青有软化现象；彩色沥青混凝土铺地具有强烈的反差 |
| | 青砖大方砖 | 机砖 240×115×53，标号 150 以上，500×500×100 | 端庄雅朴，耐磨性差，在冰冻不严重和排水良好之处使用较宜，古建筑附近尤为适宜，但不宜用于坡度较陡和阴湿地段，易生青苔，易跌滑 |

# 第二节　园林假山、水景及照明材料

## 一、山石材料

### 1. 山石类

表 10-5　　山石类材料

| 类别 | 内　容 |
|---|---|
| 湖石类 | 湖石因其产于湖泊而得名。尤以原产于太湖的太湖石在园林中运用最为普遍，同样也是历史上开发较早的一类山石。<br>一种湖石产于湖崖中，是由长期沉积的粉砂和水的溶蚀作用形成的石灰岩，其颜色浅灰泛白，质地轻脆易损，色调丰润柔和。该石材经湖水的溶蚀后形成大小不同的洞、窝、环、沟，具有圆润柔曲、玲珑剔透、嵌空婉转的外形，叩之有声。另一种湖石产于石灰岩地区的山坡、土中或是河流岸边，是石灰岩经地表水风化溶蚀产生的，其颜色多为青灰色或黑灰色，质地坚硬，形状各异。目前各地新造假山所用的湖石，大都属于这一种。<br>在不同地方和不同环境中生成的湖石，其形状、颜色和质地也有一些差别。<br>（1）太湖石。产于水中的太湖石色泽浅灰中露白色，比较光洁、丰润，质坚且脆，纹理纵横、脉络显隐。产于土中的湖石灰色中带着青灰色，性质比较枯涩而少有光泽，遍布细纹。<br>太湖石是典型的传统供石，以造型取胜，“瘦、皱、漏、透”是其主要的审美特征，多玲珑剔透、重峦叠嶂之姿，宜做园林石等。通常把各地产的由岩溶作用形成的玲珑剔透、千姿百态的碳酸盐岩统称为广义的太湖石。太湖石原产于苏州太湖中的西洞庭山，江南其他湖泊区也有出产。<br>（2）房山石。新开采的房山石呈土红色、橘红色或是更淡一些的土黄色，日久之后表面常带些灰黑色。房山石质地坚硬，质量大，有一定的韧性，不像太湖石那样脆。这种山石也具有太湖石的沟、涡、环、洞的变化，因此也有人称其为北太湖石。和这种山石比较接近的还有镇江所产的砚山石，形态变化较多而色泽淡黄清润，扣之微有声。房山石产于北京房山区大灰厂一带的山上。<br>（3）英德石。英德石多为灰黑色，但也有灰色和灰黑色中含白色晶纹等其他颜色，由于色泽的差异，英德石又分为白英、灰英和黑英。灰英量多而价低。白英和黑英因物稀而较贵。英石是石灰岩碎块被雨水淋溶或埋在土中被地下水溶蚀所形成的，质地坚硬，脆性较大。英石或雄奇险峻，或玲珑宛转，或嶙峋陡峭，或驳接层叠。大块可做园林假山的构材，或单块竖立或平卧成景；小块而峭峻者常被用于组合制作山水盆景。 |

续表

| 类别 | 内 容 |
| --- | --- |
| 湖石类 | (4)灵璧石。此石产于土中，被赤泥渍满，须刮洗才显本色，其石中灰色甚为清润，质地亦脆。石面有坳坎的变化，石形亦千变万化。这种山石可以用于山石小品，更多的情况下作为盆景石观赏。<br>(5)宣石。初出土时表面有铁锈色，经刷洗过后，时间久了就会转为白色；或在灰色山石上有白色的矿物成分，有如皑皑白雪盖于石上，具有特殊的观赏价值。此石极坚硬，石面常常带有明显棱角，皴纹细腻且多变化，线条较直 |
| 黄石 | 黄石是一种呈茶黄色的细砂岩，因其黄色而得名。质重、坚硬，形态浑厚、沉实，且具有雄浑挺括之美。采下的单块黄石多呈方形或长方墩状，少数是极长或薄片状者。因黄石节理接近于相互垂直，所形成的峰面棱角锋芒毕露，棱之两面具有明暗对比，立体感较强，无论掇山、理水都能发挥出其石形的特色 |
| 青石 | 青石属于水成岩中呈青灰色的细砂岩，质地纯净且少杂质。由于是沉积而成的岩石，石内就会有一些水平层理。水平层的间隔通常不大，所以石形大多为片状，故有“青云片”的称谓。石形也有块状的，但成厚墩状者较少。此种石材的石面有相互交织的斜纹，不像黄石那样是相互垂直的直纹 |
| 石笋 | 石笋颜色多为淡灰绿色、土红灰色或灰黑色。质重且脆，是一种长形的砾岩岩石。石形修长呈条柱状，立在地上即为石笋，顺其纹理可以竖向劈分。石柱中含有些白色的小砾石。石面上的小砾石未风化的，称为龙岩；若石面砾石已风化成一些小穴窝，则称为风岩。石面上有不规则的裂纹 |
| 钟乳石 | 钟乳石多为乳白色、乳黄色、土黄色等颜色。质优者洁白如玉，可做石景珍品；质色稍差者可做假山。钟乳石质重且坚硬，是石灰岩被水溶解后又在山洞、崖下沉淀形成的一种石灰石。石形变化大，石内孔洞较少，石的断面可见同心层状构造。这种山石的形状各式各样，石面肌理丰腴，用水泥砂浆砌假山时附着力强，山石结合牢固，山形可以根据设计需要随意变化 |
| 石蛋 | 石蛋即大卵石，产于河床之中，经流水的冲击和相互摩擦磨去棱角而成。大卵石的石质有砂岩、花岗石、流纹岩等，颜色白、黄、红、绿、蓝等各色都有。这类石多用于园林的配景小品，如路边、水池、草坪旁等的石桌、石凳；棕树、芭蕉、蒲葵、海芋等植物处的石景 |

**2. 基础类材料**

(1)混凝土基础材料。现代的假山常采用浆砌块石或混凝土基础。陆地上应选用不低于C10的混凝土，水中假山应采用C15水泥砂浆砌块石或C20的素混凝土做基础。

(2)灰土基础材料。北方园林中位于陆地上的假山常采用灰土基础，灰土基础有较好的凝固条件。灰土一经凝固，便不透水，可减少土壤冻胀的破坏。这种基础的主要材料是用石灰和素土按3∶7的比例混合而成。

(3)浆砌块石基础材料。这是采用水泥砂浆或是石灰砂浆砌筑块石作为的假山基础。可以用1∶2.5或1∶3水泥砂浆砌一层块石，厚为300~500mm；水下砌筑所用水泥砂浆的比例为1∶2。

(4)木桩基材料。木桩多选用柏木桩或杉木桩，选取其中较平直且又耐水湿的作为桩基材料。木桩顶面的直径为10~15cm，平面布置按梅花形排列，故称为“梅花桩”。

**3. 胶结材料**

胶结材料是指将山石粘结起来掇石成山的一些常用的粘结性材料，如水泥、石灰、砂和颜料等，市场供应较普遍。

粘结时拌和成砂浆，受潮部分使用水泥砂浆，水泥和砂配合比为（1：1.5）~（1：2.5）；不受潮部分使用混合砂浆，水泥：石灰：砂=1：3：6。水泥砂浆干燥较快，不怕水；混合砂浆干燥较慢，怕水，但强度比水泥砂浆高，且价格较低。

**4. 填充材料**

填充式结构假山的山体内部的填充材料主要有：泥土和无用的碎砖、灰块、石块、建筑渣土、混凝土、废砖石。

混凝土是采用水泥、砂、石按（1：2：4）~（1：2：6）的比例拌制而成的。

## 二、水景常用材料

**1. 驳岸常用材料**

驳岸的类型主要有浆砌块石驳岸、桩基驳岸和混合驳岸等。园林中常见的驳岸材料有花岗石、青石、虎皮石、浆砌块石、毛竹、混凝土、碎石、木材、钢筋、碎砖、碎混凝土块等。桩基材料有木桩、石桩、灰土桩及混凝土桩、竹桩、板桩等。

（1）灰土桩。灰土桩适用于岸坡水淹频繁而木桩又易被腐蚀的地方。混凝土桩坚固耐久，但投资比木桩大。

（2）木桩。木桩要求耐腐、耐湿、坚固、无虫蛀，如柏木、松木、榆树、橡树、杉木等。桩木的规格由驳岸的要求和地基的土质情况所决定，一般直径为10~15cm，长为1~2m，弯曲度（直径与长度之比）小于1%。

（3）竹桩、板桩。竹篱驳岸造价低，取材容易，如毛竹、大头竹、勒竹、撑篙竹等均可被采用。

**2. 护坡材料**

（1）预制框格护坡。预制框格有混凝土、铁件、金属网、塑料等材料制作的，其中每一个框格单元的设计形状和规格大小都可以有很多变化。框格一般是预制生产的，在边坡施工时再装配成一些简单的图形。用锚和矮桩固定后，再往框格内填满肥沃壤土，土要填得高于框格，并稍稍拍实，防止下雨时流水渗入框格下面，将框底泥土冲刷走，使框格悬空。预制混凝土框格的参考形状及规格尺寸举例，如图10-2所示。

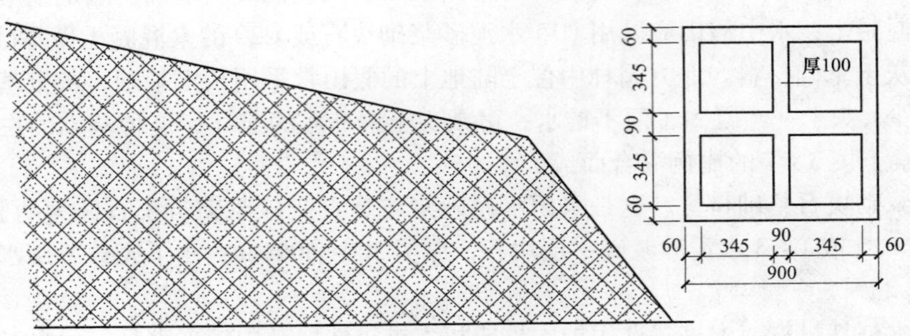


图10-2　预制混凝土框格的设计

（2）编柳抛石护坡。采用新截取的柳条编织成十字交叉。编柳空格内抛填0.2~0.4m的块石，块石下设厚10~20cm的砾石层以利于排水和减少土壤流失。柳格平面尺寸为

0.3m×0.3m 或 1m×1m。

（3）块石护坡。护坡石料要求比重不应小于 2。如火成岩吸水率超过 1% 或水成岩吸水率超过 1.5%（以质量计）要慎用。护坡的块石要有较强的抗冻性，如花岗岩、砂岩、砾岩、板岩等石料，其中以块径 18~25cm、边长比 1∶2 的长方形石料为最好。

（4）植被护坡。植被层的厚度据采用的植物种类的不同而有所不同。若采用草皮护坡方式，植被层厚 15~45cm；若用花坛护坡，植被层厚 25~60cm；用灌木丛护坡，则灌木层厚 45~180cm。植被层通常不用乔木做护坡植物，因为乔木重心较高，有时可因树倒而使坡面坍塌。

**3. 喷水池材料**

（1）衬砌材料。衬砌材料常见的种类有聚乙烯、聚氯乙烯（PVC）、丁基衬料（异丁烯橡胶）、三元乙丙橡胶（EPDM）衬垫等。目前国外庭园中常用水池衬砌材料特性见表 10-6。

**表 10-6　　目前国外庭园中常用水池衬砌材料特性**

<table>
<tr><th>种类</th><th>价格</th><th>持久性</th><th>是否易于安装</th><th>设计的灵活性</th><th>是否易于修理</th><th>评　价</th></tr>
<tr><td>标准的聚乙烯衬料</td><td>便宜</td><td>不好</td><td>比较容易</td><td>好</td><td>难</td><td rowspan="3">脆，容易破碎，难以钻洞</td></tr>
<tr><td>PVC 衬料</td><td>比较便宜</td><td>从较好到好</td><td>容易</td><td>很好</td><td>可能（如还有弹性）</td></tr>
<tr><td>丁基衬料</td><td>适中</td><td>很好</td><td>容易</td><td>特别好</td><td>任何时候都有可能</td></tr>
<tr><td>预塑水池法</td><td>从适中到稍贵</td><td>从一般到很好（视材而定）</td><td>一般</td><td>有限</td><td>大部分材料都有可能</td><td>表面光滑</td></tr>
<tr><td>标准浇筑法</td><td>从适中到稍贵</td><td>从不好到特别好（视材料而定）</td><td>很难</td><td>从好到很好</td><td>难</td><td>非常坚固，需要黏合</td></tr>
</table>

（2）结构材料。喷水池的结构和人工水景池一样，也是由基础、防水层、池底、压顶等部分组成。

1）基础材料。基础是水池的承重部分，是由灰土（3∶7 灰土）和 C10 混凝土层组成。

2）防水层材料。水池防水材料的种类较多。按材料可以分为：沥青类、橡胶类、塑料类、金属类、砂浆、混凝土及有机复合材料等。钢筋混凝土水池还可以采用抹五层防水砂浆（水泥中加入防水粉）做法。临时性水池则可以将吹塑纸、塑料布、聚苯板组合使用，均会起到很好的防水效果。

3）池底材料。池底材料多用现浇钢筋混凝土，厚度大于 20cm。如果水池容积大，要配双层钢筋网，也可以用土工膜作为池底防渗材料。

4）池壁材料。池壁有砖砌池壁、块石池壁和钢筋混凝土池壁三种。池壁厚应视水池大小而定，砖砌池壁采用标准砖，M7.5 水泥砂浆砌筑，壁厚不可小于 240mm。钢筋混凝土池壁需配直径为 8mm 或 12mm 的钢筋，C20 混凝土。

5）压顶材料。压顶材料常用混凝土及块石。

6）管网材料。喷水池中还应配备供水管、补给水管、泄水管和溢水管等管网。

（3）预制模材料。预制模是目前国外较为常用的小型水池制造方法，通常是用高强度塑料制成。预制模水池的材料有玻璃纤维、ABS 工程塑料、高密度聚乙烯塑料（HDP）等。

（4）玻璃纤维（聚酯强化的玻璃纤维）。玻璃纤维可被浇筑成任意形状，用来建造规则或不规则水池。这种由几层玻璃纤维和聚酯树脂浇筑成的水池可有各种不同的颜色，但其造价较高。

（5）纤维混凝土。纤维混凝土是由有机纤维、水泥，有时候会加少量的石棉混合组成的，它比水泥要轻，但比玻璃纤维要重。纤维混凝土和玻璃纤维一样，都可被浇铸成各种形状。但用这种材料建造的水池样式不多。

（6）热塑料胶。热塑料胶外壳是用各种化学原料制成的，如聚氯乙烯、聚丙乙烯。热塑料胶的应用较广，但寿命有限。

（7）玻璃筋混凝土（GRC）。这种材料是将玻璃纤维同水泥混合，使其更加坚硬，它代替了以前用水泥与天然纤维或树脂与玻璃纤维混合来制造玻璃纤维外壳，是一种应用很广的新型建材，其不仅可用于建造自然式水池、流水道、预制瀑布等，还可用于人造岩石。浇筑成板石后，还可用于支撑乙烯基的里衬。

**4. 管材及附件**

（1）对室外喷水景观工程，我国常用的管材有镀锌钢管（白铁管）和非镀锌钢管（黑铁管）两种。一般埋地管道管径在 70mm 以上时用铸铁管。而对于屋内工程和小型移动式水景，可以采用塑料管（硬聚氯乙烯）。

（2）在采用非镀锌钢管时，应作防腐处理。防腐的方法中最简单的是刷油法。刷油法是先将管道表面除锈，刷防锈漆两遍（如红丹漆等），再刷银粉。若管道需要装饰或标志，可刷调和漆打底，再加涂所需色彩的油漆。埋在地下的铸铁管，外管一律要刷沥青防腐，明露部分可刷红丹漆和银粉。

**5. 控制附件**

控制附件常被用来调节水量、水压、关断水流或改变水流方向。在喷水景观工程管路中常用的控制附件有闸阀、截止阀、逆止阀、电磁阀、电动阀、气动阀等。

（1）逆止阀。逆止阀又称单向阀，用来限制水流方向，以防止水的倒流。

（2）电磁阀。电磁阀是由电信号来控制管道通断的阀门，用于喷水工程的自控装置。另外，也可选择电动阀、气动阀来控制管路的开闭。

（3）截止阀。截止阀起调节和隔断管中的水流的作用。

（4）闸阀。闸阀用于隔断水流，控制水流道路的开闭。

## 三、园林照明工程材料

**1. 园林灯具**

（1）广场照明灯具。广场照明灯具是一种大功率的投光类灯具，具有镜面抛光的反光罩，采用高强度气体电光源，光效高，照射面大。灯具装有转动装置，能调节灯具照射方向。灯具采用全封闭结构，玻璃与壳体间用橡胶密封。这类灯具配有触发器与镇流器，由于灯管启动电压很高，达数千伏，有的甚至达上万伏，因此灯具电气部分的绝缘性能要

好，安装时要特别注意。

1）旋转对称反射面广场照明灯具。灯具采用旋转对称反射器，因而照射出去的光斑呈现圆形。灯具造型比较简单，价格比较低。缺点是用这种灯斜照时（从广场边向广场中央照射）照度不均匀。此种灯具用于停车场以及广场中电杆较多的场合。

2）竖面反射器广场照明灯具。高强度气体放电光源大多是一发光柱，使照射光比较均匀地分布，特别是在一些需要灯具斜照向工作面的场所（如体育比赛场地等，中间不能竖电杆，灯具是从场地四周向中间照射），就必须选用竖面反射器广场照明灯具。这类灯具装有竖面反射器，反射器经过抛光处理，反射效率很高，能比较准确地把光均匀地投射到人们需要照射的区域。

竖面反射器广场照明灯具适宜于体育场及广场中不能竖电杆的场合。

（2）庭园灯。庭园灯用在庭院、公园及大型建筑物的周围，既是照明器材，又是艺术欣赏品。因此，庭园灯在造型上美观新颖，给人以心情舒畅之感。庭园中有树木、草坪、水池、园路、假山等，因此各处的庭园灯的形态性能也各不相同。

1）草坪灯。草坪灯放置在草坪边。为了保持草坪宽广的气氛，草坪灯一般都比较矮，一般为40~70cm高，最高不超过1m。灯具外形尽可能艺术化，如有的像大理石雕塑，有的像亭子，有的小巧玲珑，讨人喜爱。有些草坪灯还会放出迷人的音乐，使人们在草坪上休息、散步时更加心旷神怡。

2）园林小径灯。园林小径灯竖在庭园小径边，与树木、建筑物相衬，灯具功率不大，使庭园显得幽静、舒适。选择园林小径灯时，必须注意灯具与周围建筑物相协调。

（3）门灯。庭院出入口与园林建筑的门上安装的灯具为门灯，包括在矮墙上安装的灯具。门灯还可以分为门顶灯、门壁灯、门前座灯等。

1）门前座灯。门前座灯位于正门两侧（或一侧），高约2~4m，其造型十分讲究，无论是整体尺寸、形象，还是装饰手法等，都必须与整个建筑物风格完全相一致，特别是要与大门相协调，使人们一看到门前座灯，就能感受到建筑物的整体风格，而留下难忘的印象。

2）门顶灯。门顶灯竖立在门框或门柱顶上，灯具本身并不高，但与门柱等混成一体就显得比较高大雄伟，使人们在踏进大门时，抬头望灯，会感到建筑物的气派非凡。

3）门壁灯。门壁灯分为枝式壁灯与吸壁灯两种。枝式壁灯的造型类似室内壁灯，可称得上千姿百态，只是灯具总体尺寸比室内壁灯大，因为户外空间比室内大得多，灯具的体积也要相应增大，才能匹配。室外吸壁灯的造型也相似于室内吸壁灯，安装在门柱（或门框）上时往往采取半嵌入式。

（4）霓虹灯具：霓虹灯是一种低气压冷阴极辉光放电灯。霓虹灯具的工作电压与启动电压都比较高，电器箱内电压高达数千伏（启动时），必须注意安全。

霓虹灯的优点是：寿命长（可达15 000h以上），能瞬时启动，光输出可以调节，灯管可以做成各种形状（文字、图案等），配上控制电路，就能使一部分灯管放光的同时，另一部分灯管熄灭，图案不断更换闪耀，从而吸引人们的注意力，起到了明显的广告宣传作用。缺点是：发光效率不及荧光灯具（大约是荧灯具发光效率的2/3）、电极损耗较大。霓虹灯被广泛地应用于广告照明与文娱场所照明。

1）荧光粉管霓虹灯。在霓虹灯管上涂上荧光粉，灯内充汞，通过低压汞原子放电激发荧光粉发光，就制成了荧光粉管霓虹灯。灯光的输出颜色取决于所选用的荧光粉材料。

2）彩色玻璃霓虹灯。利用彩色玻璃对某一波段的光谱进行滤色，也可以得到一系列不同色彩光输出的霓虹灯。彩色玻璃霓虹灯的灯内工作状态与透明玻璃管或荧光粉管霓虹灯的工作状态没有什么不同，区别在于起着滤色片作用的彩色玻璃的选择。例如红色的玻璃仅能透过红色和一部分橘红色光，其他颜色的光则一概滤去，同样，蓝色玻璃也只允许有蓝色的光能过滤。

3）透明玻璃管霓虹灯。这是应用很广的一类霓虹灯，其光色取决于灯管内所充的气体的成分（电流的大小也会影响光色）。表 10-7 为正柱区所充气体的放电颜色。

**表 10-7　　霓虹灯正柱区所充气体的放电颜色**

| 所充气体 | 光的颜色 | 所充气体 | 光的颜色 |
|---|---|---|---|
| He | 白（带蓝绿色） | $O_2$ | 黄 |
| Ne | 红紫 | 空气 | 桃红 |
| Ar | 红 | $H_2O$ | 蔷薇色 |
| Hg | 绿 | $H_2$ | 蔷薇色 |
| K | 黄红 | Kr | 黄绿 |
| Na | 金黄 | CO | 白 |
| $N_2$ | 黄红 | $CO_2$ | 灰白 |

（5）道路灯具。道路灯具既有照明作用，又有美化作用。道路灯具可分为两类：一是功能性道路灯具，二是装饰性道路灯具。

1）装饰性道路灯具。装饰性道路灯具主要安装在园内主要建筑物前与道路广场上，灯具的造型讲究，风格与周围建筑物相称。这种道路灯具不强调配光，主要以外表的造型来美化环境。

2）功能性道路灯具。功能性道路灯具有良好的配光，使灯具发出的大部分光能比较均匀地投射在道路上。新式直装式道路灯具有设计合理的反光罩，能使灯光有良好的分布。由于直装式道路灯具换灯泡方便，且高压汞灯、高压钠灯等在直立状态下工作情况比较好，因此，新式直装灯式道路灯具发展比较迅速。但这种灯的反射器设计比较复杂，加工比较困难。

（6）水池灯。水池灯具有十分好的防水性，灯具中的光源一般选用卤钨灯，这是因为卤钨灯的光谱呈连续性，光照效果很好。当灯具放光时，光经过水的折射，会产生色彩艳丽的光线，特别是照射在喷水池中水柱时，会形成五彩缤纷的光色与水柱。

**2. 园林中常用的照明光源**

园林中常用的照明光源的主要特性及适用场合见表 10-8。

**表 10-8　　园林常用照明光源主要特性及适用场合**

| 光源名称 | 白炽灯（普通照明灯泡） | 卤钨灯 | 荧光灯 | 荧光高压汞灯 | 高压钠灯 | 金属卤化物灯 | 管形氙灯 |
|---|---|---|---|---|---|---|---|
| 额定功率（W） | 10~1000 | 500~2000 | 6~125 | 50~1000 | 250~400 | 400~1000 | 1500~10 000 |

续表

| 光源名称 | 白炽灯（普通照明灯泡） | 卤钨灯 | 荧光灯 | 荧光高压汞灯 | 高压钠灯 | 金属卤化物灯 | 管形氙灯 |
|---|---|---|---|---|---|---|---|
| 光效（$lm \cdot W^{-1}$） | 6.5~19 | 19.5~21 | 25~67 | 30~50 | 90~100 | 60~80 | 20~37 |
| 平均寿命（h） | 1000 | 1500 | 2000~3000 | 2500~5000 | 3000 | 2000 | 500~1000 |
| 一般显色指数（Ra） | 95~99 | 95~99 | 70~80 | 30~40 | 20~25 | 65~85 | 90~94 |
| 色温（K） | 2700~2900 | 2900~3200 | 2700~6500 | 5500 | 2000~2400 | 5000~6500 | 5500~6000 |
| 功率因数（$\cos\omega$） | 1 | 1 | 0.33~0.7 | 0.44~0.67 | 0.44 | 0.4~0.01 | 0.4~0.9 |
| 表面亮度 | 大 | 大 | 小 | 较大 | 较大 | 大 | 大 |
| 频闪效应 | 不明显 | 不明显 | 明显 | 明显 | 明显 | 明显 | 明显 |
| 耐震性能 | 较差 | 较差 | 较好 | 好 | 较好 | 好 | 好 |
| 所需附件 | 无 | 无 | 镇流器<br>启辉器 | 镇流器 | 镇流器 | 镇流器<br>触发器 | 镇流器<br>触发器 |
| 适用场所 | 彩色灯泡：可用于建筑物、商店、橱窗、展览馆、园林构筑物、孤立树、树丛、喷泉、瀑布等装饰照明。<br>水下灯泡：可用于喷泉、瀑布等处装饰。<br>聚光灯：舞台照明、公共场所等做强光照明 | 适用于广场、体育场、建筑物等照明 | 一般用于建筑物室内照明 | 广泛用于广场、道路、园路、运动场所等，大面积室外照明 | 广泛用于道路、园林绿地、广场、车站等处 | 主要用于广场、大型游乐场、体育场照明及调整摄影曝光量等方面 | 有“小太阳”之称，特别适合于大面积场所的照明，工作稳定，点燃方便 |

**3. 灯具选用**

灯具应根据使用环境条件、场地用途、光强分布、限制眩光等方面进行选择。在满足上述条件下，应选用效率高、维护检修方便、经济实用的灯具。

（1）在正常环境中，宜选用开启式灯具。

（2）在潮湿或特别潮湿的场所可选用密闭型防水灯或防水防尘密封式灯具。

（3）可按光强分布特性选择灯具。光强分布特性常用配光曲线表示。如灯具安装高度在6m及以下时，可采用深照型灯具；安装高度在6~15m时，可采用直射型灯具；当灯具上方有需要观察的对象时，可采用漫射型灯具；对于大面积的绿地，可采用投光灯等高光强灯具。

# 第三节　园林种植类材料

## 一、草的特性

（1）草的物理性质。草具有空心结构，草茎本身就有空气保温间层。由于外皮结构较为紧密、光滑，除去草茎的外皮后，茎秆容易受潮、腐烂、生虫。

草是一种有机物，干燥后的草料极易燃烧。因此，对于草材料的防护不但要注意防水，防火也是一个非常重要的环节。

（2）草的力学特性。草是一种速生植物，内部结构较松散，因此韧性极佳，但是刚度极弱。草本植物的致密部分一般都位于外壳，其外壳的强度也较高。致密的表面相对草茎内部强度稍高。

（3）草的景观特性。

1）纹理构图性。草多呈线条形，草的平行脉络、凹凸纹理常常是人们喜爱的自然构图灵感来源，它们都具有其他材质不可比拟的表现力。草屋面厚实感强，草随风飘逸，赋予人以生态环保的气息。

2）意境象征性。草有一种天然的粗犷和原始的野趣，自然、无加工痕迹。古时，众多隐士向往桃源仙境，逃避世事，觅一山水俱佳的绝境，结草为庐，度闲云野鹤的生活，与世无争。茅屋、草庐便成为桃源仙境画面中不可或缺的一个表现元素。

（4）草的工程性质。

1）草资源十分丰富，极易获取。草可塑性强，易加工。

2）草虽然生命周期短，但作为一种可完全自然降解的材料，目前已可以利用现代技术将草经过简单的再处理转化成其他可利用物，从而提高草的应用性能，改善承载力，增强耐久性等。使用草可做墙体材料，全草建筑扩大了草的用途，改善了草的弱点。

## 二、草的主要种类及其应用

### 1. 茅草

茅草屋面在中国就得以广泛应用，主要因为茅草具有防水功能，而且自重载荷小，能够满足当时的承重较差的主体结构，茅草屋面具良好的隔热性且茅草较易取得。

要满足排水、防风、除雪等功能要求，所有的草屋顶均做有足够的坡度，一般在30°~45°。通常做成两坡顶的较多，歇山顶、圆弧顶和四坡顶相对较少。草顶的用料各地都不同，质量较好较耐久的是一种扁叶山茅草，其次为麻秆、麦秸等。通常要将草用麻或竹条捆绑成捆或成草排，铺草时从屋檐部分往上叠铺至屋脊，在屋脊的收头处做防护处理并加以固定，以保证防水和坚固。再加上所需要的装饰物，草顶即告完成。铺草方法主要有排草、插草与厚铺等。中国山草资源丰富，又很易加工，长时期以来一直被广大农村用作建筑屋顶的材料。尤其在少数民族地区，现在仍有很多地方能找到这样的房屋。草材除了稻草、茅草外，麦秸、玉米秆、豆秆、甘蔗、杂草、谷糠等农作物秸秆都可以取得与稻草同样的应用效果。

**2. 稻草**

（1）草泥。草泥是由当地的黄黏土、砂子、晾干的农作物纤维（如搅碎的秸秆）作为基本材料，加水搅拌，使砂被黏土均匀围裹而形成的一种纯手工的生土材料。作为一种古老的建造材料，草泥具有经济、可塑性强、黏附性好、密度小、可操作性强、保温隔热等优点，可以经受严寒、暴晒的考验，是一种理想的乡土景观工程材料。草泥建筑建造过程耗能低、操作简单，且草泥与石块、砖、木材组合砌筑的建筑物不仅墙体的稳定性得到了加强，并提高了墙体的保温、隔热性能。同时，草泥作为室内保温层，其可以根据需要做成不同形状，将实用性与美学性很好地结合起来。相比于土坯建筑，草泥垛墙的强度相对提高，整体性也相对提高，不过它的抗震性能还是与规范相差较远。草泥垛墙在中国农村应用比较广泛，在现代风景园林中也有应用，如杭州的西溪湿地公园入口的景墙就是一堵草泥垛墙。

草泥除了广泛应用于建筑物的砌筑外，还可以应用于水闸等构筑物的建筑，将黏土与铡碎的稻草（或麦秸等），加水拌和至半干半湿的状态修建黏土草闸。

（2）稻草板。稻草板是用清洁干燥的麦、稻草或其他类似作物秆为主要原料，经热压成型为板芯，在板的两面及四个侧边贴上一层牢固完整的面层，板芯内不加任何粘结剂，只利用草之间的拧绞与压合而形成密实并有相当刚度的板材。

稻草板厚度分 38mm 和 58mm 两种，宽 1200mm，长度根据设计确定（不加龙骨时以 2. 8m 以内为宜）。单位重量为 21. 5 ~ 25. 5kg/m$^2$，含水量为 10% ~ 16%，导热系数比红砖小得多。经测定，其保暖、隔热性能与 370 砖墙近似，2500mm×1200mm×50mm 的稻草板（四边支撑时）可承受 22 ~ 25kN 的荷载，58mm 厚板隔声性能为 28 ~ 30dB（双层则超过 50dB），耐火性能良好（0. 5h）。

稻草板具有质轻、强度高、刚性好、保暖、隔热、耐火、隔声、抗震等特点。它可锯、可钉、可挖洞，可油漆和装饰，可以和其他材料交合成各种形式、多种用途的板材，用它可以做隔墙、外墙内衬、屋面、顶棚、填充墙、保暖活动房、加接楼层以及永久模板。使用这种建筑材料施工方便、效率高、速度快、不受季节影响，劳动强度低，建筑利用系数高。

据了解，稻草板最初是在第一次世界大战期间首先从瑞典发展起来的一种建筑板材。现已普及英国、美国、澳大利亚、巴基斯坦、泰国、委内瑞拉等许多国家。在中国，最早是由中国新型建筑材料（集团）公司于 1981 年从英国 Stramit In'ternational 公司引进了两条稻草板生产线，建在盛产稻米的辽宁省大洼县和营口市。

（3）稻草绳。稻草绳，也称草绳，是一种以水稻秸秆即稻草为原料，经过专业加工机器加工而成的绳索。稻草绳在市场上的种类按其粗细大体分为细类草绳、中类草绳、粗类草绳等三类。由于稻草绳属于环保无污染的一种农业加工产品，使用方便、耐用、一次性不用回收、无污染、价格便宜，所以稻草绳的使用范围越来越广，既可以用来缠绕树木树干以保护树木，又可以用于捆绑树木的土球，防止土球松散，以免影响树木的成活。不过，由于稻草绳主要成分是天然纤维，所以其强度一般只有合成纤维绳索的 1/3，不适于高强度要求。

（4）树下覆盖草。将经过整理加工的稻草捆扎覆盖园林树木下裸露的土壤，不仅能起到较好的覆盖作用，而且能改良土壤物理性状，对土壤结构的改良效果更为明显，同时整理成扎的稻草纹理具有较好的观赏价值。

（5）土壤改良草。滨海盐土属于盐土的一个亚类，具有 pH 高、结构差、养分低等不良性状，影响作物生长。稻草灰是亲水物质，其表面既有巨大的表面能，又带电荷，极性水分子可通过氢键等作用而被吸附在灰土胶体表面。稻草灰的胶结作用力将土壤中的水分子吸持在团聚体周围，同时大团聚体含量的增加，将降低水分的蒸发损失，提高土壤的持水能力，可显著降低滨海盐土的最大干密度提高最优含水率。同时，稻草灰可提高粒径为 5~10mm 和 2~5mm 的大团聚体的含量，减小粒径小于 0.25mm 的微团聚体含量。而粒径较大的团聚体比粒径较小的团聚体含有更多的碳、氮、颗粒有机质和活性有机质，且较大粒径团聚体内含有较多的新成有机物质。水稳定性大团聚体对土壤碳、氮具有强富集和物理保护作用，因此，稻草灰是可以改良滨海盐土结构，提高并协调土壤肥力的有效保育物质。

（6）水泥基复合材料增强草。稻草增强硅酸盐水泥基复合材料的生产，且添加 $CaCl_2$ 可促进水泥的水化。稻草掺量对复合材料性能影响的研究表明，当稻草量为 15% 时，材料综合性能较好，抗折强度达到了最高，同时复合材料的扫描电镜照片表明，稻草与水泥粘结程度较好，起到增大混凝土强度的作用。

（7）草砖是将干燥的稻草等谷类作物的秸秆经草砖机打压，将其压成一层层“薄片”，然后将这些“薄片”用铁丝或麻绳紧紧地捆在一起组成的砖状绿色墙体材料。草砖的高度和宽度由草砖机内部的压制空间决定，草砖的长度可以由制草砖的人员根据需要调节。一块高质量的草砖，必须坚固、笔直、干燥，并且没有谷（麦）穗。草砖建的建筑保温隔热性能好，冬暖夏凉，室内湿度适宜，室内空气质量好，隔声好，抗震性能好，舒适感强，造价低于传统红砖房，每平方米可降低造价 50~60 元。但是，草砖不耐潮湿，防水性能差，易腐烂，外饰面易龟裂，外观设计受到一定限制。草砖具有极强的抗燃烧能力，加拿大国家研究所测定，一堵抹了灰泥的草砖可以达到 2h 火灾标准的要求，在外侧经受 2h 的 1028℃高温后，墙体依然没有任何破裂损伤。这是因为用稻草压制成的密实草砖明显减少了氧气的供给。

目前所用的草砖种类繁多，有方形草砖、圆形草砖等，其规格各异，如两线草砖的规格为 460mm×360mm×920mm、质量为 23~27kg，三线草砖的规格为 580mm×400mm×1100mm、质量为 34~39kg。由于规格的不同，其最终的使用尺寸主要取决于建筑需要。草砖的密度一般为 83.2~132.8kg/m$^3$，经技术检测，其可承重压力为 1956kg/m$^2$，建筑中多用三线草砖。草砖墙常用的抹灰材料有石灰、水泥、泥浆、石膏，采用最多的是混合砂浆，应根据当地的材料资源情况和气候条件来选择。

（8）草灰浆。草灰浆就是在素灰浆中加入草筋、纸筋、麻刀筋等，目的是增强结合力。草灰浆的配制方法见表 10-9。

表 10-9　　草灰浆的配制及应用

| 名称 | 配比及制作要点 | 主要用途 | 说明 |
|---|---|---|---|
| 纸筋灰（草纸灰） | 草纸用水焖成纸浆，放入煮浆灰内搅匀。灰：纸筋＝100：6 | 室内抹灰的面层；堆塑面层 | 厚度不宜超过 1~2mm |
| 滑秸灰 | 泼灰：滑秸＝100：4（重量比），滑秸长度 5~6cm，加水调匀 | 地方建筑抹灰做法 | 待几天后滑秸烧软才能使用 |

**3. 仿生草瓦**

天然茅草生态性能优异，景观效果良好，但是鉴于天然茅草安装技术复杂，易着火，易窝烂，易虫蛀，易滋生苔藓，耐久性差，当今已开始日趋使用新型功能技术材料——仿真茅草瓦，以替代传统的天然茅草瓦。

仿真茅草瓦是经过特殊阻燃工艺制成的仿天然茅草（或稻草）的瓦类制品，常见的仿真茅草瓦主要有金属铝茅草瓦和塑料（PVC）茅草瓦等两种。仿真茅草瓦具有防火等级高，不受鸟类筑巢、虫蛀、真菌侵害，色彩丰富而逼真，质轻，耐候性、耐久性优异，安装简单，施工不受屋顶形状、坡度、细部节点限制等优良特性，安装之后无须频繁维修和更换，使用年限可达 10~20 年，是替代屋面天然茅草最理想的材料。

**4. 草材的选用**

以草材为房屋建筑中的建材，在江汉地区已有悠久的历史。尤其是在瓦构件还未兴起之前，或兴起之后的下层庶民的房屋建筑中使用较多。楚人和楚故地人们在修建瓦屋和用草覆盖房屋之时，在瓦体和草的底层还铺垫一层芦苇秆或芦苇席，使草和瓦面灰尘不致下落，同时，也可达到美化室内环境的作用。

人们之所以在木构建筑中使用上述各类建材，除了受江汉地区“土著”文化（大溪、屈家岭、石家河以及商周时期文化）影响之外，还在于各类草茎植物采集、建造的简便和其材源的广泛。另外，用草、芦苇作建筑材料建造的房屋还具有冬暖夏凉的特点。因此，时过数千年，草茎之类建材一直是江汉地区人们木构建筑中的材料之一。此外，上述各类建材，还见于春秋战国时期的楚墓建筑中，说明上述建材在楚人的工程中的运用具有一定的普遍性，而且还具有数千年的继承史。

湖区人现建房时仍选用三菱草、蒿草之类的植物作为屋顶的覆盖材料；居于平原与山区的人们，一般用茅草或稻草覆盖屋面或用于掺合料。茅草则被江汉人们视为草屋的上等建材。

**5. 草的防腐、防虫**

未经防腐处理的草材使用寿命通常平均不到一年，防腐处理相当重要。

在木材中广为使用的烟熏法对草的防虫也同样有效，能防止草材的腐烂和虫害，环境干燥是杜绝寄生虫生长的有效措施。干烤或干蒸也是草防腐、防虫的方法之一，古代制简就有“汗青”一词，将草材经初步加工后，干蒸以除湿，水分随之蒸发出来，加工后的草材不易生虫、霉变，使用持久。或是用类似于钢筋混凝土中钢筋的防锈措施，在草板外抹以泥浆，泥浆外涂抹石灰或水泥砂浆，杜绝空气和潮气浸入。试验表明，浸泡海水和饮用水的稻草的极限拉力和极限延伸率都随浸水时间的增加而减小，浸 SH 胶的稻草的极限拉力和极限延伸率都随浸胶时间呈现“先增大后减小”的特征，至浸胶 14d 时稻草吸胶达到饱和，其极限拉力和极限延伸率也最大，防腐效果最好。

## 三、苗木及藤类

**1. 球根花卉种球**

球根花卉种球产品出圃的基本条件：① 球根花卉种球出圃产品需按照要求包装，并注明生产单位、中文名、拉丁学名、品种（含花色）、规格以及包装数量，准确率应大于

99%；② 种球品种纯度应在 95% 以上；③ 种球应形态完整、清洁、饱满、无病虫害、无机械损伤、无枯萎皱缩、无畸形、主芽眼不损坏、无霉变腐烂；④ 种球栽植后，在正常气候和常规培养与管理条件下，使其能够在第一个生长周期中开花，且开花应达到一定观赏要求；⑤ 种球出圃的储藏期不得超过收球后的几个月。若有特殊储藏条件的，也必须保证在种植后第一个生长周期中开花，且在出圃时要注明。

**2. 球根花卉种球分类的质量标准**

（1）球根花卉种球分类的质量标准应符合表 10-10 的要求。鳞茎类种球产品规格等级标准应符合表 10-11 的要求。

表 10-10 球根花卉种球分类的质量标准

| 质量要求 | 鳞茎类 | 球茎类 | 块茎类 | 根茎类 | 块根类 |
|---|---|---|---|---|---|
| 外观整体质量要求 | 充实、不腐烂、不干瘪 | 坚实、不腐烂、不干瘪 | 充实、不腐烂、不干瘪 | 充实、不腐烂、不干瘪 | 充实、不腐烂、不干瘪 |
| 芽眼、芽体质量要求 | 中心胚芽不损坏，肉质鳞片排列紧密 | 主芽不损坏 | 主芽眼不损坏 | 主芽芽体不损坏 | 根茎不损坏 |
| 外因危害 | 无病虫危害 | 无病虫危害 | 无病虫危害 | 无病虫危害 | 无病虫危害 |
| 外因污染 | 干净，无农药、肥料残留 | 无农药、肥料残留 | 无农药、肥料残留 | 干净，无农药、肥料残留 | 干净，无农药、肥料残留 |
| 种皮、外膜质量要求 | 有皮膜的皮膜保存无损（水仙除外）；无皮膜的鳞片叶完整无损，鳞茎盘无缺损 | 外膜无缺损 | — | — | — |

表 10-11 鳞茎类种球产品规格等级标准 单位：cm

| 编号 | 中文名称 | 科属 | 最小圆周 | 种球圆周长规格等级 | | | | | 小直径 | 备注 |
|---|---|---|---|---|---|---|---|---|---|---|
| | | | | 1 级 | 2 级 | 3 级 | 4 级 | 5 级 | | |
| 1 | 百合 | 百合科百合属 | 16 | $24^+$ | 22/24 | 20/22 | 18/20 | 16/18 | 5 | 直径 5 |
| 2 | 卷丹 | 百合科百合属 | 14 | $20^+$ | 18/20 | 16/18 | 14/16 | — | 4.5 | — |
| 3 | 麝香百合 | 百合科百合属 | 16 | $24^+$ | 22/24 | 20/22 | 18/20 | 16/18 | 5 | — |
| 4 | 川百合 | 百合科百合属 | 12 | $18^+$ | 16/18 | 14/16 | 12/14 | — | 4 | — |
| 5 | 湖北百合 | 百合科百合属 | 16 | $22^+$ | 20/22 | 18/20 | 16/18 | — | 5 | 直径 17 |
| 6 | 兰州百合 | 百合科百合属 | 12 | $17^+$ | 16/18 | 15/16 | 14/15 | 13/14 | 4 | 为“川百合”之变种 |
| 7 | 郁金香 | 百合科郁金香属 | 8 | $20^+$ | 18/20 | 16/18 | 14/16 | 12/14 | 2.5 | 有皮 |
| 8 | 风信子 | 百合科风信子属 | 4 | $20^+$ | 18/20 | 16/18 | 14/16 | — | 4.5 | 有皮 |
| 9 | 网球花 | 百合科网球花属 | 12 | $20^+$ | 18/20 | 16/18 | 14/16 | 12/14 | 4 | 有皮 |

续表

| 编号 | 中文名称 | 科属 | 最小圆周 | 种球圆周长规格等级 | | | | | 小直径 | 备　注 |
|---|---|---|---|---|---|---|---|---|---|---|
| | | | | 1级 | 2级 | 3级 | 4级 | 5级 | | |
| 10 | 中国水仙 | 石蒜科水仙属 | 15 | $24^+$ | 22/24 | 20/22 | 18/20 | — | 4.5 | 又名“金盏水仙”，有皮，$25.5^+$为特级 |
| 11 | 喇叭水仙 | 石蒜科水仙属 | 10 | $18^+$ | 16/18 | 14/16 | 12/14 | 10/12 | 3.5 | 又名“洋水仙”、“漏斗水仙”，有皮 |
| 12 | 口红水仙 | 石蒜科水仙属 | 9 | $13^+$ | 11/13 | 9/11 | | — | 3 | 又名“红口水仙”，有皮 |
| 13 | 中国石蒜 | 石蒜科石蒜属 | 7 | $13^+$ | 11/13 | 9/11 | 7/9 | — | 2 | 有皮 |
| 14 | 忽地笑 | 石蒜科石蒜属 | 12 | $18^+$ | 16/18 | 14/16 | 12/19 | — | 3.5 | 直径6，有皮，黑褐色 |
| 15 | 石蒜 | 石蒜科石蒜属 | 5 | $11^+$ | 9/11 | 7/9 | 5/7 | | 1.5 | 有皮 |
| 16 | 葱莲 | 石蒜科葱莲属 | 5 | $17^+$ | 11/17 | 9/11 | 7/9 | 5/7 | 1.5 | 又名“葱兰”，有皮 |
| 17 | 韭莲 | 石蒜科葱莲属 | 5 | $11^+$ | 9/11 | 7/9 | 5/7 | — | 1.5 | 又名“韭菜兰”，有皮 |
| 18 | 花朱顶红 | 石蒜科孤挺花属 | 16 | $24^+$ | 22/24 | 20/22 | 18/20 | 16/18 | 5 | 有皮 |
| 19 | 文珠兰 | 石蒜科文珠兰属 | 14 | $20^+$ | 18/20 | 16/18 | 14/16 | — | 4.5 | 有皮 |
| 20 | 蜘蛛兰 | 石蒜科蜂蛛兰属 | 20 | $30^+$ | 28/30 | 20/25 | 24/26 | 22/24 | 6 | 有皮 |
| 21 | 西班牙鸢尾 | 鸢尾科鸢尾属 | 8 | $16^+$ | 14/16 | 12/14 | 10/12 | 8/10 | 2.5 | 有皮 |
| 22 | 荷兰鸢尾 | 鸢尾科鸢尾属 | 8 | $16^+$ | 14/16 | 12/14 | 10/12 | 8/10 | 2.5 | 有皮 |

**注**　“规格等级”栏中$24^+$表示在24cm以上为1级，22/24表示在22~24cm为2级，以下依此类推。

（2）球茎类种球产品规格等级标准应符合表10-12的要求。

**表10-12**　　**球茎类种球产品规格等级标准**　　单位：cm

| 编号 | 中文名称 | 科属 | 最小圆周 | 种球圆周长规格等级 | | | | | 小直径 | 备　注 |
|---|---|---|---|---|---|---|---|---|---|---|
| | | | | 1级 | 2级 | 3级 | 4级 | 5级 | | |
| 1 | 唐菖蒲 | 鸢尾科唐菖蒲属 | 8 | $18^+$ | 16/18 | 14/16 | 12/14 | 10/12 | 2.5 | — |
| 2 | 小苍兰 | 鸢尾科香雪兰属 | 8 | $11^+$ | 9/11 | 7/9 | 5/7 | 3/5 | 1.5 | 又名“香雪兰” |
| 3 | 番红花 | 鸢尾科番红花属 | 5 | $11^+$ | 9/11 | 7/9 | 5/7 | — | 1.5 | — |
| 4 | 高加索番红花 | 鸢尾科番红花属 | 7 | $12^+$ | 11/12 | 10/11 | 9/10 | 8/9 | 2 | 又名“金线番红花” |

续表

| 编号 | 中文名称 | 科属 | 最小圆周 | 种球圆周长规格等级 | | | | | 小直径 | 备注 |
|---|---|---|---|---|---|---|---|---|---|---|
| | | | | 1级 | 2级 | 3级 | 4级 | 5级 | | |
| 5 | 美丽番红花 | 鸢尾科番红化属 | 5 | $9^+$ | 7/9 | 5/7 | — | 1.5 | — | |
| 6 | 秋水仙 | 百合科秋水仙属 | 13 | $16^+$ | 15/16 | 14/15 | 13/14 | — | 3.5 | 外皮黑褐色 |
| 7 | 晚香玉 | 百合科晚香玉属 | 8 | $16^+$ | 14/16 | 12/14 | 10/12 | 8/10 | 2.5 | |

（3）块茎类、块根类种球产品规格等级标准应符合表10-13的要求。

**表10-13　　块茎类、块根类种球产品规格等级标准**　　单位：cm

| 编号 | 中文名称 | 科属 | 最小圆周 | 种球圆周长规格等级 | | | | | 小直径 | 备注（直径等级） |
|---|---|---|---|---|---|---|---|---|---|---|
| | | | | 1级 | 2级 | 3级 | 4级 | 5级 | | |
| 1 | 花毛茛 | 毛茛科毛茛属 | 3.5 | $13^+$ | 11/13 | 9/11 | $13^+$ | 7/9 | 1.0 | — |
| 2 | 马蹄莲 | 天南星科马蹄莲属 | 12 | $20^+$ | 18/20 | 16/18 | 14/16 | 12/14 | 4 | — |
| 3 | 花叶芋 | 天南星科五彩芋属 | 10 | $16^+$ | 14/16 | 12/14 | 10/12 | — | 3 | |
| 4 | 球根秋海棠 | 秋海棠科秋海棠属 | 10 | $16^+$ | 14/16 | 12/14 | 10/12 | — | 3 | $6^+$、5/6、4/5、3/4 |
| 5 | 大丽花 | 菊科大丽花属 | 3.2 | — | — | — | — | — | 1 | $2^+$、1.5/2、1/1.5、1 |

（4）根茎类种球产品规格等级标准应符合表10-14和表10-15的要求。

**表10-14　　根茎类种球产品规格等级标准（一）**　　单位：cm

| 编号 | 中文名称 | 科属 | 最小圆周 | 种球圆周长规格等级 | | | | | 小直径 | 备注 |
|---|---|---|---|---|---|---|---|---|---|---|
| | | | | 1级 | 2级 | 3级 | 4级 | 5级 | | |
| 1 | 西伯利亚鸢尾 | 鸢尾科鸢尾属 | 5 | $10^+$ | 9/10 | 8/9 | 7/8 | 6/7 | 1.5 | — |
| 2 | 德国鸢尾 | 鸢尾科鸢尾属 | 5 | $9^+$ | 7/9 | 5/7 | — | — | 1.5 | — |

**表10-15　　根茎类种球产品规格等级标准（二）**　　单位：cm

| 编号 | 中文名称 | 科属 | 根茎规格等级 | | | | | 备注 |
|---|---|---|---|---|---|---|---|---|
| | | | 1级 | 2级 | 3级 | 4级 | 5级 | |
| 1 | 荷花 | 睡莲科莲属 | 有主枝或侧枝，具侧芽，2~3节间，尾端有节 | 有主枝或侧枝。具顶芽，2节间，尾端有节 | 有主枝或侧枝，具顶芽，1节间，尾端有节 | 2~3级侧枝，具顶芽，2~3节间，尾端有节 | 有主枝或侧枝，具顶芽，2节间，尾端有节 | |
| 2 | 睡莲 | 睡莲科莲属 | 具侧芽，最短为5，最小直径为2.5 | 具顶芽，最短为3，最小直径为2 | 具顶芽，最短为2，最小直径为1 | — | — | |

（5）球根花卉各类种球每个等级的产品，成堆或计数混合销售时，其规格等级数额不宜低于对应等级范围的最小值，包括大于这些等级数值的种球（如做花境或自然种植），都不宜低于对应等级范围的下限值。

**3. 木本苗**

（1）技术要求。

1）核对出圃苗木的树种或栽培变种（品种）的中文植物名称与拉丁学名，做到名副其实。

2）将准备出圃苗木的种类、规格、数量及质量分别调查统计制表。

3）出圃苗木应满足生长健壮、冠形完整、树叶繁茂、色泽正常、根系发达、无机械损伤、无病虫害、无冻害等基本质量要求。掘苗规格见表10-16～表10-18。

**表10-16**　　小苗的掘苗规格　　单位：cm

| 苗木高度 | 应留根系长度 | |
|---|---|---|
| | 侧根（幅度） | 直根 |
| <30 | 12 | 15 |
| 31～100 | 17 | 20 |
| 101～150 | 20 | 20 |

**表10-17**　　大、中苗的掘苗规格　　单位：cm

| 苗木胸径 | 应留根系长度 | |
|---|---|---|
| | 侧根（幅度） | 直　根 |
| 3.1～4.0 | 35～40 | 25～30 |
| 4.1～5.0 | 45～50 | 35～40 |
| 5.1～6.0 | 50～60 | 40～50 |
| 6.1～8.0 | 70～80 | 45～55 |
| 8.1～10.0 | 80～100 | 55～65 |
| 10.1～12.0 | 100～120 | 65～75 |

**表10-18**　　带土球苗的掘苗规格　　单位：cm

| 苗木高度 | 土球规格 | |
|---|---|---|
| | 横　径 | 纵　径 |
| <100 | 30 | 20 |
| 101～200 | 40～50 | 30～40 |
| 201～300 | 50～70 | 40～60 |
| 301～400 | 70～90 | 60～80 |
| 401～500 | 90～110 | 80～90 |

4）出圃苗木应经过植物检疫。省、自治区、直辖市之间苗木产品出入境需经法定植物检疫主管部门检验，签发检疫合格证书后才可出圃。具体检疫要求按国家有关规定执行。

5）苗木出圃前应经过移植培育。五年生以下的移植培育至少要有一次；五年生以上（含五年生）的移植培育应在两次以上。

6）野生苗和异地引种驯化苗定植前需经苗圃养护培育一至数年，以适应当地环境，生长发育正常后才能出圃。

（2）各类型苗木产品的规格质量标准。

1）灌木类常用苗木产品的主要规格质量标准见表10-19。

表10-19　灌木类常用苗木产品的主要规格质量标准

| 类型 | | 树　种 | 树高（m） | 苗龄（a） | 蓬径（m） | 主枝数（个） | 移植次数（次） | 主条长（m） | 基径（cm） |
|---|---|---|---|---|---|---|---|---|---|
| 常绿针叶灌木 | 匍匐型 | 爬地柏 | — | 4 | 0.6 | 3 | 2 | 1~1.5 | 1.5~2 |
| | | 沙地柏 | — | 4 | 0.6 | 3 | 2 | 1~1.5 | 1.5~2 |
| | 丛生型 | 千头柏 | 0.8~1.0 | 5~6 | 0.5 | — | 1 | — | — |
| | | 线柏 | 0.6 | 0.8 | 4~5 | 0.5 | — | 1 | — |
| 常绿阔叶灌木 | 丛生型 | 月桂 | 1~1.2 | 4~5 | 0.5 | 3 | 1~2 | — | — |
| | | 海桐 | 0.8~1.0 | 4~5 | 0.8 | 3~5 | 1~2 | — | — |
| | | 夹竹桃 | 1~1.5 | 2~3 | 0.5 | 3~5 | 1~2 | — | — |
| | | 含笑 | 0.6 | 0.8 | 4~5 | 0.5 | 3~5 | 2 | — |
| | | 米仔兰 | 0.6 | 0.8 | 5~6 | 0.6 | 3 | 2 | — |
| | | 大叶黄杨 | 0.6 | 0.8 | 4~5 | 0.6 | 3 | 2 | — |
| | | 棉熟黄杨 | 0.3 | 0.5 | 3~4 | 0.3 | 3 | 1 | — |
| | | 云绵杜鹃 | 0.3 | 0.5 | 3~4 | 0.3 | 5~8 | 1~2 | — |
| | | 十大功劳 | 0.3 | 0.5 | 3 | 0.3 | 3~5 | 1 | — |
| | | 栀子花 | 0.3 | 0.5 | 2~3 | 0.3 | 3~5 | 1 | — |
| | | 黄蝉 | 0.6 | 0.8 | 3~4 | 0.6 | 3~5 | 1 | — |
| | | 南天竹 | 0.3 | 0.5 | 2~3 | 0.3 | 3 | 1 | — |
| | | 九里香 | 0.6 | 0.8 | 4 | 0.6 | 3~5 | 1~2 | — |
| | | 八角金盘 | 0.5 | 0.6 | 3~4 | 0.5 | 2 | 1 | — |
| | | 枸骨 | 0.6~0.8 | 5 | 0.6 | 3~5 | 2 | — | — |
| | | 丝兰 | 0.3 | 0.4 | 0.5 | — | 2 | — | — |
| | 单干型 | 高接大叶黄杨 | 2 | — | 3 | 3 | 2 | — | 3~4 |

续表

| 类型 | | 树　　种 | 树高（m） | 苗龄（a） | 蓬径（m） | 主枝数（个） | 移植次数（次） | 主条长（m） | 基径（cm） |
|---|---|---|---|---|---|---|---|---|---|
| 落叶阔叶灌木 | 丛生型 | 榆叶梅 | 1.5 | 3~5 | 0.8 | 5 | 2 | — | — |
| | | 珍珠梅 | 1.5 | 5 | 0.8 | 6 | 1 | — | — |
| | | 黄刺梅 | 1.5~2.0 | 4~5 | 0.8~1.0 | 6~8 | — | — | — |
| | | 玫瑰 | 0.8~1.0 | 4~5 | 0.5 | 0.6 | 5 | 1 | — |
| | | 贴梗海棠 | 0.8~1.0 | 4~5 | 0.8~1.0 | 5 | 1 | — | — |
| | | 木槿 | 1~1.5 | 2~3 | 0.5 | 0.6 | 5 | 1 | — |
| | | 太平花 | 1.2~1.5 | 2~3 | 0.5 | 0.8 | 6 | 1 | — |
| | | 红叶小檗 | 0.8~1.0 | 3~5 | 0.5 | 6 | 1 | — | — |
| | | 棣棠 | 1~1.5 | 6 | 0.8 | 6 | 1 | — | — |
| | | 紫剂 | 1~1.2 | 6~8 | 0.8~1.0 | 5 | 1 | — | — |
| | | 棉带花 | 1.2~1.5 | 2~3 | 0.5 | 0.8 | 6 | 1 | — |
| | | 腊梅 | 1.5~2.0 | 5~6 | 1~1.5 | 8 | 1 | — | — |
| | | 溲疏 | 1.2 | 3~5 | 0.6 | 5 | 1 | — | — |
| | | 金根木 | 1.5 | 3~5 | 0.8~1.0 | 5 | 1 | — | — |
| | | 紫薇 | 1~1.5 | 3~5 | 0.8~1.0 | 5 | 1 | — | — |
| | | 紫丁香 | 1.2~1.5 | 2 | 0.6 | 5 | 1 | — | — |
| | | 木本绣球 | 0.8~1.0 | 4 | 0.6 | 5 | 1 | — | — |
| | | 麻叶绣线菊 | 0.8~1.0 | 4 | 0.8~1.0 | 5 | 1 | — | — |
| | | 猬实 | 0.8~1.0 | 3 | 0.8~1.0 | 7 | 1 | — | — |

① 绿篱用灌木类苗木产品主要质量要求：冠丛丰满，分枝均匀，干下部枝叶无光秃，干径同级，树龄不少于 2 年生。

② 丛生型灌木类苗木产品的主要质量要求：灌丛丰满，主侧枝分布均匀，主枝数在 5 支以上，灌高要有 3 支以上的主枝达到规定的标准要求。

③ 匍匐型灌木类苗木产品的主要质量要求：要有 3 支以上主枝达到规定标准的长度。

④ 蔓生型灌木苗木产品的主要质量要求：分枝均匀，主条数不少于 5 支，主条径在 1.0cm 以上。

⑤ 单干型灌木苗木产品的主要质量要求：具有主干枝，分枝均匀，基径在 2.0cm 以上。

⑥ 灌木类苗木产品的主要质量标准以苗龄、主枝数、蓬径、灌高或主条长为规定指标。

2）乔木类常用苗木产品主要规格质量标准见表 10-20。

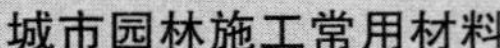


表 10-20　　乔木类常用苗木产品的主要规格质量标准

| 类型 | 树种 | 树高（m） | 干径（m） | 苗龄（a） | 冠径（m） | 分枝点高（m） | 移植次数（次） |
|---|---|---|---|---|---|---|---|
| 绿针叶乔木 | 南洋杉 | 2.5~3 | — | 6~7 | 1.0 | — | 2 |
| | 冷杉 | 1.5~2 | — | 7 | 0.8 | — | 2 |
| | 雪松 | 2.5~3 | — | 6~7 | 1.5 | — | 2 |
| | 柳杉 | 2.5~3 | — | 5~6 | 1.5 | — | 2 |
| | 云杉 | 1.5~2 | — | 7 | 0.8 | — | 2 |
| | 侧柏 | 2~2.5 | — | 5~7 | 1.0 | — | 2 |
| | 罗汉松 | 2~2.5 | — | 6~7 | 1.0 | — | 2 |
| | 油松 | 1.5~2 | — | 8 | 1.0 | — | 3 |
| | 白皮松 | 1.5~2 | — | 6~10 | 1.0 | — | 2 |
| | 湿地松 | 2~2.5 | — | 3~4 | 1.5 | — | 2 |
| | 马尾松 | 2~2.5 | — | 4~5 | 1.5 | — | 2 |
| | 黑松 | 2~2.5 | — | 6 | 1.5 | — | 2 |
| | 华山松 | 1.5~2 | — | 7~8 | 1.5 | — | 3 |
| | 圆柏 | 2.5~3 | — | 7 | 0.8 | — | 3 |
| | 龙柏 | 2~2.5 | — | 5~8 | 0.8 | — | 2 |
| | 铅笔柏 | 2.5~3 | — | 6~10 | 0.6 | — | 3 |
| | 榧树 | 1.5~2 | — | 5~8 | 0.6 | — | 2 |
| 落叶针叶乔木 | 水松 | 3.0~3.5 | — | 4~5 | 1.0 | — | 2 |
| | 水杉 | 3.0~3.5 | — | 4~5 | 1.0 | — | 2 |
| | 金钱松 | 3.0~3.5 | — | 6~8 | 1.2 | — | 2 |
| | 池杉 | 3.0~3.5 | — | 4~5 | 1.0 | — | 2 |
| | 落羽杉 | 3.0~3.5 | — | 4~5 | 1.0 | — | 2 |
| 常绿阔叶乔木 | 羊蹄甲 | 2.5~3 | 3~4 | 4~5 | 1.2 | — | 2 |
| | 榕树 | 2.5~3 | 4~6 | 5~6 | 1.0 | — | 2 |
| | 黄桷树 | 3~3.5 | 5~8 | 5 | 1.5 | — | 2 |
| | 女贞 | 2~2.5 | 3~4 | 4~5 | 1.2 | — | 1 |
| | 广玉兰 | 3.0 | 3~4 | 4~5 | 1.5 | — | 2 |
| | 白兰花 | 3~3.5 | 5~6 | 5~7 | 1.0 | — | 1 |
| | 杧果 | 3~3.5 | 5~6 | 5 | 1.5 | — | 2 |
| | 香樟 | 2.5~3 | 3~4 | 4~5 | 1.2 | — | 2 |
| | 蚊母 | 2 | 3~4 | 5 | 0.5 | — | 3 |
| | 桂花 | 1.5~2 | 3~4 | 4~5 | 1.5 | — | 2 |
| | 山茶花 | 2.5~2 | 3~4 | 5~6 | 1.5 | — | 2 |
| | 石楠 | 1.5~2 | 3~4 | 5 | 1.0 | — | 2 |
| | 枇杷 | 2~2.5 | 3~4 | 3~4 | 5~6 | — | 2 |

续表

| 类型 | | 树种 | 树高（m） | 干径（m） | 苗龄（a） | 冠径（m） | 分枝点高（m） | 移植次数（次） |
|---|---|---|---|---|---|---|---|---|
| 落叶阔叶乔 | 大乔木 | 银杏 | 2.5~3 | 2 | 15~20 | 1.5 | 2.0 | 3 |
| | | 绒毛白蜡 | 4~6 | 4~5 | 6~7 | 0.8 | 5.0 | 2 |
| | | 悬铃木 | 2~2.5 | 5~7 | 4~5 | 1.5 | 3.0 | 2 |
| | | 毛白杨 | 6 | 4~5 | 4 | 0.8 | 2.5 | 1 |
| | | 臭椿 | 2~2.5 | 3~4 | 3~4 | 0.8 | 2.5 | 1 |
| | | 三角枫 | 2.5 | 2.5 | 8 | 0.8 | 2.0 | 2 |
| | | 元宝枫 | 2.5 | 3 | 5 | 0.8 | 2.0 | 2 |
| | | 洋槐 | 6 | 3~4 | 6 | 0.8 | 2.0 | 2 |
| | | 合欢 | 5 | 3~4 | 6 | 0.8 | 2.5 | 2 |
| | | 栾树 | 4 | 5 | 6 | 0.8 | 2.5 | 2 |
| | | 七叶树 | 2 | 3.5~4 | 4~5 | 0.8 | 2.5 | 3 |
| | | 国槐 | 4 | 5~6 | 8 | 0.8 | 2.5 | 2 |
| | | 无患子 | 3~3.5 | 3~4 | 5~6 | 1.0 | 3.0 | 1 |
| | | 泡桐 | 2~2.5 | 3~4 | 2~3 | 0.8 | 2.5 | 1 |
| | | 枫杨 | 2~2.5 | 3~4 | 3~4 | 0.8 | 2.5 | 1 |
| | | 梧桐 | 2~2.5 | 3~4 | 4~5 | 0.8 | 2.0 | 2 |
| | | 鹅掌楸 | 3~4 | 3~4 | 4~6 | 0.8 | 2.5 | 2 |
| | | 木棉 | 3.5 | 5~8 | 5 | 0.8 | 2.5 | 2 |
| | | 垂柳 | 2.5~3 | 4~5 | 2~3 | 0.8 | 2.5 | 2 |
| | | 枫香 | 3~3.5 | 3~4 | 4~5 | 0.8 | 2.5 | 2 |
| | | 榆树 | 3~4 | 3~4 | 3~4 | 1.5 | 9 | 2 |
| | | 榔榆 | 3~4 | 3~4 | 6 | 1.5 | 9 | 3 |
| | | 朴树 | 3~4 | 3~4 | 5~6 | 1.5 | 9 | 2 |
| | | 乌桕 | 3~4 | 3~4 | 6 | 9 | 9 | 2 |
| | | 楝树 | 3~4 | 3~4 | 4~5 | 9 | 9 | 2 |
| | | 杜仲 | 4~5 | 3~4 | 6~8 | 9 | 9 | 3 |
| | | 麻栎 | 3~4 | 3~4 | 5~6 | 9 | 9 | 2 |
| | | 榉树 | 3~4 | 3~4 | 8~10 | 9 | 9 | 3 |
| | | 重阳木 | 3~4 | 3~4 | 5~6 | 9 | 9 | 2 |
| | | 梓树 | 3~4 | 3~4 | 5~6 | 9 | 9 | 2 |
| | 中小乔木 | 白玉兰 | 2~2.5 | 2~3 | 4~5 | 0.8 | 0.8 | 1 |
| | | 紫叶李 | 1.5~2 | 1~2 | 3~4 | 0.8 | 0.8 | 2 |
| | | 樱花 | 2~2.5 | 1~2 | 3~4 | 1 | 0.8 | 2 |
| | | 鸡爪槭 | 1.5 | 1~2 | 4 | 0.8 | 1.5 | 2 |
| | | 西府海棠 | 3 | 1~2 | 4 | 1.0 | 0.4 | 2 |
| | | 大花紫薇 | 1.5~2 | 1~2 | 3~4 | 0.8 | 1.0 | 1 |
| | | 石榴 | 1.5~2 | 1~2 | 3~4 | 0.8 | 0.4~0.5 | 2 |

续表

| 类型 | | 树种 | 树高（m） | 干径（m） | 苗龄（a） | 冠径（m） | 分枝点高（m） | 移植次数（次） |
|---|---|---|---|---|---|---|---|---|
| 落叶阔叶乔 | 中小乔木 | 碧桃 | 1.5~2 | 1~2 | 3~4 | 1.0 | 0.4~0.5 | 1 |
| | | 丝棉木 | 2.5 | 9 | 4 | 1.5 | 0.8~1 | 1 |
| | | 垂枝榆 | 2.5 | 4 | 7 | 1.5 | 2.5~3 | 2 |
| | | 龙爪槐 | 2.5 | 4 | 10 | 1.5 | 2.5~3 | 3 |
| | | 毛刺槐 | 2.5 | 4 | 2 | 1.5 | 1.5~2 | 1 |

① 行道树用乔木类苗木产品的主要质量规定指标为：阔叶乔木类应有主枝 3~5 支，干径不应小于 4.0cm，分枝点高不小于 2.5m；针叶乔木应具主轴，有主梢（注：分枝点高等具体要求，需根据树种的不同特点和街道车辆交通量，由各地另行规定）。

② 阔叶乔木类苗木产品质量以干径、树高、苗龄、分枝点高、冠径和移植次数作为规定指标；针叶乔木类苗木产品质量规定标准为树高、苗龄、冠径和移植次数。

③ 乔木类苗木产品的主要质量要求：主轴应具有主干枝，主枝应分布均匀，干径在 3.0cm 以上。

3）棕榈类等特种苗木产品的主要规格质量标准见表 10-21。

**表 10-21　　棕榈类等特种苗木产品的主要规格质量标准**

| 类型 | 树种 | 树高（m） | 灌高（m） | 树龄（a） | 基径（cm） | 冠径（m） | 蓬径（m） | 移植次数（次） |
|---|---|---|---|---|---|---|---|---|
| 乔木型 | 棕榈 | 0.6~0.8 | — | 7~8 | 6~8 | 1 | — | 2 |
| | 椰子 | 1.5~2 | — | 4~5 | 15~20 | 1 | — | 2 |
| | 王棕 | 1~2 | — | 5~6 | 6~10 | 1 | — | 2 |
| | 假槟榔 | 1~1.5 | — | 4~5 | 6~10 | 1 | — | 2 |
| | 长叶刺 | 0.8~1.0 | — | 4~6 | 6~8 | 1 | — | 2 |
| | 葵油棕 | 0.8~1.0 | — | 4~5 | 6~10 | 1 | — | 2 |
| | 蒲葵 | 0.6~0.8 | — | 8~10 | 10~12 | 1 | — | 2 |
| | 鱼尾葵 | 1.0~1.5 | — | 4~6 | 6~8 | 1 | — | 2 |
| 灌木型 | 棕竹 | — | 0.6~0.8 | 5~6 | — | — | 0.6 | 2 |
| | 散尾葵 | — | 0.8~1 | 4~6 | — | — | 0.8 | 2 |

棕榈类特种苗木产品的主要质量标准以树高、干径、冠径和移植次数为规定指标。

4）竹类常用苗木产品的主要规格质量标准见表 10-22。

**表 10-22　　竹类常用苗木产品的主要规格质量标准**

| 类型 | 树种 | 苗龄（a） | 母竹分枝数（支） | 竹鞭长（cm） | 竹鞭个数（个） | 竹鞭芽眼数（个） |
|---|---|---|---|---|---|---|
| 散生竹 | 紫竹 | 2~3 | 2~3 | >0.3 | >2 | >2 |
| | 毛竹 | 2~3 | 2~3 | >0.3 | >2 | >2 |
| | 方竹 | 2~3 | 2~3 | >0.3 | >2 | >2 |
| | 淡竹 | 2~3 | 2~3 | >0.3 | >2 | >2 |

续表

| 类型 | 树种 | 苗龄（a） | 母竹分枝数（支） | 竹鞭长（cm） | 竹鞭个数（个） | 竹鞭芽眼数（个） |
|---|---|---|---|---|---|---|
| 丛生竹 | 佛肚竹 | 2~3 | 1~2 | >0.3 | — | 2 |
| | 凤凰竹 | 2~3 | 1~2 | >0.3 | — | 2 |
| | 粉箪竹 | 2~3 | 1~2 | >0.3 | — | 2 |
| | 撑篙竹 | 2~3 | 1~2 | >0.3 | — | 2 |
| | 黄金间碧竹 | 3 | 2~3 | >0.3 | — | 2 |
| 混生竹 | 倭竹 | 2~3 | 2~3 | >0.3 | — | >1 |
| | 苦竹 | 2~3 | 2~3 | >0.3 | — | >1 |
| | 阔叶箬竹 | 2~3 | 2~3 | >0.3 | — | >1 |

① 竹类苗木产品的主要质量标准为：苗龄、竹叶盘数、竹鞭芽眼数和竹鞭个数。

② 母竹为2~4年生苗龄，竹鞭芽眼两个以上，竹竿截干至少保留3~5盘叶。

③ 无性繁殖竹苗应具有2~3年生苗龄；播种竹苗应具3年生以上苗龄。

④ 散生竹类苗木产品的主要质量要求：大中型竹苗要有竹竿1~2支；小型竹苗要有竹竿3支以上。

⑤ 丛生竹类苗木产品的主要质量要求：每丛竹要有竹竿3支以上。

⑥ 混生竹类苗木产品的主要质量要求：每丛竹要有竹竿2支以上。

5）藤木类常用苗木产品主要规格质量标准见表10-23。

**表10-23　藤木类常用苗木产品主要规格质量标准**

| 类型 | 树种 | 苗龄（a） | 分枝数（支） | 主蔓径（cm） | 主蔓长（cm） | 移植次数（次） |
|---|---|---|---|---|---|---|
| 常绿藤木 | 银花 | 3~4 | 3 | 0.3 | 1.0 | 1 |
| | 络石 | 3~4 | 3 | 0.3 | 1.0 | 1 |
| | 春藤 | 3 | 3 | 0.3 | 1.0 | 1 |
| | 血藤 | 3 | 2~3 | 1.0 | 1.5 | 1 |
| | 芳藤 | 3~4 | 3 | 1 | 1-0 | 1 |
| | 角花 | 3~4 | 4~5 | 1 | 1~1.5 | 1 |
| | 木香 | 3 | 3 | 0.8 | 1.2 | 1 |
| 落叶藤叶 | 猕猴桃 | 3 | 4~5 | 0.5 | 2~3 | 1 |
| | 南蛇藤 | 3 | 4~5 | 0.5 | 1 | 1 |
| | 紫藤 | 4 | 4~5 | 1 | 1.5 | 1 |
| | 爬山虎 | 1~2 | 3~4 | 0.5 | 2~2.5 | 1 |
| | 野蔷薇 | 1~2 | 3 | 1 | 1.0 | 1 |
| | 凌霄 | 3 | 4~5 | 0.8 | 1.5 | 1 |
| | 葡萄 | 3 | 4~5 | 1 | 2~3 | 1 |

① 藤木类苗木产品主要质量标准为：苗龄、分枝数、主蔓径和移植次数。

② 小藤木类苗木产品的主要质量要求：分枝数不少于 2 支，主蔓径不小于 0.3cm。

③ 大藤木类苗木产品的主要质量要求：分枝数不少于 3 支，主蔓径不小于 1.0cm。

**4. 固定性功能材料**

常见固定性功能材料见表 10-24。

**表 10-24　　固定性功能材料**

| 类别 | 内容 |
|---|---|
| 挖运固定材料 | 挖树前在树干高度 1/2 处固定 3 根绑绳，且有一根必须在主风向上位逆拉，其他两根均匀分布。苗木挖好放倒以后，要对土球表面的伤残根进行修剪，然后用草绳或者蒲包捆绑严密。运输过程中要保护苗木的冠形完整，应用麻袋片等软物于大枝扎缚处由上而下、由内至外，依次向内收紧收扎树冠，不能损伤树木 |
| 种植固定材料 | 种植好树木后，在风力比较大的季节需要使用树木支撑，以有效地预防根部动摇，以免影响整个根系的生长。使用树木支撑可以采用木杆、竹竿和钢丝、铁丝等，要结合不同的树木高度和支撑方式来选择合适的支撑材料。具体的支撑方式有单支式、双支式、三支式以及纵横双向支撑等。对于单支式而言，可以选用立支法和斜支法，其中立支法较多使用于行道树，占地面积较小；斜支法则占地面积比较大，多使用在人流比较稀少的地方；双支式是在树木的两边各自打入一杆桩，并且把树干捆扎在横杆上面从而完成相关固定 |
| 防风障材料 | 在冬季比较寒冷的地区，对灌木、地被植物应搭设防风屏障，以保护植物抵抗寒冷的西北风，从而减少寒风、寒流对植物的破坏与侵袭。具体而言，可以使用塑料薄膜、竹片、铁丝、玉米秸秆等来保护植物。对于防风屏障来说，一般都设置在植被的北侧或者西侧，将竹片按照垂直方向做好框架，再使用塑料薄膜进行具体的固定。另外一种方式是挖好地沟，将玉米秸秆放置其内，之后再用土壤固定。前面一种方法比较大方美观，后面一种方法成本比较低，并且有着更好的防风效果。对植物进行防风屏障的构建，需要较高的要求，尤其要重视风障的相关高度。若是防风障比较高，因抵挡了过大风力，容易带来防风障的破裂和损坏。如果防风障比较矮，则将植物的头部暴露在寒风中，不能够起到很好的防风效果。在具体的操作中，要结合植物的实际高度，因地制宜采取合理的防风障设置措施 |
| 屋面固定材料 | 由于屋顶环境较地面风力大，且种植土层薄，新植树木高度超过 2.5m，必须固定。屋顶环境树木的固定可采用地下金属网拍固定法。固定方法是将金属网拍（尺寸为固定植物树冠投影面积的 1~1.5 倍）预埋在种植基质内；用结实且有弹性的牵引绳将金属网拍四角和树木主要枝干部位连接，绑缚固定（绑扎中注意对树木枝干的保护）；依靠树木自身重量和种植基质的重量固定树体，防止倒伏，如高度 2.5m、冠幅 2.0m、土球直径 0.55m 由松的固定技术流程见图 10-3 |

(a)

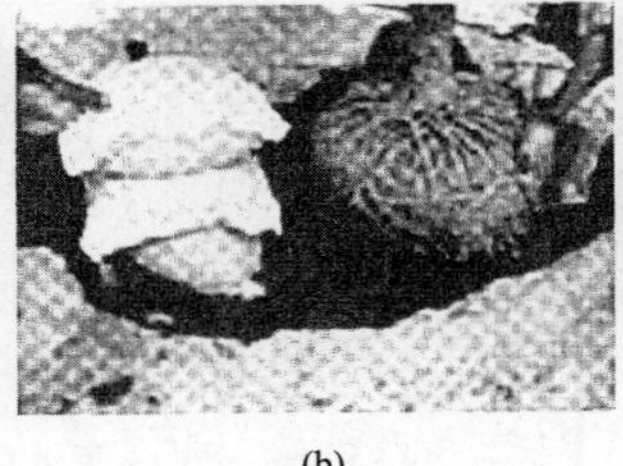
(b)

(c)

图 10-3　树木固定技术流程图

(a) 预埋金属网格（其上加过滤布）；(b) 牵引绳与网格四角相连并与地上枝干绑缚固定；(c) 地面覆土、踏实

## 四、种植功能材料

**1. 种植功能材料的种类**

根据使用的目的，种植功能材料可分为生理性材料、保护性材料、光照性材料、养护性材料、固定性材料等五类。生理性材料主要指保水剂、植物输液、活力素、促根剂以及抗蒸腾剂等材料。保护性材料主要包括保水用的各种苔藓、稻草等，保护树体用的各种农药，保护树皮用的塑料袋、塑料布以及保护树干用的涂料等材料。光照性材料主要指遮光网。养护性材料主要指肥料、腐殖土等材料。固定性材料主要指支撑桩、柱、绳、索、铁丝等。

根据使用的位置，种植功能材料可分为地上材料、地面固定材料、地下结构材料三类。地上材料包括各种生理性材料、保护性材料、光照性材料、养护性材料，地面固定材料包括平地固定材料、边坡固定材料、水面浮床材料等，地下结构材料主要指植物根颈部以下、屋顶面以上的种植根阻材料、防水材料、排水材料、过滤材料等。

**2. 保护性功能材料**

（1）涂覆材料。

1）移植植物需要对树干涂白灰，有时只涂白灰还不够，需应用带杀菌、杀虫的树干涂白剂进行保护，而树木修剪伤口除用抗蒸腾剂外，还应用带有杀菌或防止病菌侵入伤口的涂抹剂处理。

2）愈伤涂膜剂在植物切口处能迅速形成保护膜，该膜具有一定的膜透性，能防止水分、养分的流失。加入了细胞激动素、细胞分裂素等的愈伤涂膜剂促进伤口愈合物的产生，能激活细胞、促进愈伤组织再生，伤口愈合快，有利于植物伤口防污、防腐、杀菌，主要适于修剪口的杀菌防腐，枝干及树皮受损、病虫危害后的涂抹。

3）根腐宁具有内吸、治疗双重作用，对大树、苗木、花卉、草坪等常发生的根腐病、枯萎病、立枯病、茎基腐烂病、猝倒病等有显著效果。

（2）包装材料。

1）对树干采用麻包片、草帘、草绳或草带进行包裹，一般从根颈至分枝点处，包裹之前先用1%的硫酸铜溶液涂刷树干灭菌。这样，既可减少水分蒸发，以减少树干蒸腾，又可减少移植过程中的擦伤，还可预防日灼和冻害的发生，从而有效地提高成活率。具体的操作方法是将直径1~1.5cm的草绳，从乔木的根部一直向上无间隔地缠绕，直到距离根部1.5~2m的地方或者是树枝的分支点。

2）每一圈都需要草绳按照相关的顺序进行紧密排列，而不能留下空隙，也不能重叠。在缠绕最后一圈时，可以将绳头压在该圈的下方，收紧绳索之后切断。在具体的操作过程中用力需要均匀，不能过松或者过紧。

3）植物绷带是指将干枯植物的表皮纤维通过脱水、染色以及加工改良而成的新型植物性裹干材料，由南京宿根植物园开发，如图10-4所示。相比草绳、稻草、麻袋片等传统的植物裹干材料，植物绷带操作省时、方便，外形美观，质轻，保温保湿，使用本产品能使植物成活率提高10%~15%，防菌防虫，目前主要包括通用型、温带春用型、温带秋用型、大树类专用系列等七大类。植物绷带一般为淡绿色，也可以根据需求生产出不同颜色、型号的产品，保证使用时美观大方。植物绷带的宽度设计也经过了反复的试验，以黄

金分割点比例为基础，宽度设计为12.36cm。普通的植物绷带价格每卷不足10元，成本仅为草绳的80%，还节约人工成本。

图10-4　植物绷带

（a）各种类型植物绷带；（b）植物绷带的应用

**3. 养护性功能材料**

养护性功能材料见表10-25。

**表10-25　养护性功能材料**

| 内容 | 类　　别 |
|---|---|
| 根基肥料 | 根基肥料是指能够集中施于根部的，能促进根系生长，调控根系空白分布，扩大根系范围的肥料。根基肥料是一种新型肥料，具有很高的肥料利用率 |
| 促根有机质 | （1）泥炭是迄今为止被世界各国确认为最好的无土栽培基质。泥炭多呈现微酸性反应，持水量大，营养丰富，肥料有效性较高，容重较大，园林栽培上可以单独施用，有明显的促根作用，也可以与沙子、蛭石、碳化物壳、生根粉混合栽培使用，可以改善结构，对调节pH值有一定的作用。稻壳能够降低园林土壤容重，提高土壤的孔隙度和通透性能，提高根系活性，为根系下扎创造良好的土壤物理条件。稻壳中硅酸盐丰富，对调节大树的抗病性有重要作用，园林公司常用于园林施工栽培。<br>（2）锯末是木材加工的下脚料，质轻具有较强的吸水、保水能力，也可以作为促根的栽培基质：园林施工栽培之前一定要做发酵处理，避免夏季高温发酵危害根系。锯末发酵应加入1%氮肥，调节碳氮比，最好添加专门发酵菌种，通过特殊的发酵程序，生成生物黄腐酸。发酵锯末还要配比添加适量的菌糠、牛粪、草木灰配成园林生根肥，这种促根肥也有良好的提高大树及一般树木成活率的效果。这种基质是长效促根特种肥料，是一种优良的自制园林生根肥，对于难生根树木有提高成活率的独特效果。<br>（3）菌糠是食用菌的废弃物，既是一种培养基质，又是一种促根肥料。有资料报道，发酵后的菌糠可以代替泥炭使用，菌糠的氮、磷、钾含量较高，不宜直接作栽培基质使用，应与泥炭、蔗渣、砂子、生根粉等按一定比例混合使用，成为复合栽培促根基质。这也是一种自制园林生根肥，能明显提高园林植物成活率 |
| 根腐宁 | 根腐宁具有内吸、治疗双重作用，对大树、苗木、花卉、草坪等常发生的根腐病、枯萎病。立枯病、茎基腐烂病、猝倒病等有显著效果 |
| 屋面轻基质 | 中国用于屋顶绿化的栽培基质主要有自然田园土、改良土、轻质人工混合基质三类：其中，改良土为田园土混合珍珠岩、蛭石、泥炭等材料，轻质人工混合基质即无土栽培基质，其成分包括无机质和有机质两大类，无机质可用蛭石、珍珠岩、陶粒、沙、石砾、浮石、煤渣等。有机质可用泥炭、椰糠、菌渣、锯木屑、棉籽壳、稻壳灰、泡沫有机树脂制品、腐熟秸秆、腐熟树皮（松鳞）、有机肥、微生物有机肥等 |

续表

| 内容 | 类 别 |
|---|---|
| 防护剂 | 移植植物经过移植和修剪，伤口多，抵抗力弱，极易遭受病虫侵害，因此，对于移植植物的断枝、伤口应及时涂抹液状石蜡封闭，同时还应根据大树特性及病虫害发生规律，利用物理防治、生物防治和化学防治相结合的综合防治策略，及时有效地阻止大树病虫害的发生 |
| 根部透气管 | 园林树木夏季全冠移植后，为防止根部受损，用特制的塑料透气管，在土球放入树穴后将透气管环绕在土球周围，管头露出地面，这样既可透气，又可连接供水管，水分直接供应根系，提高浇灌效率。也可用长约 1m、直径约 10cm 的通心竹筒，两头用纱网封口，放置于树穴内，回填土时管头也露出，一般每株大树放置 3~4 个。除此之外，还可以采用透气袋技术，透气袋内填充珍珠岩，长度在 1m 左右，直径为 12~15cm，土球放进树穴定位后回填前，把透气袋垂直放在土球四周，这对缓解土壤黏度效果显著。<br>利用根部土壤透气技术可有效地调节树木根际水、气平衡，有效促进根系活力的恢复，操作简单，成本低廉。但不利之处便是，一旦管道堵塞，很难清理，如撤除管道，会使土球周边形成一定的“空洞”，影响树木固定 |

**4. 生理性功能材料**

（1）生根粉。ABT 生根粉能通过强化、调控植物内源激素的含量和重要酶的活性，促进生物大分子的合成，诱导植物不定根或不定芽的形成，调节植物代谢强度，提高育苗、移植成活率。

ABT 生根粉应用于大树移植当中，能增加抗逆能力，促进大树原有根系发育并催发新根，增加根系生长量可达 20%~60%。在大树移栽、珍贵树种养护、城乡园林绿化、小区绿化、道路两旁、河堤绿化、平原绿化、三北防护林、防沙治沙等园林绿化工程中应用 ABT3 号或 GGR6 号生根粉，效果显著。

（2）抗蒸腾剂。抗蒸腾剂是一种高分子化合物，主要缓解反季节绿化施工过程中出现的苗木失水和夏季移栽时的叶片灼伤。根据其作用原理，抗蒸腾剂可分为代谢型抗蒸腾剂、成膜型抗蒸腾剂、反射型抗蒸腾剂三类。代谢型抗蒸腾剂通过使气孔开度减少而降低蒸腾作用，主要药剂有 PMA（乙酸苯汞）、ABA、$NaHSO_3$、阿特拉津、甲草胺、三唑酮、黄腐酸（FA）等。成膜型抗蒸腾剂通过在叶表面形成一层很薄的具有透气性、可降解的薄膜，在一定程度上降低蒸腾速率而降低蒸腾作用，主要药剂有 WUt-Pmff、Vapor Gard、Mobileaf、Folicote、plantguard、丁二烯酸、氯乙烯二十二醇等。成膜型抗蒸腾防护剂中含有大量水分，在自然条件下缓释期为 10~15d，形成的固化膜不仅能有效抑制枝叶表层水分蒸发，提高植物的抗旱能力，还能有效抑制有害菌群的繁育，提高大树移植的成活率。反射型抗蒸腾剂通过将其喷洒在植物叶面反射部分太阳辐射，降低叶片温度，从而降低蒸腾作用，主要药剂有高岭土（Kaoline）和高岭石（Kaolinite）。

在移植大树后的生长季节时期内，尤其在夏季（6~9 月），大部分时间气温在 28℃以上，空气湿度小、土壤干旱，而此时树体对水分的需求量较大，可根据树种情况使用抗蒸腾剂降低树体表面的蒸腾强度，达到保持水分的目的。

由于气孔主要分布在叶背面，挖取苗木前用抗蒸腾剂喷洒树冠叶背面，使叶片气孔关闭，减少水分的蒸发。晴天时，保证每天在上午的 9 时前及下午的 4 时后给新移植苗木喷水 2 次，以及时为苗木补充蒸腾耗费的水分。

使用抗蒸腾剂要在土壤有效水分尚未耗尽前均匀喷洒，重点喷叶背面。不同树种对同一药剂反应不一致，使用之前应根据经验或一定的试验后，确定药剂配方及浓度方可使用。药剂配方和浓度的选择要慎之又慎，不然轻则药物无效，重则直接导致树木死亡。

抑制蒸腾剂主要适用于新移植苗木和大树日常养护，以及温度高、干旱缺水环境中的植物、苗木及大型树木的移栽运输，可有效防止树体脱水。

（3）活力素。应用活力素浇灌树根时，用 50~80 倍活力素稀释液浇灌大树根部，可使种植穴内泥土富含各种活力成分，催使大树萌发新根，提高大树移植的成活率。根据苗木的成长状况，不断使用此稀释液，浇灌时土表面应松散，易于活力素渗透。使用间隔 7~10d，每月 2~3 次，直到确定大树成活为止。

应用活力素注射树干时，用 10mm 钻头在树干 1.2~1.5m 位置钻一角度为 45°、深度为 5cm 的孔，再将活力素容器橡皮套管插入孔中，然后将容器尖嘴插入橡皮套孔中 2~3cm，以液体不漏出树体外为标准。挤压瓶体，排出孔内空气，再在容器底面打一个针眼孔，让活力素缓缓注入大树体内。大树定植后，在活力素灌根的基础上，配以树干注射活力素药剂，可以加快新根的萌发和生长，提高移植成活率。

（4）植物输液。园林植物被挖离原生长地之后，其根系主要依靠树冠的蒸腾拉力被动吸水，经由植物树干木质部向上输送到树冠各枝条和叶片。基于植物的水分传输原理，可以在大树水分传输的通道——木质部直接接入输水滴管，增加木质部水分供水途径，以便为树体补充水分和保湿。通常做法是，在植物树干的不同方位高处分别悬挂输液瓶，内盛清洁的清水，同时在大树基部以树木生长锥在斜向正下方成 45°角钻输液孔 3~5 个，及至髓心，取出生长锥，输液孔水平分布均匀，垂直分布交错，输液孔数量和大小由树木胸径和输液器插头大小确定。然后用预先准备好的输液针头扎入输液孔，用胶布贴严插孔进行输液。输液速度为针头每分钟滴水 18~20 滴左右，可连续输液 1~3 周。

1）输液时将输液袋挂于树干高处，输液管捋顺，拧开开关即可输液。输液完毕后，拔出针头，用棉花团塞人输液孔即可。输液间隔时间根据天气和树体恢复情况而定。输液以水为主，还可加入微量植物激素和磷钾矿质元素，每升水溶入 ABT6 号生根粉 0.1g 和磷酸二氢钾 0.5g。树体恢复到一定程度后，停止营养液滴注，输液孔口用波尔多液涂封，转入一般养护即可。

2）对大树进行树干输液的同时，可根据大树感染病虫情况在输液中加入适当的防病虫害药剂，以便在对大树进行水分补充的同时还可防除病虫害。

3）吊针输液原理在于为了防病、治病、补充营养和水分，给树体输液打吊针与给人体输液打吊针原理相同，具有见效快、效果好、安全环保、利用率高、节水、节工、节药、节肥等优点。吊针输液袋（瓶）是园林养护、大树移植的必备用品，特别适合干旱、干热风、缺水地区。输液可用于园林树木、移栽树木、各种果树、古树名木、老弱病树等的移植和养护，树体休眠期、各个生长期、大树移栽前后及运输过程中、老弱病树各个时期等均可进行注射，但在不同的时期注射的浓度不同，休眠期浓度高些，生长期浓度低些。

4）对“树动力”插瓶，可在树干上部呈 45°角钻孔，孔深 5~6cm，孔径 6~8mm，旋下装有“树动力”液插瓶的瓶盖，刺破封口后旋上（调节松紧控制流速），一般情况下，胸径 8~10cm 的大树插一瓶，胸径大于 10cm 以上的大树一般插 2~4 瓶，尽量插在树干上

部（主干和一级主枝分叉处），也可插在粗大树的一级主枝上，每枝插一瓶。首次用完后的加液量一般根据树体需求和恢复情况决定，用完后吊注 3~4d 清水。应用“树动力”插瓶给树体输入生命平衡液，促进其早生根、发芽，提供生长动力，提高成活率，恢复树势。

（5）生理性功能材料。对于移植的裸根苗木，应在苗木出土后，及时用1%的保水剂凝胶液浸渍苗木根部，以减少苗木运输过程中水分蒸发所造成的水分损失，以使苗木保存和运输时间延长 3~5d。

栽植苗木时，先根据树木的大小挖好定植穴，每穴施保水剂 100~500g，浇水并打成糊状，然后将苗定植于中央培土。土层深厚、保水保肥能力强的土壤和黏土地，适当少施，土层浅，保水保肥能力差的砂土地和贫瘠土地，适当多施，一般增减幅度可在 20% 左右。保水剂须施在根系分布层，以便被根系吸收，充分利用。大树移植，可按保水剂与土 1：（1000~2000）的比例拌匀，填在树底部和树根周围培土踩实灌水。

**5. 光照性功能材料**

（1）在大树移植初期或高温干燥季节，要尽量架设荫棚遮荫，以降低温度，减少树体的水分损失。大型树木刚移植以后要尽量减少阳光的直射，尤其是天气炎热的夏季，为了避免过多的水分流失，降低树体的温度，需要搭建简易遮荫棚，对树木进行一定的遮荫处理。

（2）搭建遮阳棚时可用毛竹或钢管搭成井字架，在井字架上盖上遮阳网，避免树木受阳光直射，降低树冠水分散失，同时避免强光高温破坏叶绿体的活性，还必须注意网和栽植的树木最少要保持 50cm 以上的距离，以便空气流通。

（3）棚顶离树冠顶部也是如此，棚子应该是开放性的，保持通风并能够接收到一定的阳光，根据树木的生长情况适当对遮荫范围进行调整。

**6. 水面固定材料**

生态浮床是运用无土栽培技术原理，以高分子材料为载体和基质，采用现代农艺与生态工程措施综合集成的水面无土种植植物而建立的去除水体中污染物的人工生态系统。通过水生植物根系的截留、吸附、吸收和微生物的降解作用，达到水质净化的目的，同时营造景观效果。

**7. 地下结构固定材料**

（1）对植物根阻拦材料的相关规定。用于种植屋面的防水卷材，不仅要满足不同屋面规定的材料性能指标，同时要具备根阻拦性能。根据欧洲规范 EN13948—2007 的规定，德国风景园林协会设计了相关的根阻拦材料试验方法。方法规定，根阻拦试验应该至少在温室里进行 4 年或者在通畅的玻璃大棚中进行 6 年，以确定其是否具有根阻拦的作用。

（2）根阻拦材料的根阻作用机理。对于沥青基防水材料，以德国威达公司的屋顶花园根阻系列产品为例。一般的卷材（如 VEDATECT 系列），通常在弹性沥青涂层中（SBS）加入可以抑止植物根生长的生物添加剂，由于沥青是比较柔软的有机材料，很容易与添加剂融合，当植物根的尖端生长到涂层时，根在添加剂的作用下角质化，不会继续生长以至破坏下面的胎基。考虑到有的植物根穿透能力极强（特别是在重型绿化屋面上），有些卷材的胎基还经过了铜蒸汽处理（如 VEDAFLOR 系列），使胎基更加坚固，另一方面，由于植物根系遇到金属铜离子会改变生长方向，从而使植物根系不会继续向下生长，胎基本身也具备了根阻功能，这给种植屋面的防水加了双保险。

(3) 根阻材料。绿色种植屋面是以绿色植物为主要覆盖物，配以植物生存所需要的营养土层、蓄水层以及屋面所需要的植物根阻拦层、排水层、防水层等共同组成的屋面系统。

(4) 植物根穿透常规防水材料的机理。首先，植物根系的生长都具有向水性和向下性，在生长过程中对处于下部的防水层产生巨大的压力。其次，普通沥青基防水卷材由SBS或APP改性沥青涂层及胎基（聚酯胎、玻纤胎或复合胎）构成。沥青中含有一种植物亲和物质——蛋白酶，是植物的一种营养物质，当植物根系接近该物质后，根系会主动穿入沥青吸收营养。而普通的防水卷材胎基对植物根系的抵抗能力近乎为零，结果导致植物根系1年时间就可穿入常规改性沥青防水系统的种植屋面防水系统，造成在很短的时间内破坏防水系统。

**8. 边坡固定材料**

(1) 生态袋由聚乙烯（PP）合成材料制成，具有高强度、抗老化、抗紫外线、耐酸碱、无毒不降解等特点，使用寿命70年以上，可100%回收。生态袋具有透水不透土的过滤功能，既能防止填充物（土壤和营养成分混合物）的流失，又能实现水分在土壤中正常交流。

(2) 联结扣把无数个生态填充袋连接在一起，形成稳定的三角内摩擦紧密内锁结构，优化设计的倒钩棘爪最大限度地将生态袋紧密相连，其网孔状结构的双向通道凹槽和垂直孔洞组合成相互交错的非流线形凸肋，加大了联结扣表面与生态袋之间的摩擦力，倒钩棘爪始终与袋体保持垂直紧贴，充分发挥其柔性结构的受力特点，它不仅具有很高的强度，同时还具有排水功能和很好的柔韧度，对构件稳固的边坡起到了重要作用。

(3) 生态袋。生态袋边坡防护系统是在生态袋中装入植生土，把生态袋、联结扣、锚杆、加筋格栅等构件按照一定规则相互连接组成稳定的软体边坡，既可以稳定边坡，又可以让植物快速生长。生态袋护坡系统的根植土厚度达0.3m以上，完全符合园林规范对植被土层的厚度要求，可以为各种草本和木本植物提供良性生长的土壤环境。生态袋边坡防护系统见图10-5。

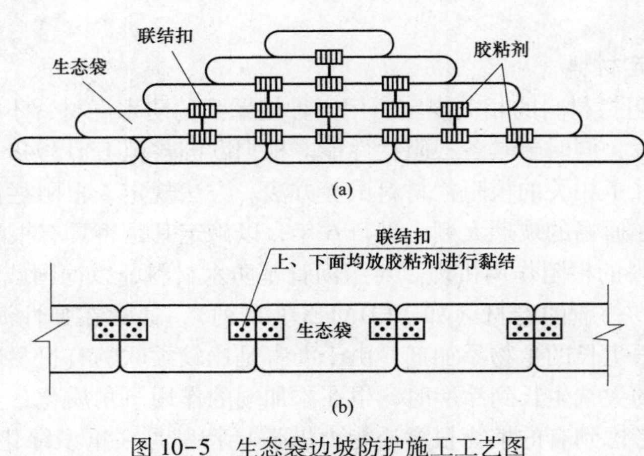


图10-5　生态袋边坡防护施工工艺图

(a) 立面图；(b) 平面图

（4）扎口带是一种自锁式黑色带，具有抗紫外线及抗拉性强的特点，对保证工程安全稳定起到不容忽视的作用。

（5）加筋格栅在构造较陡的回填土边坡时，联结扣把加筋格栅和生态袋进行连接，同时对外露袋体墙面进行分层反包，对工程的坚固和稳定起到重要作用。

生态袋边坡防护施工中应注意的问题。

1）植被应做好后期的养护工作，出苗15d后，为促进植被生长，应施氮肥（$5g/m^2$）一次，再过10d施复合肥（$15g/m^2$）一次，并根据气候情况适当浇水，以达到良好的绿化效果。

2）生态袋每铺一层均须夯实，应采用机械夯实，压实度应大于70%。生态袋每堆叠2m高应浇水一次，待其完全沉降后再进行下道工序。

3）安装联结扣时应先用小圆木夯击联结扣，使棘爪完全压入下层生态袋中，堆叠完上层生态袋时再人工踩实，以确保棘爪完全压入上下两层生态袋中。

4）袋体安装时应配备整形工具，如平板木夯、铁夯或圆木夯，整形工具必须具有一定的重量，以确保整形效果。每个作业点要落实好固定的整形人员，对坡面、顶面、连接侧面进行整形，做到坡面平顺，顶面平整，侧面咬合紧密，确保生态袋堆叠质量和外观质量。

5）生态袋护坡坡脚应设置排水涵管或排水沟，以确保坡脚积水能够及时顺利排出，保证护坡稳定。

**9. 植被**

（1）植生纱。植生纱，就是在专用纺织设备上按照特定的生产工艺，把种子按照一定的密度定植在可以自然降解的纤维网基质中，如果需要的话，还可掺入肥料、杂草抑制剂等成分，在加捻和缠绕作用下，基质将种子等包卷起来形成粗纱状，称其为种子植生纱。德国萨克森研究所研制的植生纱以亚麻纤维为原料，采用Maliwatt缝编工艺，编织成亚麻纤维网，同时用一种特殊的计量器将草种均匀地置入网中，用缝合线连接而成的一种用来增强斜坡、保持土壤、帮助草种发芽的土工布。瑞士开发的苎麻纤维培育垫，采用编链衬纬组织，将苎麻和丙纶（其中丙纶纤维经过特殊处理，即加入降解组分，并可根据需要，控制添加剂的用量来调节降解时间）两种纱线编织成方形小网格，纵向组织丙纶，横向的衬纬是苎麻。采用这种结构的培育垫，有规律地加入植物种子，将垫子置于土壤中，种子逐渐发芽生长，而培育垫中的苎麻纤维开始分解，纵向的丙纶仍保护幼苗生长，直至植物长到一定程度，丙纶才逐渐分解，这时植物的根取代了培育垫。

植生带（有时也称为种子带）就是将草种按一定密度要求均匀撒播在一定宽度的基质（如无纺布、纱布或纸带）上，撒播种子后再通过粘合或针刺复合上一层无纺布成型。

（2）生态植被袋。生态植被袋又称生态柔性边坡，以聚丙烯为原料，并添加抗紫外线、防老化等助剂，采用特殊的工艺制成的薄而强度高的无纺布袋，它是21世纪初从加拿大引进的一种新型环保产品。生态植被袋装进土并加入植被种子后，与相应配件组成生态植被化柔性边坡或墙体，是目前世界上唯一采用自然材料和植物，而不用钢筋水泥等硬质材料来建造的具有稳固结构的护坡、挡墙系统，成为良好的植被承载体。该项技术与产品目前在国外发达国家和地区已有广泛应用，在中国也以极快的速度被接受、采用并发展。

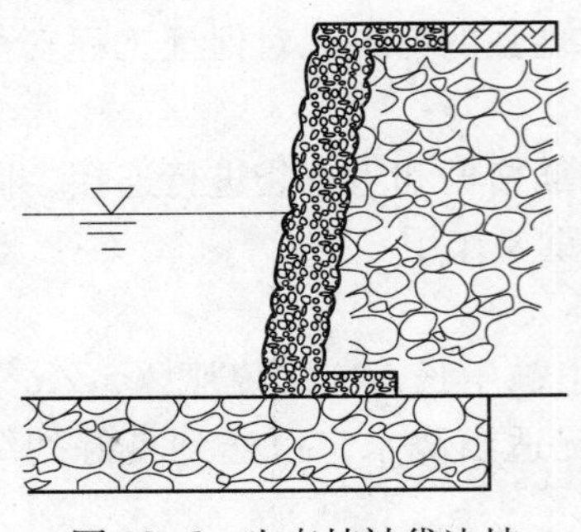

图 10-6　生态植被袋边坡剖面示意图

由生态植被袋构成的边坡是一个柔性结构，它具有一定顺应变形的能力，从而保证系统的稳定，如图 10-6 所示。袋与袋之间采用连接扣、胶粘剂和锚杆等附件堆叠而成的边坡系统，使得整体强度也很高。而经过一定时间，植被根系生长壮大，整体的牢固性更加强大。生态植被袋的原料中加入了抗紫外线、防老化的助剂，使袋子的寿命可达到 50 年以上。生态植被袋透水不透土的性能，既能防止水土流失，又为植被提供了生长载体，比传统钢筋水泥、石块等硬性护坡单调的外观更具观赏性。随着植被的不断生长，其根系穿过植被袋而进入与之相邻的植被袋或边坡土体，既加强了系统的整体性又起到了固土作用。

（3）土工三维植被网。三维植被网以热塑性树脂为原料，采用一定配方，经挤出、拉伸等工序精制而成。它无腐蚀性，化学性稳定，对大气、土壤、微生物呈惰性。

三维植被网的底层为一个高模量基础层，采用双向拉伸技术，其强度高，足以防止植被网变形，并能有效防止水土流失。三维植被网的表层为一个起泡层，蓬松的网包以便填入土壤、种上草籽帮助固土，这种三维结构能更好地与土壤相结合。聚乙烯聚合物厚度不小于 12mm，单位重量为 0. 45～0. 5kg/m$^2$，单位拉力为 3. 2kN/m，常用尺寸为 50m×2m。

# 第十一章

# 彩画材料

## 一、彩画的种类

### 1. 天花彩画

天花一般分“软天花”“硬天花”两种。天花画法一般分为片金天花、金线天花、金琢墨天花、烟琢墨天花以及其他天花（图 11-1）。

图 11-1　天花彩画

软天花做法：以高丽纸用糨糊糟在墙上，先粘纸的上口，然后满过矾水一道。再粘两边及下口（中心不粘），干后，用浅蓝色粉袋拍谱子，操作时与燕尾同时画齐，全部画完后比好尺寸截齐，再行糊天花及燕尾，全部糊好后再刷支条，码井口线（如金线者需包黄胶），然后贴金。

硬天花做法：先将天花板摘下，编好号码，正殿以南为上，东房以西为上，西房以东为上，编的号码字头向上，以利画完后按位就座，否则不易安装。地仗作好后，磨生油、过水布、打谱子（打谱子时要先看字头，以防颠倒）、沥粉、刷色、包黄胶、打金胶、贴金。

### 2. 旋子彩画

旋子彩画花纹多用旋纹而得名。按用金量多少，有金线大点金、石碾玉、金琢墨石碾玉、墨线大点金、金线小点金、墨线小点金、雅伍墨、雄黄玉等。

梁枋的全长除付箍头外，三等分（名为三停），当中的一段名为枋心，左右两端名为箍头，里面靠近枋心者名为藻头，也有在箍头里面量出本枋子的宽度的一个面积，再画条箍头线。两箍头之间画一个圆形的边框者，名为“软盒子”，盒子的四角，名为“岔角”，如两条箍头之间画斜交叉的十字线，十字线的四周，各画半个栀花的，名为“死盒子”。盒子又有整破之分，中间画一个整栀花者，名为整盒子；斜交叉的十字线者，名为“破盒子”，这种做法叫作“整青破绿”。

### 3. 和玺彩画

和玺彩画多用于宫殿、坛庙等处的主殿和檩、垫、枋上。横向图案分为三段，各段用“Σ”形作为分段线。中间段叫枋心，两端竖条叫箍头，箍头与枋心之间叫藻头，箍头与箍头之间叫盒子。各“Σ”形分段线分别叫箍头线、皮条线、盆口线和枋心线。和玺彩画在等级上是最高的一种，根据所画内容不同，常分为金龙和玺、龙凤和玺和龙草和玺。

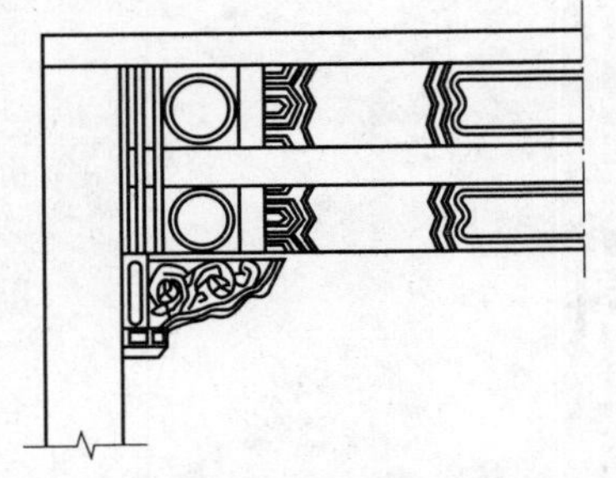

图 11-2　和玺彩画示范图

和玺彩画（图 11-2）是清式彩画中最高级的彩画，用“Σ”形曲线绘出皮条圭线、藻头圭线、岔口线。

枋心藻头绘龙者，名为金龙和玺；绘龙凤者，名为龙凤和玺；绘龙和楞草者，名为龙草和玺；绘楞草者，名为楞草和玺；绘莲草者，名为莲草和玺。

（1）龙草和玺。全部操作程序与金龙、龙凤和玺同。除藻头、枋心、盒子、垫板等按金龙、龙凤和玺规定外，涂蓝地处改为红地，画金轱辘楞草，青绿攒退，或四色查齐攒退等，霸王拳金边金老晕色大粉。

压斗枋，坐斗枋画工王云或流云等，斗棋板画三宝珠火焰。

（2）金琢墨和玺。操作程序：除完全提地外，其余作法与金龙、龙凤、龙草和玺同，但在要求上比一般和玺精细，其特点是轮廓线、花纹线、龙鳞等，均沥单粉条贴金，内作五彩色攒退。箍头：一般采用贯套箍头或锦上添花、西番莲、汉瓦加草等，攒小色以不顺色为原则，如青配香色，绿配紫等。

枋心、盒子、藻头：各处花纹、龙身等均须按照一般和玺轮廓放大，龙鳞要清楚，以便五色攒退。

（3）金龙和玺。金龙和玺是在各部位均以绘龙为主，现将各部位布局叙述如下。

外檐明间：挑檐桁及下额枋为青箍头，青楞线，绿枋心。枋心内画行龙或二龙戏珠，藻头青色画升龙，宽长的可画升降龙各一条，如有盒子的为青盒子，骨画坐龙或升龙，岔角切活。大额枋为绿箍头，绿楞线，青枋心。枋心内画行龙或二龙戏珠，藻头绿色画降龙，有盒子的为绿盒子，内画坐龙，岔角切活。

次间：与明间青绿调换，即挑檐桁下额枋为绿箍头，绿楞线，青枋心。梢间与明间同；明间与次间同，以此类推。

廊内插柁：为青箍头，青楞线，绿枋心，枋心内画龙。

廊内插梁：为绿箍头，绿楞线，青枋心，枋心内画龙。

垫板：银朱油地，画行龙或片金轱辘草（龙头对明间正中）。

坐斗枋：青地画行龙（龙头对明间正中）。

压斗枋：青地画工王云（图 11-3）。

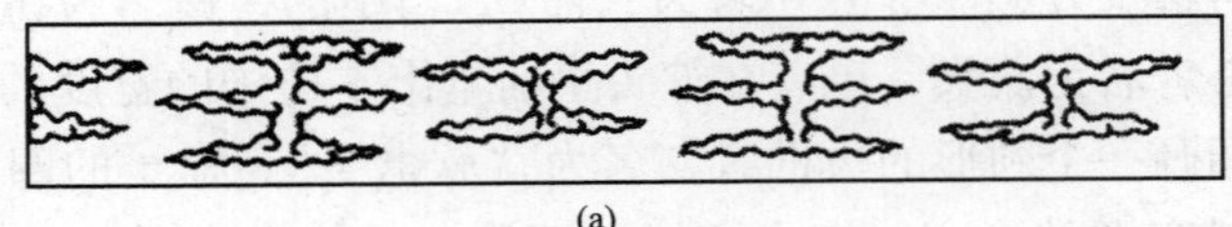

(a)

(b)

图 11-3　压半枋画法

（a）工王云；（b）轱辘草

柱头：上下两头各一条箍头，上刷青下刷绿，内部花纹有多种作法。

斗栱板：（灶火门）银朱油地画龙。斗栱板又名灶火门。

宝瓶：沥粉西番莲混金。挑尖梁头、霸王拳、穿角两侧，均画西番莲沥粉贴金，压金老。

肚弦：沥粉贴金退青晕。

飞檐椽头：金万字。

老檐椽头：金虎眼。

斗栱：平金边。

（4）龙凤和玺。全部操作程序与金龙和玺类似，不同的是，青地画龙，绿地画凤；压斗枋画工王云，坐斗枋画龙凤。斗栱板画坐龙或一龙一凤，垫板画龙凤，活箍头用片金西番莲，死箍头晕色，拉大粉压老（图 11-4）。

**4. 斗栱彩画**

斗栱彩画一般有三种做法，根据大木彩画而定。

（1）彩画为金琢墨石碾玉、金龙、龙凤和玺等，则斗栱边多采用沥粉贴金，刷青绿拉晕色。

（2）彩画为金线大点金、龙草和玺等，则斗栱边不沥粉，平金边。

（3）如彩画为雅伍墨、雄黄玉等，则斗栱边不沥粉不贴金，抹黑边，刷青绿拉白粉。

图 11-4　龙凤和玺彩画

**5. 苏式彩画**

苏式彩画因起源于苏州得名。南方苏式彩画，以锦为主，而京式苏画以山水、人物、翎毛、花卉、楼台、殿阁为主。苏式彩画与和玺彩画、旋子彩画主要不同点在枋心，苏式彩画以檩、垫、枋三者合为一组，谱子规矩与旋子彩画同，只是在中间画包袱，两件者可画枋心。

## 二、彩画材料

彩画材料见表 11-1。

**表 11-1**　　彩 画 材 料

| 类型 | 内　容 |
| --- | --- |
| 油漆 | 常见油漆主要有大漆、桐油、亚麻籽油、苏籽油、梓油等。<br>与这些传统油漆相比，现代的化学油漆虽然使用方便，但其化学成分的稳定性差，易老化，耐久性差，极易褪色、失亮、开裂、暴皮和脱落，在古建筑修缮中往往会造成修缮周期缩短、资金人力投入加大的不利局面 |
| 颜料 | 古建筑油漆和彩画中多用矿物和植物颜料，需经特殊加工。它们质地精良、耐久性和耐候性好。颜料根据色系分有白色系、红色系、黄色系、青色系、绿色系和黑色系。<br>严静在对四地（内蒙古博格达汗宫、甘肃嘉峪关、北京颐和园、山西）文物样品颜料的分析中发现，红色颜料最多，主要为赤铁矿，其次为铅丹和朱砂，还有大量有机染料存在；绿色和蓝色颜料所占比例也很大，绿色矿物均为巴黎绿，蓝色矿物为群青，也有相当一部分有机染料，尤其是绿色颜料中有机染料所占比例很大，其余各色颜料所占比例较少 |

续表

| 类型 | 内　容 |
| --- | --- |
| 胶料 | 在油彩画兑大色时常采用的胶料有聚醋酸乙烯乳液和聚乙烯醇。过去所用的胶料全是骨胶、牛皮胶、挑胶、龙须菜、血料等天然胶料。<br>（1）骨胶：金黄色半透明体，无味，系用牛、马、驴等动物筋骨制成，有片状、粒状、粉状，古建筑彩画均用，但粘结性不如牛皮胶。<br>（2）牛皮胶：系以牛、马、驴等动物的皮和筋骨制成的黄色半透明或不透明体，呈块状。粉状的称为烘胶粉，粘结性较强。在彩画中以采用黄色半透明体为宜。<br>（3）挑胶：系天然树脂胶，粘结力很强，是上等彩画用胶，呈浅黄色透明珠状，外似松香，价格较贵，不宜用于兑大色。<br>（4）龙须菜：又名石花菜、鸡脚菜。它是一种海底生物，经熬制后成糊状物，粘结性很大，用作彩画的胶料，但熬制成胶后须在1~2d内用完，否则会失去黏性。<br>（5）猪虹（血料）：即利用动物血制成的一种调制油灰胶结糊状液。制作方法是先将新鲜的动物血滤去杂质，将剩下的血块用藤瓢或稻草用力研搓成稀血浆，然后加石灰水点浆（猪血与石灰的比例为100：4），随点随搅至适当稠度，静置冷却后过滤，即制成具有良好性能的胶粘物，亦即发成血料，可作地仗胶料使用，与油满、砖瓦灰配制成灰腻子，在古建筑彩画中使用广泛。主要采用猪血、牛羊血等经加工也可用作血料，但黏性比猪血差。<br>血料呈紫红色，挑起带血丝，味微腥，呈胶冻状，密度略大于水，具有耐水、耐油、耐酸碱等特点，可作为胶结材料。血料不宜长期存放，尤其是高温天气时，极易变质、发霉、腐臭。<br>中国早期的彩绘地仗没有掺血料，从清朝后期起，地仗才开始掺入血料。截至目前，地仗中加血料已成为古建维修的普遍做法，使用动物血可以提高地仗层的粘结力。西方也有类似做法，在英格兰早期及意大利的地仗流行使用期，地仗中都使用了小公牛血。<br>（6）聚醋酸乙烯乳液（白乳胶）：白色胶状液体，粘结力很强。<br>（7）聚乙烯醇：胶结性能良好 |
| 金箔 | 在古建筑中，常用贴金、扫金使建筑物金碧辉煌、光彩夺目，是特有的工艺。贴金、扫金常用材料有如下几种。<br>（1）金胶油：将熬好的光油，加入适量调和漆，调成黄色的光油，也可在光油中适量加入炒过的淀粉，拌和后黏度适中，称为金胶油，用于贴金打底。<br>（2）金箔：95金箔规格有100mm×100mm，50mm×50mm，贴金用，为赤金色；98金箔规格为93.3mm×93.3mm，贴金用，其含金98%，含银2%；74金箔规格为83.3mm×83.3mm，贴金用，含金74%，含银26%。<br>（3）赤金、库金：扫金用。<br>（4）金粉：系由铜、锌、铝组成的黄铜合金，经研磨、分级、抛光而成，呈小鳞片粉末状，调入金油和清漆后，即成为金色光泽极佳的金墨和金漆，适用于古建画活涂金 |
| 辅助材料 | （1）土籽：含有二氧化锰，熬制桐油用，系催干剂，为黑色粉末或颗粒。<br>（2）密陀僧（又称黄丹）：含一氧化铅，熬制桐油用，是催干剂。<br>（3）面粉：食用面粉，地仗中配油满用。<br>（4）石灰水：发血料点浆用，地仗中配油满用。<br>（5）砖瓦灰：系用青砖瓦碾制成，分粗、中、细、浆灰四种，用作油满血料的填充料。砖瓦灰的颗粒称为籽灰，它又分为大、中、小三种，大籽的颗粒约不超过49孔/$cm^2$，中籽100孔/$cm^2$，小籽530孔/$cm^2$、浆灰1024孔/$cm^2$ |
| 麻、麻布 | 用于地仗活中，以提高木材的抗裂性能。麻应采用上等品，经加工后麻丝柔软洁净，长度不少于100mm。其加工工序为：<br>（1）梳麻：将麻截成800mm左右，用人工或机械梳至细软，去杂质和麻梗。<br>（2）截麻：根据修补构件的尺寸，截成适当的长短。<br>（3）梓麻：去掉杂质疙瘩、麻梗、麻披使其清洁。<br>（4）掸麻：用两根竹棍，将麻掸顺成铺，用席卷起存放待用。麻布（即夏布），其质地应优良、柔软、洁净，无挑丝破洞，有较好的拉力，每厘米长度内10~18根为宜 |
| 玻璃丝布 | 系麻布的代用品，使用时应先剪去两边的布边，以每厘米长度内10根丝为宜 |

## 三、彩画材料配制及颜色代号

彩画根据图案中颜料使用量的大小，分为大色和小色，大色是用量大的色彩，全部是矿物颜料，小色有矿物颜料，也有植物颜料。在各色原颜料中加入白色，调配成各种浅的颜色，较浅的称为晕色，略深的称为二色。

**1. 大色的配制**

彩画的大色均用单一原颜料与胶调配，根据颜料的密度大小、配法不同，密度大的颜料在调配前须进行一些处理。

（1）洋绿：先去硝，其方法是将颜料放入盆中，用开水冲解浸泡，随加水随搅拌，水凉后将水澄出，反复两三次即进行磨细，再徐徐加入胶液，其重量配合比为洋绿：胶水：水=1：0.45：0.31。

（2）群青：先去硝，方法同洋绿，然后加入胶，加胶前，在颜料中先加适量水捣拌，使颜料与胶液混合均匀，再加胶液搅成糊状，最后加水拌匀即可，其重量配合比为群青：胶液：水=1：0.5：0.5。

（3）樟丹：配制方法同群青。

（4）铅白：将块状、粉状混合体碾碎、过筛，再加胶调成。

（5）银朱：其加胶量较大，加胶多，色彩浓重，反之色淡而轻，配制法同群青。因其密度小，加入胶量应由少至多，搅匀。如银朱为市售加工品，不需用水沏，可直接调胶。

（6）石黄：配制法同群青，其重量配合比为石黄：胶液：水=1：0.5：0.25。彩画用时应适当减胶，加水。

（7）香色：即土黄色，有深、浅香色两种。将调好的石黄，加兑一些调好的银朱、佛青，再加少许黑色即调成香色，它既可作为大色，也可作小色应用。

（8）黑烟子：将黑烟子轻轻倒入盆水，加入适量胶水，轻轻搅拌至糊状，再加入胶液调匀，加水稀释即成，其重量配合比为黑烟子：胶液：水=1：1.5：1.5。

**2. 二色的调配**

（1）二青：在已调好的群青中，加入调配好的白粉，搅拌均匀，涂于板上试色，比原群青浅一个色阶，即为二青。

（2）二绿：方法同二青。

**3. 晕色的配制**

将调好二青、二绿，再兑入白粉，试色，使之比二青、二绿再浅一个色阶即三青、三绿。

**4. 小色的配制**

（1）硝红：配好银朱，兑入适量白粉，比银朱浅一个色阶，比粉红深一个色阶即硝红。

（2）粉紫：以银朱兑加群青、白粉即为粉紫。

（3）其他：毛蓝、藤黄、桃红、赭石等其他用量少的小色，可直接加胶调制。

**5. 沥粉材料配制**

沥粉是彩画图案中凸起线条的一种工艺，其材料呈糊膏状，有大粉和小粉两种。前者较稠，适用于沥粗线条；后者宜稀，适用于沥细小线条。沥粉材料传统用土粉子、大白粉加胶液和少许光油配制而成。现在大多用大白粉、滑石粉、骨胶液及少量光油配制，也有用聚醋酸乙烯乳液或聚乙烯醇缩甲醛胶与大白粉配制而成。其重量配合比为：大粉：胶液：土粉子：大白粉：光油=1：1.6：0.5：适量；小粉：胶液：土粉子：大白粉：光油=1：1：1：适量。

**6. 兑矾水**

矾水的用途：彩画时，每涂完一道色，即过一道矾水，用以固定颜色，避免上下层色咬混。矾水的兑法：先将明矾砸碎，以开水化开，然后再加入适量胶液即成。

**7. 颜色的代号**

古建彩画所用色彩较多，排列复杂，为防止错刷，在画谱打好后，必须注上颜色的名称。但由于着色的面积小，常常写注不下，古人便用代号写注，此法一直沿用至今。

代号为：绿——六、青——七、黄——八、紫——九、黑——十、香色——三、樟丹——丹、白——白、红——红、金——金、米黄——一、淡青——二、硝红——四、粉紫——五。如为二绿、三绿用二六、三六代替，二青、三青用二七、三七代替。

## 四、油漆彩画常用工具

油漆彩画常用工具见表11-2，斗栱及其他构件面积见表11-3。

**表11-2　油漆彩画常用工具**

| 名称 | 用途 | 名称 | 用途 | 名称 | 用途 | 名称 | 用途 |
|---|---|---|---|---|---|---|---|
| 皮子 | 插灰用 | 筷子笔 | 打金胶油 | 毛巾 | 出水串油用 | 金夹子 | 贴金用 |
| 板子 | 过板子用 | 斧子 | 砍活用 | 小笤帚 | 打扫活用 | 大小缸盆 | 盛油用 |
| 铁板 | 刮灰用 | 挠子 | 挠活用 | 小石磨 | 磨颜料用 | 大小刷子 | 刷油用 |
| 丝头 | 搽油用 | 铲刀 | 铲除用 | 席子 | 围砖灰用 | 长短尺棍 | 扎线用 |
| 细罗 | 过油用 | 金刚石 | 磨灰用 | 小油桶 | 刷油用 | | |
| 布 | 过水布用 | 细竹竿 | 撣麻用 | 大木桶 | 盛灰用 | | |

**表11-3　斗栱及其他构件面积表**

| 名称 \ 面积 \ 口份（寸） | 1 | 3/2 | 2 | 5/2 | 3 | 7/2 | 4 |
|---|---|---|---|---|---|---|---|
| 一斗三升 | 0.095 | 0.214 | 0.319 | 0.594 | 0.854 | 1.163 | 1.515 |
| 一斗二升交麻叶 | 0.110 | 0.237 | 0.420 | 0.657 | 0.946 | 1.287 | 1.681 |
| 三踩单翘品字科 | 0.217 | 0.490 | 0.869 | 1.159 | 1.960 | 2.662 | 3.476 |
| 三踩单昂 | 0.236 | 0.630 | 0.962 | 1.473 | 2.121 | 2.887 | 3.770 |
| 五踩单翘单昂 | 0.421 | 0.947 | 1.680 | 2.624 | 3.783 | 5.150 | 6.726 |
| 五踩重翘品字科 | 0.362 | 0.815 | 1.446 | 2.260 | 3.255 | 4.432 | 5.173 |
| 七踩三翘品字科 | 0.516 | 1.258 | 2.234 | 3.491 | 5.027 | 6.842 | 8.935 |

续表

| 名称 \ 面积 \ 口份（寸） | 1 | 3/2 | 2 | 5/2 | 3 | 7/2 | 4 |
|---|---|---|---|---|---|---|---|
| 七踩单翘重昂 | 0.594 | 1.735 | 2.373 | 3.708 | 5.339 | 7.266 | 9.490 |
| 九踩四翘品字科 | 0.924 | 1.162 | 2.878 | 4.498 | 6.474 | 8.818 | 11.540 |
| 九踩单翘三昂 | 0.762 | 1.715 | 3.046 | 4.762 | 6.241 | 9.329 | 12.183 |
| 十一踩双翘三昂 | 0.923 | 2.077 | 3.690 | 5.767 | 8.304 | 11.303 | 14.761 |
| （内）溜金四踩单翘单昂 | 0.421 | 0.947 | 1.682 | 2.629 | 3.171 | 5.150 | 6.726 |
| 霸五拳 | 0.051 | 0.115 | 0.204 | 0.318 | 0.459 | 0.625 | 0.816 |
| 挑尖梁 | 0.102 | 0.230 | 0.408 | 0.638 | 0.918 | 1.250 | 1.632 |
| 老角梁 | 0.126 | 0.285 | 0.506 | 0.780 | 1.138 | 1.549 | 2.024 |
| 仔角梁 | 0.092 | 0.207 | 0.369 | 0.574 | 0.826 | 1.125 | 1.469 |
| 宝瓶 | 0.018 | 0.042 | 0.073 | 0.115 | 0.165 | 0.225 | 0.294 |
| 斗栱板 | 0.024 | 0.055 | 0.073 | 0.153 | 0.220 | 0.299 | 0.392 |
| 九踩重翘重昂 | 0.754 | 1.674 | 2.985 | 4.664 | 6.716 | 9.141 | 11.98 |
| （外）溜金五踩单翘单昂 | 0.448 | 1.008 | 1.791 | 2.800 | 4.338 | 5.487 | 7.164 |

注　1. 每攒斗栱面积双面计算，如作一面以1/2计算。
2. 角科每攒面积相当平身科3.5攒。
3. 不包括斗栱板及压斗枋。
4. 表中口份为营造寸单。
5. 1寸≈3.2cm。

## 五、起扎谱子用工用料

起扎谱子用工用料参考表11-4。

**表11-4**　　**起扎谱子工料表**

| 工程项目 | 单位（$m^2$） | 人工（工日） | | 材料 | | | |
|---|---|---|---|---|---|---|---|
| | | 基本工 | 其他工 | 牛皮纸（张） | 粉笔（盒） | 炭条（盒） | 香墨（块） |
| 大点金 | 10 | 8.62 | 0.86 | 10 | 1 | 1 | 1 |
| 龙草和玺 | 10 | 11.46 | 1.15 | 10 | 1 | 1 | 1 |
| 金龙和玺 | 10 | 12.34 | 1.23 | 10 | 1 | 1 | 1 |
| 雅伍墨，小点金 | 10 | 5.92 | 0.59 | 10 | 1 | 1 | 1 |
| 苏画 | 10 | 10.46 | 1.05 | 10 | 1 | 1 | 1 |
| 天花 | 10 | 11.46 | 1.15 | 10 | 1 | 1 | 1 |

## 六、单方用工用料

单方用工用料参考表11-5~表11-12。

**表 11-5**　　　　和玺彩画工料表

| 工程项目 | 单位（m²） | 人工（工日） | | 材料 | | | | | | | | | | | |
|---|---|---|---|---|---|---|---|---|---|---|---|---|---|---|---|
| | | 基本工 | 其他工 | 洋绿（kg） | 佛青（kg） | 锭粉（kg） | 石黄（kg） | 烟子（kg） | 水胶（kg） | 大白粉（kg） | 圭粉子（kg） | 银朱（kg） | 樟丹（kg） | 光油（kg） | 砂纸（张） |
| 金龙和玺（1） | 10 | 6.29 | 0.63 | 0.781 | 0.188 | 0.313 | 0.188 | 0.017 | 0.594 | 1.375 | 1.375 | 0.094 | 0.25 | 0.063 | 2 |
| 金龙和玺（2） | 10 | 5.66 | 0.57 | 0.781 | 0.188 | 0.313 | 0.188 | 0.017 | 0.594 | 1.375 | 1.375 | 0.094 | 0.25 | 0.063 | 2 |
| 金龙和玺（3） | 10 | 8.18 | 0.818 | 0.781 | 0.188 | 0.313 | 0.188 | 0.017 | 0.594 | 1.375 | 1.375 | 0.047 | 0.25 | 0.063 | 2 |
| 金琢墨和玺 | 10 | 12.58 | 1.26 | 0.781 | 0.188 | 1.000 | 0.188 | 0.017 | 0.594 | 1.375 | 1.375 | 0.094 | 0.50 | 0.063 | 2 |
| 龙草和玺（1） | 10 | 5.30 | 0.53 | 0.906 | 0.125 | 0.438 | 0.156 | 0.002 | 0.500 | 1.250 | 1.060 | 0.094 | 0.50 | 0.063 | 2 |
| 龙草和玺（2） | 10 | 6.62 | 0.66 | 0.906 | 0.125 | 0.438 | 0.156 | 0.002 | 0.500 | 1.250 | 1.060 | 0.094 | 0.50 | 0.063 | 2 |
| 和玺苏画 | 10 | 5.88 | 0.59 | 0.567 | 0.156 | 0.850 | 0.156 | 0.013 | 0.500 | 1.000 | 1.000 | 0.017 | 0.41 | 0.063 | 2 |

**注**　1. 金龙和玺（1）：箍头压斗枋，坐斗枋为片金沥粉；金龙和玺（2）：死箍头，压斗枋、挑尖梁、霸王拳不作片金；金龙和玺（3）：贯套箍头五彩云。

2. 龙草和玺（1）：死箍头，坐斗枋片金工王云或流云，压斗枋、挑尖梁、霸五拳、为多边拉晕色大粉，垫板金轱辘颜色草（金打拌）；龙草和玺（2）：压斗枋片金工王云，坐斗枋片金行龙或轱辘草攒退。

**表 11-6**　　　　旋子彩画工料表

| 工程项目 | 单位（m²） | 人工（工日） | | 材料 | | | | | | | | | | | |
|---|---|---|---|---|---|---|---|---|---|---|---|---|---|---|---|
| | | 基本工 | 其他工 | 洋绿（kg） | 锭粉（kg） | 佛青（kg） | 石黄（kg） | 樟丹（kg） | 银朱（kg） | 烟子（kg） | 水胶（kg） | 光油（kg） | 土粉子（kg） | 大白粉（kg） | 砂纸（张） |
| 金线大点金 | 10 | 5.35 | 0.54 | 0.813 | 0.203 | 0.500 | 0.156 | 0.056 | 0.003 2 | 0.031 | 0.41 | 0.047 | 1.13 | 1.13 | 2 |
| 大点金加苏画 | 10 | 6.15 | 0.62 | 0.719 | 0.203 | 0.844 | 0.109 | 0.025 | 0.003 2 | 0.063 | 0.49 | 0.031 | 0.75 | 0.63 | 2 |
| 墨线大点金 | 10 | 4.22 | 0.42 | 0.719 | 0.203 | 01344 | 0.109 | 0.025 | 0.003 2 | 0.063 | 0.49 | 0.031 | 1.25 | 0.63 | 2 |
| 金琢墨石碾玉 | 10 | 7.04 | 0.74 | 0.938 | 0.244 | 0.625 | 0.219 | 0.031 | 0.001 3 | 0.002 | 0.50 | 0.063 | 1.13 | 1.00 | 2 |
| 石碾玉 | 10 | 5.69 | 0.57 | 1.000 | 0.281 | 0.875 | 0.188 | 0.031 | 0.006 3 | 0.050 | 0.44 | 0.063 | 0.25 | 1.13 | 2 |
| 雅伍墨 | 10 | 3.58 | 0.63 | 0.843 | 0.219 | 0.375 | | 0.188 | 0.003 2 | 0.063 | 0.25 | | 0.25 | 0.25 | 2 |
| 一字枋心 | 10 | 3.12 | 0.31 | 0.890 | 0.219 | 0.375 | | 0.188 | 0.003 2 | 0.063 | 0.25 | | | 0.25 | 2 |
| 墨线小点金 | 10 | 3.69 | 0.37 | 0.720 | 0.203 | 0.344 | 0.070 | 0.056 | 0.003 2 | 0.063 | 0.25 | 0.019 | 0.38 | 0.38 | 7 |

续表

| 工程项目 | 单位（$m^2$） | 人工（工日） | | 材料 | | | | | | | | | | | |
|---|---|---|---|---|---|---|---|---|---|---|---|---|---|---|---|
| | | 基本工 | 其他工 | 洋绿（kg） | 锭粉（kg） | 佛青（kg） | 石黄（kg） | 樟丹（kg） | 银朱（kg） | 烟子（kg） | 水胶（kg） | 光油（kg） | 土粉子（kg） | 大白粉（kg） | 砂纸（张） |
| 画切活雅伍墨 | 10 | 4.12 | 0.41 | 0.843 | 0.219 | 0.375 | | 0.188 | 0.003 2 | 0.063 | 0.25 | | 0.25 | 0.25 | 2 |
| 雄黄玉 | 10 | 3.58 | 0.36 | 0.188 | 0.053 | 0.438 | 0.188 | 1.440 | | 0.047 | 0.310 | | 0.25 | 0.25 | 2 |

注 1. 金线大点金：死箍头龙锦枋心，坐斗枋降幕云，压斗枋金边拉晕色，垫板池子红地博古绿地作染花或切活，盒子龙西番莲。

2. 大点金加苏画：活箍头，盒子枋心画山水、人物、翎毛、花卉线法等。

3. 金琢墨石碾玉：线路沥粉贴金，压斗枋片金西番莲，金琢墨攒退草，坐斗枋金卡子金八宝，金琢墨攒退带子，活箍头，垫板金琢墨攒退，金轱辘雌雄草。

4. 墨线大点金：线路勾墨，不拉晕色，其他与金线大点金同。

5. 雅伍墨：枋心池子为双夹粉草龙及作梁花，坐斗枋降幕云，压斗枋黑边白粉。

6. 雄黄玉：池子内无画活，如画者增人工 8%。

**表 11-7　　苏画工料表**

| 工程项目 | 单位（$m^2$） | 人工（工日） | | 材料 | | | | | | | | | | | | |
|---|---|---|---|---|---|---|---|---|---|---|---|---|---|---|---|---|
| | | 基本工 | 其他工 | 洋绿（kg） | 锭粉（kg） | 佛青（kg） | 石黄（kg） | 樟丹（kg） | 银朱（kg） | 烟子（kg） | 水胶（kg） | 光油（kg） | 土粉子（kg） | 大白粉（kg） | 广红（kg） | 砂纸（张） |
| 金琢墨苏画 | 10 | 33.73 | 3.37 | 0.625 | 0.938 | 0.141 | 0.125 | 0.41 | 0.019 | 0.09 | 0.474 | 0.047 | 1.00 | 0.82 | 0.031 | 2 |
| 金线苏画 | 10 | 20.38 | 2.04 | 0.50 | 0.875 | 0.125 | 0.141 | 0.41 | 0.013 | 0.016 | 0.50 | 0.047 | 0.88 | 0.82 | 0.031 | 2 |
| 黄线苏画 | 10 | 15.50 | 1.55 | 0.50 | 0.91 | 0.125 | 0.141 | 0.50 | 0.01 | 0.019 | 0.25 | — | 0.25 | 0.25 | 0.013 | 2 |
| 海漫苏画 | 10 | 6.43 | 0.64 | 0.625 | 0.63 | 0.156 | 0.188 | 0.50 | 0.01 | 0.019 | 0.25 | — | 0.125 | 0.125 | 0.125 | 2 |

注 1. 金琢墨苏画：烟云筒子软硬互相对换，烟云最少 7 道，垫板作锦上添花，柁头线法山水、博古，箍头西番莲、回纹、万字金琢墨作法。连珠金琢墨，丁字锦或 3 道回纹，软硬金琢墨卡子。

2. 金线苏画：垫板小池子死岔口，画金鱼桃柳燕。藻头四季花、喇叭花、竹叶梅、全作染。柁头博古山水。箍头片金花纹，片金卡子。老檐金边，包袱画线法山水人物花鸟，烟云七道。

3. 海漫苏画：死箍头没金活，颜色卡子跟头粉，垫板三蓝花，柁头作染花，柁帮三蓝竹叶梅，海漫流云，黑叶子花。

4. 黄线苏画：包袱内画山水人物翎毛花卉线法金鱼桃柳燕，垫板没池子者，可画作染葡萄、喇叭花。有池子者可画金鱼桃柳燕，死岔口，烟云五道，颜色卡子双夹粉，柁头博古，老檐百花福寿，飞檐倒切万字。

表 11-8

## 天花彩画工料表

| 工程项目 | 单位（$m^2$） | 人工（工日） | | 材料 | | | | | | | | | | | | | |
|---|---|---|---|---|---|---|---|---|---|---|---|---|---|---|---|---|---|
| | | 基本工 | 其他工 | 洋绿（kg） | 佛青（kg） | 锭粉（kg） | 石黄（kg） | 樟丹（kg） | 银朱（kg） | 烟子（kg） | 水胶（kg） | 光油（kg） | 土粉子（kg） | 大白粉（kg） | 砂纸（张） | 白矾（kg） | 高丽纸（张） |
| 片金天花 | 10 | 15.20 | 1.52 | 1.06 | 0.125 | 0.375 | 0.25 | 0.125 | 0.003 2 | 0.003 2 | 0.50 | 0.063 | 1.00 | 0.75 | 2 | 0.125 | 11 |
| 双龙，龙凤天花 | 10 | 16.00 | 1.60 | 1.06 | 0.125 | 0.375 | 0.25 | 0.125 | 0.003 2 | 0.003 1 | 0.50 | 0.063 | 1.00 | 0.75 | 2 | 0.125 | 11 |
| 金琢墨岔角云天花（1） | 10 | 20.60 | 2.06 | 1.06 | 0.125 | 0.625 | 0.25 | 0.125 | 0.003 2 | 0.003 1 | 0.50 | 0.063 | 1.00 | 0.75 | 2 | 0.125 | 11 |
| 金琢墨岔角云天花（2） | 10 | 17.90 | 1.79 | 1.06 | 0.125 | 0.50 | 0.25 | 0.125 | 0.003 2 | 0.003 1 | 0.50 | 0.063 | 1.00 | 0.75 | 2 | 0.125 | 11 |
| 金琢墨岔角云天花（3） | 10 | 19.40 | 1.94 | 1.06 | 0.125 | 0.375 | 0.25 | 0.125 | 0.003 2 | 0.003 1 | 0.50 | 0.063 | 1.00 | 0.75 | 2 | 0.125 | 11 |
| 烟琢墨龙凤天花（1） | 10 | 18.20 | 1.82 | 1.06 | 0.125 | 0.625 | 0.25 | 0.125 | 0.003 2 | 0.003 1 | 0.50 | 0.063 | 1.00 | 0.75 | 2 | 0.125 | 11 |
| 烟琢墨四季花，团鹤，西番莲（2） | 10 | 17.90 | 1.79 | 1.06 | 0.125 | 0.50 | 0.25 | 0.125 | 0.003 2 | 0.003 1 | 0.50 | 0.063 | 1.00 | 0.75 | 2 | 0.125 | 11 |
| 六字真言天花 | 10 | 38.00 | 3.80 | 1.06 | 0.125 | 0 | 0.25 | 0.125 | 0.009 4 | 0.003 1 | 0.50 | 0.063 | 1.00 | 0.75 | 2 | 0.125 | 11 |
| 片金岔角云天花 | 10 | 17.90 | 1.79 | 1.06 | 0.125 | 0.625 | 0.25 | 0.125 | 0.003 2 | 0.003 1 | 0.50 | 0.063 | 1.00 | 0.75 | 2 | 0.125 | 11 |
| 燕尾支条（单作） | 10 | 4.80 | 0.48 | 0.742 | 0.125 | 0.125 | 0.125 | 0.025 | 0.001 | 0 | 0.25 | 0.025 | 0.50 | 0.32 | 2 | 0.025 | 3 |

注 1. 片金天花：硬作法包括号天花板，上下天花板，支条燕尾轱辘金琢墨云，片金龙凤或花纹。方圆箍子沥粉贴金，包括井口线。

2. 金琢墨岔角云天花：（1）为团鹤、和平鸽、四季花、西番莲等；金琢墨岔角云天花；（2）为片金团龙，西番莲；金琢墨岔角云天花；（3）为金琢墨西番莲汉瓦等。

3. 烟琢墨龙凤天花：（1）岔角燕尾均为烟琢墨，圆箍子内坐龙攒退，无金活；（2）天花：圆箍子内团鹤、和平鸽、四季花、西番莲等。

4. 烟琢墨、四节花、团鹤、西番莲。

5. 支条长×宽计算。

6. 片金岔角云天花：团鹤、和平鸽、四季花。

表 11-9　　斗栱彩画工料表

| 工程项目 | 单位 | 人工（工日） | | 材料 | | | | | | |
|---|---|---|---|---|---|---|---|---|---|---|
| | | 基本工 | 其他工 | 洋绿（kg） | 佛青（kg） | 锭粉（kg） | 石黄（kg） | 烟子（kg） | 水胶（kg） | 砂纸（张） |
| 各种斗栱 | $10m^2$ | 0 | 0 | 0.938 | 0.203 | 0.375 | 0.188 | 0.016 | 0.375 | 2 |
| 一斗三升 | 每攒 | 0.08 | 0.008 | | | | | | | |
| 三踩 | 每攒 | 0.16 | 0.016 | | | | | | | |
| 五踩 | 每攒 | 0.34 | 0.034 | | | | | | | |
| 七踩 | 每攒 | 0.46 | 0.046 | | | | | | | |
| 九踩 | 每攒 | 0.62 | 0.062 | | | | | | | |
| 十一踩 | 每攒 | 0.93 | 0.093 | | | | | | | |

注　1. 斗栱以攒定工，以平方米计算材料。
2. 斗栱彩画以黄线而定，不包括贴金。
3. 角科斗栱为正身科 3.5 倍计算。
4. 斗科沥粉拉晕色以五踩为准。如七踩系数为 1.4；九踩为 2.0；十一踩为 3.0；三踩为 0.5。

表 11-10　　卡箍头彩画工料表

| 工程项目 | 单位（$m^2$） | 人工（工日） | | 材料 | | | | | | | | | | | | |
|---|---|---|---|---|---|---|---|---|---|---|---|---|---|---|---|---|
| | | 基本工 | 其他工 | 洋绿（kg） | 佛青（kg） | 锭粉（kg） | 石黄（kg） | 樟丹（kg） | 银朱（kg） | 烟子（kg） | 水胶（kg） | 土粉子（kg） | 大白粉（kg） | 光油（kg） | 广红（kg） | 砂纸（张） |
| 金琢墨箍头 | 10 | 26.98 | 2.70 | 0.53 | 0.153 | 0.625 | 0.156 | 0.125 | 0.016 | 0.01 | 0.41 | 1.00 | 0.75 | 0.063 | 0.032 | 2 |
| 金线箍头 | 10 | 16.30 | 1.63 | 0.50 | 0.125 | 0.875 | 0.141 | 0.41 | 0.013 | 0.016 | 0.50 | 0.875 | 0.82 | 0.047 | 0.032 | 2 |
| 片金箍头 | 10 | 13.04 | 1.30 | 0.50 | 0.125 | 0.625 | 0.141 | 0.125 | 0.013 | 0.016 | 0.50 | 0.875 | 0.82 | 0.063 | 0.032 | 2 |
| 黄线箍头 | 10 | 12.44 | 1.24 | 0.50 | 0.125 | 0.50 | 0.125 | 0.063 | 0.006 | 0.01 | 0.313 | 0.25 | 0.25 | 0 | 0.032 | 2 |
| 黄线倒里箍头 | 10 | 16.17 | 1.62 | 0.50 | 0.125 | 0.625 | 0.156 | 0.063 | 0.013 | 0.01 | 0.313 | 0.25 | 0.25 | 0 | 0.032 | 2 |
| 黄线连珠箍头 | 10 | 14.31 | 1.43 | 0.50 | 0.125 | 0.875 | 0.125 | 0.063 | 0.013 | 0.01 | 0.313 | 0.25 | 0.25 | 0 | 0.032 | 2 |

注　1. 金琢墨箍头：柁头画博古线法，柁帮作染花攒活，连珠带三道回纹或万字锦，箍头为金琢墨西番莲汉瓦长圆寿字等。椽头沥分贴金或福寿字，作染百花图。
2. 卡箍头代雀替者，其面积按画活计算。
3. 卡箍头以实际面积计算。

表 11-11　　其他彩画工料表

| 工程项目 | 单位 | 人工（工日） | | 材料 | | | | | | | | |
|---|---|---|---|---|---|---|---|---|---|---|---|---|
| | | 基本工 | 其他工 | 洋绿(kg) | 佛青(kg) | 锭粉(kg) | 石黄(kg) | 樟丹(kg) | 银朱(kg) | 水胶(kg) | 砂纸(张) | 广红(kg) |
| 苏装楣子（双面） | 10m² | 0.5 | 0.05 | 0.313 | 0.094 | 0.25 | 0.094 | 1.25 | 0.006 3 | 0.313 | 2 | |
| 苏装楣子（单面） | 10m² | 0.4 | 0.04 | 0.188 | 0.075 | 0.15 | 0.075 | 1.25 | 0.004 | 0.25 | 2 | |
| 枒子掏里（双面） | 个 | 0.113 | 0.01 | 0.06 | 0.015 | 0.03 | 0.01 | 0.18 | 0.000 7 | 0.062 | | |
| 枒子掏里（单面） | 个 | 0.075 | 0.008 | 0.036 | 0.011 | 0.02 | 0.007 | 0.18 | 0.000 6 | 0.032 | | |
| 套环掏里（双面） | 10m² | 0.375 | 0.04 | 1.00 | 0.093 8 | 0.378 | 0.125 | 1.75 | 0.062 5 | 0.375 | | 0.093 8 |
| 套环掏里（单面） | 10m² | 0.225 | 0.02 | 0.50 | 0.046 8 | 0.187 5 | 0.062 5 | 1.75 | 0.031 2 | 0.25 | | 0.046 9 |
| 画墙边 | m | 0.167 | 0.02 | 0.28 | 0.03 | | 0.06 | | | 0.05 | | |

注　1. 苏装楣子以单面计算。

2. 橱子以龙草为准，纠粉作法。

3. 垂头、挂柱、檩头、枕头木、荷叶墩等随彩画定额。

4. 花罩牌楼云板双过桥者面积乘以 2，随大木彩画。

表 11-12　　其他彩画工料表

| 贴金项目 | 单位(m²) | 人工（工日） | | 材料 | | | |
|---|---|---|---|---|---|---|---|
| | | 基本工 | 其他工 | 金胶油（kg） | 大白（kg） | 棉花（kg） | 金箔（张） |
| 金龙和玺 | 10 | 6.25 | 0.625 | 0.500 | 0.125 | 0.031 | 700 |
| 龙草和玺 | 10 | 5.25 | 0.525 | 0.500 | 0.125 | 0.031 | 650 |
| 金线大点金 | 10 | 3.56 | 0.356 | 0.250 | 0.125 | 0.031 | 400 |
| 墨线大点金 | 10 | 2.94 | 0.294 | 0.250 | 0.125 | 0.031 | 250 |
| 金琢墨石碾玉 | 10 | 6.25 | 0.625 | 0.500 | 0.125 | 0.031 | 700 |
| 金线烟琢墨石碾玉 | 10 | 3.56 | 0.356 | 0.250 | 0.125 | 0.031 | 400 |
| 墨线小点金 | 10 | 1.43 | 0.143 | 0.060 | 0.125 | 0.031 | 100 |
| 金琢墨苏画 | 10 | 3.50 | 0.350 | 0.250 | 0.125 | 0.031 | 400 |
| 大点金苏画 | 10 | 3.56 | 0.356 | 0.250 | 0.125 | 0.031 | 330 |
| 和玺苏画 | 10 | 4.95 | 0.495 | 0.250 | 0.125 | 0.031 | 500 |
| 金线苏画 | 10 | 3.50 | 0.350 | 0.180 | 0.125 | 0.031 | 300 |
| 片金天花 | 10 | 5.55 | 0.555 | 0.500 | 0.125 | 0.031 | 700 |
| 金琢墨岔角云天花 | 10 | 5.80 | 0.580 | 0.500 | 0.125 | 0.031 | 630 |
| 六字真言天花 | 10 | 38.00 | 3.800 | 0.500 | 0.125 | 0.031 | 700 |

续表

| 贴金项目 | 单位（$m^2$） | 人工（工日） | | 材　料 | | | |
|---|---|---|---|---|---|---|---|
| | | 基本工 | 其他工 | 金胶油（kg） | 大白（kg） | 棉花（kg） | 金箔（张） |
| 只作燕尾 | 10 | 2.78 | 0.278 | 0.250 | 0.125 | 0.031 | 300 |
| 椽头万字老檐金边 | 10 | 12.90 | 1.290 | 0.500 | 0.125 | 0.031 | 1500 |
| 椽头万字支花寿字 | 10 | 16.80 | 1.680 | 0.500 | 0.125 | 0.031 | 2000 |
| 椽头万字支花虎眼 | 10 | 10.40 | 1.04 | 0.500 | 0.125 | 0.031 | 1200 |
| 垫拱板三宝珠 | 10 | 6.10 | 0.610 | 0.110 | 0.125 | 0.031 | 350 |
| 垫拱板坐龙，花草 | 10 | 6.10 | 0.610 | 0.220 | 0.125 | 0.031 | 700 |
| 花活贴金扣油 | 10 | 5.15 | 0.515 | 0.500 | 0.200 | 0.100 | 1200 |
| 混金贴金扣油 | 10 | 2.65 | 0.265 | 0.500 | 0.200 | 0.100 | 1621 |
| 框线贴金 | 10 | 0.80 | 0.080 | 0.110 | 0.100 | 0.010 | 41 |
| 斗棋金边贴金 1 寸口份 | 10 | 3.84 | 0.384 | 0.156 | 0.125 | 0.031 | 150 |
| 斗棋金边贴金 $1\frac{1}{2}$寸口份 | 10 | 2.94 | 0.294 | 0.156 | 0.125 | 0.031 | 150 |
| 斗棋金边贴金 2 寸口份 | 10 | 2.32 | 0.232 | 0.156 | 0.125 | 0.031 | 150 |
| 斗棋金边贴金 $2\frac{1}{2}$寸口份 | 10 | 1.20 | 0.120 | 0.156 | 0.125 | 0.031 | 150 |
| 斗棋金边贴金 3 寸口份 | 10 | 1.17 | 0.117 | 0.156 | 0.125 | 0.031 | 150 |
| 斗棋金边贴金 $3\frac{1}{2}$寸口份 | 10 | 1.15 | 0.115 | 0.156 | 0.125 | 0.031 | 150 |
| 斗棋金边贴金 4 寸口份 | 10 | 1.14 | 0.114 | 0.156 | 0.125 | 0.031 | 150 |

**注**　1. 彩画贴金以两道金胶油为准。

2. 石碾玉同金线大点金用料。

3. 框线贴金以 3cm 计算。

4. 云头挂檐、云盘线，每 $10m^2$ 用金 800 张。倒挂眉子、菱花扣、栏杆套环每 $10m^2$ 用金 400 张。

5. 混金以平面为准，如龙凤雕刻混金。每 $10m^2$ 用金为 5100 张。

6. 本表口份按营造寸计算。

# 参 考 文 献


[1] 文益民．园林建筑材料与构造［M］．北京：机械工业出版社，2011.

[2] 王聚颜．商品木材归类的探讨［J］．陕西林业科技，1979（4）.

[3] 高军林，李念国，杨胜敏，等．建筑材料与检测［M］．北京：中国电力出版社，2008.

[4] 赵岱．园林工程材料应用［M］．南京：江苏人民出版社，2011.

[5] 温如镜，田中旗，文书明．新型建筑材料应用［M］．北京：中国建筑工业出版社，2009.

[6] 赵成．生土建筑研究综述［J］．四川建筑，2010，30（1）：31-33.

[7] 何向玲．园林建筑构造与材料［M］．北京：建筑工业出版社，2008

[8] 杨芳，胡成功．浅谈木材防腐处理［J］．内蒙古民族大学学报，2007，13（5）.

[9] 索温斯基．景观材料及其应用［M］．孙兴文，译．北京：电子工业出版社，2011.

[10] 李书进，高迎伏，张利．土木工程材料［M］．重庆：重庆大学出版社，2013.

[11] 张松榆，刘祥顺．建筑材料质量检测与评定［M］．武汉：武汉理工大学出版社，2007.

[12] 李伟华，梁媛．建筑材料及性能检测［M］．北京：北京理工大学出版社，2011.

[13] 王东旭．木材与建筑［J］．山西建筑，2005，31（12）.

[14] 杨彦克．建筑材料［M］．成都：西南交通大学出版社，2013.

[15] 柳肃．古建筑设计［M］．武汉：华中科技大学出版社，2009.

[16] 刘俊霞，张磊，杨久俊．生土材料国外研究进展［J］．材料导报，2012，26（12）：14-17.

[17] 张波．生土建筑墙体改性材料探讨［J］．攀枝花学院学报，2010，27（3）：27-29.

[18] 雷凌华．风景园林工程材料［M］．北京：中国建筑工业出版社，2016.

[19] 徐德秀．园林建筑材料与构造［M］．重庆：重庆出版社，2015.